SAMMLUNG TUSCULUM

NIKOMACHOS

EINFÜHRUNG IN DIE ARITHMETIK

Griechisch–deutsch

Herausgegeben und übersetzt von Kai Brodersen

DE GRUYTER

ISBN 978-3-11-073526-0
e-ISBN (PDF) 978-3-11-073052-4

Library of Congress Control Number: 2021932582

Bibliographische Information der Deutschen Nationalbibliothek
Die Deutsche Nationalbibliothek verzeichnet diese Publikation in der Deutschen Nationalbibliografie; detaillierte bibliographische Daten sind im Internet über http://dnb.dnb.de abrufbar.

Für Einbandgestaltung verwendete Abbildungen:
Cologny (Genève), Fondation Martin Bodmer, Cod. Bodmer 5: 3v/4r (www.e-codices.unifr.ch)
Abbildung S. 6: Prisma by Dukas Presseagentur GmbH / Alamy Stock Photo

Satz: Kai Brodersen, Erfurt
Druck und Bindung: Hubert & Co. GmbH & Co. KG, Göttingen

∞ Gedruckt auf säurefreiem Papier
Printed in Germany

www.degruyter.com

INHALT

Nürnberg, Schöner Brunnen (14. Jh.; s. u. S. 14)

EINLEITUNG

Das Sieb des Eratosthenes

Wie findet man Primzahlen? Das einfachste und noch heute aus dem Mathematikunterricht bekannte Verfahren ist das sogenannte »Sieb des Eratosthenes«.

Man schreibt dafür die natürlichen Zahlen ab 2 auf, also 2, 3, 4, 5, 6, 7, 8, 9, 10, 11, 12, 13, 14, 15, 16, 17, 18, 19, 20, 21, 22, 23, 24, 25, 26, 27, 28, 29, 30, 31, 32, 33, 34, 35, 36, 37, 38, 39, 40, 41, 42, 43, 44, 45, 46, 47, 48, 49, 50 usw. Es geht nun darum, alle Zahlen auszusieben (also zu streichen), die Vielfache einer kleineren Zahl sind. Man beginnt mit den Vielfachen von 2 (also den geraden Zahlen), die alle ausgesiebt werden, nicht jedoch 2 selbst, welche die erste Primzahl ist. Auch 3 ist selbst eine Primzahl, ihre Vielfachen 6, 9, 12, 15 usw. werden aber ausgesiebt. 4 ist als Vielfaches von 2 schon ausgesiebt. 5 ist prim, ihre Vielfachen 10, 15, 20, 25 usw. werden ausgesiebt. 6 ist schon ausgesiebt, 7 hingegen prim und 14, 21, 28 usw. werden ausgesiebt. 8, 9 und 10 sind als Vielfache von 2 bzw. 3 schon ausgesiebt, 11 ist wieder prim. Durch Fortsetzung des Verfahrens ergibt sich die Reihe der Primzahlen als 2, 3, 5, 7, 11, 13, 17, 19, 23, 29, 31, 37, 41, 43, 47 usw.

Dieses Verfahren wird dem griechischen Gelehrten Eratosthenes von Kyrene (276/273 – um 194 v. Chr.) zugeschrieben. Tatsächlich war die Methode sicher schon länger bekannt, aber die Zuweisung an Eratosthenes hat sich durchgesetzt. Erstmals belegt ist sie im frühen 2. Jh. n. Chr. in der hier präsentierten *Einführung in die Arithmetik* (I 13) eines der einflussreichsten Mathematiker der Antike: des Nikomachos von Gerasa.

Nikomachos von Gerasa

Wer war Nikomachos von Gerasa? Die Antwort darauf erlauben vor allem die beiden vollständig erhaltenen seiner Werke: die *Einführung in die Arithmetik* (ἀριθμητικὴ εἰσαγωγή, lateinisch als *introductio arithmetica* bekannt), die in diesem Band präsentiert wird, und das *Handbuch der Harmonielehre* (ἁρμονικὸν ἐγχειρίδιον, lateinisch *manuale harmonicum* oder *harmonicum enchiridium*).

Nach den Angaben in den überlieferten Titeln dieser beiden Werke, aber auch bei Johannes Philoponos und Ps.-Lukianos (s. u. S. 12–13), stammte Nikomachos aus einer Stadt namens Gerasa. Die bekannteste der antiken Städte dieses Namens, das heutige Jerasch in Nordwest-Jordanien, war in der römischen Kaiserzeit ein bedeutendes Handels- und Kulturzentrum. Dass Nikomachos von dort stammte und dann in Alexandreia studierte, wie immer wieder behauptet wird, ist zwar möglich, aber nicht belegt; auch seine späteren Wirkungsstätten sind nicht bezeugt.

Nikomachos' Lebenszeit hingegen kann durch seine erhaltenen Schriften eingegrenzt werden: Während man seiner *Einführung in die Arithmetik* keine Aussagen zur Datierung entnehmen kann, erlaubt die Erwähnung eines Thrasyllos in seinem *Handbuch der Harmonielehre* (XI 6) die Annahme, dass Nikomachos – wie Theon von Smyrna – ein (uns verlorenes) Werk des Tiberius Claudius Thrasyllos kannte, eines Vertrauten und Astrologen des römischen Kaisers Tiberius (42 v. Chr. – 37 n. Chr., Kaiser seit 14 n. Chr.). Nikomachos' Werk muss also jünger als Thrasyllos' Wirken sein.

In demselben Buch wird ferner (in I 1) als Widmungsträgerin »die beste und verehrungswürdigste der Frauen« (ἀρίστη καὶ σεμνοτάτη γυναικῶν) genannt; anhand der weiteren Bezugnahmen auf diese Frau hat man recht plausibel vermutet, dass damit Plotina Augusta (vor 70 – 123 n. Chr.) gemeint sei (so McDermott 1977), die Gattin des römischen Kaisers Trajan (53–117 n. Chr., Kaiser seit 98

n. Chr.). Damit ist das Wirken des Nikomachos plausibel in das frühe 2. Jh. n. Chr. zu datieren; weniger überzeugend sind demgegenüber Versuche, das Todesjahr des Nikomachos mit numerologischen Überlegungen auf 142 n. Chr. (Criddle 1998) oder gar 196 n. Chr. (Dillon 1969) zu bestimmen, zumal die *Einführung in die Arithmetik* bereits von Apuleius von Maudaura (123 – nach 170 n. Chr.) ins Lateinische übertragen wurde (s. u. S. 12). Nikomachos ist damit ein Zeitgenosse des Theon von Smyrna, dessen *Mathematik für die Platonlektüre* sich in einigen Passagen mit der Schrift des Nikomachos deckt. Der jeweils andere Autor wird freilich in diesen Werken nicht genannt, so dass nicht geklärt werden kann, ob eines die Vorlage des anderen war oder – wahrscheinlicher – beide dieselbe (heute verlorene) Vorlage (oder deren mehrere) nutzten.

Neben den beiden eingangs genannten, erhaltenen Werken ist eine Schrift des Nikomachos zur *Zahlentheologie in zwei Büchern* (ἀριθμητικῶν θεολογουμένων βιβλία β) in knappen Auszügen bei dem im 9. Jh. n. Chr. wirkenden byzantinischen Gelehrten Photios I. überliefert (*Bibliotheke* 187); ferner gibt es eine *Zahlentheologie* (θεολογούμενα τῆς ἀριθμητικῆς), die unter dem Namen des Iamblichos von Chalkis überliefert ist und vielleicht auf jenes Werk des Nikomachos zurückgeht. Die ebenfalls erhaltenen, anonymen (und nicht datierbaren) *Vorbemerkungen zu Nikomachos' Einführung in die Arithmetik* (*Prolegomena in introductionem arithmeticam Nicomachi*) geben an, dass Nikomachos' eigene *Zahlentheologie* auch als seine *Große Arithmetik* (μεγάλη ἀριθμητική) bekannt gewesen sei, zu der die *Einführung in die Arithmetik* nur die vorbereitenden Grundkenntnisse biete (ed. Tannery 1895, 76).

Ob schließlich Fragmente einer *Biographie des Pythagoras* auf Nikomachos zurückgehen, ist unklar. Verloren ist jedenfalls eine *Einführung in die Geometrie,* die der Autor in seiner *Einführung in die Arithmetik* (II 6,1) selbst erwähnt. Die bei dem neuplatonischen Philosophen des frühen 5. Jh.s n. Chr., Syrianos, im *Kommentar zur Metaphysik des Aristoteles* (ed. Kroll 1902, 103) genannten »Zu-

sammenstellungen pythagoreischer Lehrmeinungen« (συναγωγαὶ τῶν Πυθαγορείων δογμάτων) dürften sich schlicht auf die damals erhaltenen Werke des NIKOMACHOS beziehen.

Wir halten also fest: NIKOMACHOS von Gerasa war ein im frühen 2. Jh. n. Chr. tätiger Autor, der sich mit mathematischen und damit verbundenen musikalischen Fragen befasste. Zwei seiner Werke sind ganz erhalten: ein *Handbuch der Harmonielehre* und eine *Einführung in die Arithmetik*, die im vorliegenden Band präsentiert wird.

Die *Einführung in die Arithmetik*

Die *Einführung in die Arithmetik* besteht aus zwei Büchern. NIKOMACHOS befasst sich zunächst mit Eigenschaften der natürlichen Zahlen und mit ihren Beziehungen zueinander; er erklärt dazu ihre zahlentheoretische Klassifizierung. Ihm ist dabei nicht so sehr an einzelnen mathematischen Gegebenheiten gelegen, sondern eher an der Philosophie der Mathematik, für die er seiner Leserschaft die benötigten mathematischen Kenntnisse vermitteln will, wie dies auch THEON von Smyrna in seiner *Mathematik für die Platonlektüre* anstrebt.

Zunächst (I 1–6) bietet NIKOMACHOS eine philosophische Einleitung, behandelt die Begriffe Wissen, Weisheit und Philosophie und beschreibt das Verhältnis zwischen Arithmetik, Musik, Geometrie und Astronomie. Anschließend (I 7–16) erörtert er Zahlenarten, darunter gerade und ungerade Zahlen mit deren Unterarten, vollkommene Zahlen und Primzahlen; zu diesen erklärt er das »Sieb des Eratosthenes«. Im letzten Teil des ersten Buches (I 7–23) behandelt NIKOMACHOS sodann die verschiedenen Beziehungen natürlicher Zahlen zueinander. Das zweite Buch befasst sich unter anderem mit figurierten Zahlen (Flächen- und Körperzahlen) und mit Zahlenverhältnissen, darunter dem arith-

metischen, geometrischen und harmonischen Mittelwert. NIKOMACHOS nutzt dabei wiederholt die logische Methode der *dihairesis* (Dihärese, »Auseinandernahme«), die es möglich macht, Begriffe in einem System zu ordnen und zu definieren. Schon bei PLATON wird in der *dihairesis* ein allgemeinerer Begriff solange in (mindestens zwei) Unterbegriffe unterteilt, bis man eine Definition des Gesuchten angeben kann; mit der Definition wird so auch eine hierarchisch geordnete Gliederung von Ober- und Unterbegriffen präsentiert. Zur Veranschaulichung setzt NIKOMACHOS wiederholt Tabellen und Graphiken ein und bietet überhaupt viele Beispiele.

Griechische Zahlen

Die verbreitete, auch von NIKOMACHOS genutzte griechische Zahlenschrift (s. II 6,2) nutzt die 24 Buchstaben des aus dem Phönizischen adaptierten griechischen Alphabets und dazu drei weitere, in der griechischen Sprache nicht verwendete Zeichen, nämlich für 6 das Digamma (ϝ), das ins Westgriechische und damit Lateinische als F einging und im späteren Griechisch als ς geschrieben wird, für 90 das Koppa (ϙ), im Westgriechischen und Lateinischen Q, sowie für 900 das Sampi (ϡ), das dem phönizischen Sade (San) entspricht und im Westgriechischen und Lateinischen nicht verwendet wurde. Damit ergibt sich folgende Zahlenreihe:

1–9	α β γ δ ε ς ζ η θ
10–90	ι κ λ μ ν ξ ο π ϙ
100–900	ρ σ τ υ φ χ ψ ω ϡ

Ab 1000 wird wieder die Einerreihe verwendet und durch einen vorgestellten Unterstrich markiert (so stehen ,α für 1000 und ,β für 2000).

Zum Nachleben des Werks

Nikomachos' *Einführung in die Arithmetik* wurde, wie schon oben (S. 9) erwähnt, von dem Schriftsteller, Redner und Philosophen Apuleius von Maudaura (123 – nach 170 n. Chr.) ins Lateinische übersetzt, wie später Cassiodorus in den *Institutiones* (II 4,7) und Isidorus von Sevilla in den *Etymologiae* (III 2,1) angeben. Apuleius, der heute vor allem durch seinen Roman *Metamorphoses* (auch bekannt als *Der goldene Esel*) und besonders durch die darin eingefügte Erzählung von *Amor und Psyche* berühmt ist, hatte auch die aristotelische Schrift *Über die Welt* aus dem Griechischen ins Lateinische übertragen. Während die letztgenannte Übersetzung des Apuleius erhalten ist, ging die von Nikomachos' *Einführung in die Arithmetik* verloren.

In der Spätantike wurden dann auf Griechisch mehrere Kommentare zur *Einführung in die Arithmetik* verfasst; erhalten sind davon der des Iamblichos von Chalkis (um 240 – um 320 n. Chr.) sowie die zweier Schüler des in Alexandreia unterrichtenden Neuplatonikers Ammonios Hermeiou: der des Johannes Philoponos (um 490 – um 575 n. Chr.) und der seines Zeitgenossen Asklepios von Tralleis. Nicht datieren kann man den byzantinischen Kommentar eines Klerikers namens Soterichos.

Zwei Schlaglichter belegen die Bedeutung, die man dem Nikomachos zuschrieb: Der griechische Philosoph und Universalgelehrte Proklos (412–485 n. Chr.) bezeichnete sich – der *Gedenkrede* (*Über das Glück* 28) seines Schülers Marinos zufolge – als Wiedergeburt des Nikomachos von Gerasa. Und das wohl im 10. Jh. n. Chr. entstandene (so bereits Reinach 1902), mit den Werken des Lukianos von Samosata überlieferte Werk *Philopatris* (»Der Patriot«) bezeugt, dass Nikomachos von Gerasa auch später noch als berühmter Mathematiker galt. Ein Dialog zwischen dem Patrioten Kritias (K) und dem kürzlich zum Christentum konvertierten Triëphon (T) besagt:

K: καὶ τίνα ἐπομόσωμαί γε;
T: ὑψιμέδοντα θεόν, μέγαν, ἄμβροτον, οὐρανίωνα, υἱὸν ἐκ πατρός, πνεῦμα ἐκ πατρὸς ἐκπορευόμενον, ἓν ἐκ τριῶν καὶ ἐξ ἑνὸς τρία, »τοῦτον νόμιζε Ζῆνα, τόνδ' ἡγοῦ θεόν.«
K: ἀριθμέειν με διδάσκεις, καὶ ὅρκος ἡ ἀριθμητική· καὶ γὰρ ἀριθμέεις ὡς Νικόμαχος ὁ Γερασηνός.

K: Bei wem soll ich denn schwören?
T: Bei Gott in der Höhe, dem großen, unsterblichen, himmlischen, Sohn aus dem Vater, Geist, der aus dem Vater hervorgeht, Eins aus Drei und aus Einem Drei: »Den halte für deinen Zeus, den betrachte als Gott.« (EURIPIDES, *Frg.* 941).
K: Du bringst mir das Zählen bei und der Eid ist die Arithmetik: Du zählst ja wie Nikomachos von Gerasa!

(PS.-LUKIANOS, *Philopatris* 12)

Im Orient wurde NIKOMACHOS' *Einführung in die Arithmetik* wohl zunächst um 800 n. Chr. ins Syrische übersetzt (Freudenthal / Zonta 2007); diese Version ist zwar nicht erhalten, doch ist die auf ihr beruhende erste arabische Übersetzung des nestorianischen Metropoliten HABĪB IBN BAHRĪZ aus dem frühen 9. Jh. n. Chr. bewahrt (Freudenthal / Lévy 2004). Es handelt sich um eine freie, um Zusätze erweitere Übertragung mit einigen Zusätzen zum Text. Der berühmte Gelehrte ABŪ YA'QŪB IBN ISHĀQ AL-KINDĪ (9. Jh. n. Chr.) nutzte diese Übertragung und ließ sie in seiner Schule überarbeiten: So scheint im 10. Jh. n. Chr. Material aus der *Einführung in die Arithmetik* in der Enzyklopädie der »Brüder der Reinheit« auf, die NIKOMACHOS auch namentlich nennt (Baffioni 1997).

Eine überarbeitete arabische Version übertrug 1317 der provenzalische Gelehrte KALONYMOS (QALONYMOS) BEN KALONYMOS in Arles wortgetreu ins Hebräische; sein *Sēfer ha-ariṯmeṯīqa* bietet Erläuterungen, die teils auf AL-KINDĪ zurückgehen, unterscheidet sich aber recht deutlich vom griechischen Original (Langermann 2001, 220–222; Freudenthal / Lévy 2004). Der

jüdische Gelehrte KALEB AFENDOPOLO schuf schließlich 1499 einen Kommentar zu diesem *Sēfer ha-ariṯmeṯīqa* (Langermann 2001, 224–225).

Eine neue arabische Übersetzung, die auf dem griechischen Originaltext beruhte, erstellte in der zweiten Hälfte des 9. Jh.s der Mathematiker und Philosoph ṮĀBIT (THABIT) IBN QURRA. Wie die hebräische Version erlangte auch diese arabische Fassung weite Verbreitung. Zu den Autoren, die das Werk des NIKOMACHOS verwendeten, gehörte so nicht zuletzt im 11. Jh. der berühmte persische Gelehrte ABŪ ALĪ AL-HUSAIN IBN ABD ALLĀH IBN SĪNĀ, bekannt als AVICENNA (Brentjes 1987).

Im lateinischsprachigen Westen erreichte NIKOMACHOS' *Einführung in die Arithmetik* hingegen besondere Wirkungsmacht durch die erhaltene Schrift *De institutione arithmetica* des spätantiken Gelehrten ANICIUS MANLIUS SEVERINUS BOËTHIUS (um 480 – um 525 n. Chr.), eine paraphrasierende Übersetzung von NIKOMACHOS' Werk ins Lateinische (Paolucci 2005). Sie wurde im mittelalterlichen Bildungssystem der Sieben Freien Künste zu einem zentralen Text über die Zahlenkunde.

Ja, NIKOMACHOS blieb dabei auch selbst als Vertreter der Arithmetik in Erinnerung. Als solcher erscheint er etwa neben Gelehrten wie SOKRATES, PYTHAGORAS und ARISTOTELES auf dem sogenannten Schönen Brunnen (14. Jh.), der noch heute auf dem Hauptmarkt in Nürnberg zu sehen ist (Zintl 1993, 37; siehe die Abbildung auf S. 6). Und als nach dem Zweiten Weltkrieg Gelehrte der *University of Chicago* für die Buchreihe *Great Books of the Western World* des Verlags *Encyclopedia Britannica* die wichtigsten Werke von HOMER über SHAKESPEARE, GOETHE und DARWIN bis FREUD auswählten und in Übersetzungen präsentierten, bezogen sie NIKOMACHOS' *Einführung in die Arithmetik* ein (Hutchins 1952). Nicht zuletzt trägt der 1967 entdeckte Asteroid 8128 nach NIKOMACHOS von Gerasa den latinisierten Namen *Nicomachus*.

Zu dieser Ausgabe

Nikomachos' *Einführung in die Arithmetik* ist in über 150 mittelalterlichen Abschriften überliefert (Haase 1982). Eine Auswahl aus dieser Tradition hat zuletzt Richard Hoche (1834–1906) – seinerzeit Gymnasiallehrer in Wetzlar, später Leiter der Gelehrtenschule des Johanneum in Hamburg – für seine Edition von 1866 untersucht. Hoche legte dar, dass auf einen verlorenen Archetypus (also eine letztlich auf dem verlorenen Original des Nikomachos beruhende Abschrift) zwei etwas unterschiedliche, anhand von jeweils typischen Fehlern erkennbare Handschriftenfamilien zurückgehen. Deren erste repräsentiert eine mittelalterliche Abschrift, die heute von der Niedersächsischen Staats- und Universitätsbibliothek in Göttingen als *Codex Gottingensis philol.* 66 aufbewahrt wird. Der prächtig gestaltete Codex wurde zu Hoches Zeit in das 10. Jh. datiert, ist aber tatsächlich eine im alten Stil geschriebene Kopie aus dem 14. Jh. (de Gregorio / Prato 2003, 70–75). Zu derselben Familie gehört offenkundig die (seither verlorene) Handschrift, die der Pariser Buchdrucker Christian Wechel (gest. 1553/4) für seine im Jahr 1538 publizierte Ausgabe nutzte. Für die zweite Familie stehen der heute in der Stiftsbibliothek Zeitz bewahrte *Codex Cizensis* 67 aus dem 15. Jh. (Richard Hoches Vater Eduard war Lehrer in Zeitz und Direktor jener Bibliothek) sowie der in der Bayerischen Staatsbibliothek in München bewahrte *Codex Monacensis graecus* 76 aus dem 16. Jh. Ferner liegen auch andere Abschriften vor (eine weitere Handschriftenfamilie macht Hofstetter 2018 plausibel). Außerdem tragen zur Rekonstruktion des ursprünglichen Texts die schon (o. S. 12) genannten Kommentare zur *Einführung die Arithmetik* bei.

Ein erst vor einem Jahrzehnt entdeckter Codex (*Ms. Archivio storico dell'Abbazia di S. Paolo fuori le mura* s. n.) bot einst hymnographische Texte und Teile von Kyrillos' *Kommentar zum Johannesevangelium* aus dem 12./13. Jh.; diese Texte wurden

dann aber im 14. Jh. ausradiert und durch den Text von Nikomachos' *Einführung in die Arithmetik* (und den Kommentar des Johannes Philoponos dazu) überschrieben (Sojer 2011) – ein anschauliches Indiz für die Bedeutung, die man dem Werk des Nikomachos beimaß.

Insgesamt ist es Hoche gelungen, den Text von Nikomachos' Werk plausibel zu rekonstruieren. In der vorliegenden Ausgabe sind zur besseren Nutzbarkeit die Seitenzahlen seiner Edition im griechischen Text (in dem nicht wenige Satzfehler jener Edition stillschweigend korrigiert sind) in eckigen Klammern eingetragen (und im linken Kolumnentitel wiederholt). Die von Hoche eingeführten Abschnittnummern stehen in der vorliegenden Ausgabe in runden Klammern im griechischen Text und in der deutschen Übersetzung.

Im griechischen Text werden überlieferte, aber zu tilgende Textteile in eckigen Klammern wiedergegeben; sie werden nicht übersetzt. Die deutsche Übersetzung bietet in runden Klammern außer den Abschnittnummern auch einige Verweise und Erläuterungen zum besseren Verständnis des Werks; außerdem sind die einzelnen Kapitel, die im überlieferten griechischen Text nur mit einer Nummer gekennzeichnet sind, in der Übersetzung mit einer erläuternden Überschrift versehen. Diese Überschriften sind am Ende des Bandes noch einmal zusammengestellt und zeigen so die Gliederung des Werks.

Die vorliegende Ausgabe bietet die erste Übersetzung der *Einführung in die Arithmetik* des Nikomachos von Gerasa ins Deutsche und möchte einen in der Geschichte von Bildung und Unterricht einflussreichen Text neu erschließen und zugänglich machen.

TEXT UND ÜBERSETZUNG

[1]

ΝΙΚΟΜΑΧΟΥ ΓΕΡΑΣΗΝΟΥ ΠΥΘΑΓΟΡΙΚΟΥ ΑΡΙΘΜΗΤΙΚΗΣ ΕΙΣΑΓΟΓΗΣ ΤΩΝ ΕΙΣ ΔΥΟ ΤΟ ΠΡΩΤΟΝ

α.

(1) οἱ παλαιοὶ καὶ πρῶτοι μεθοδεύσαντες ἐπιστήμην κατάρξαντος Πυθαγόρου ὡρίζοντο φιλοσοφίαν εἶναι φιλίαν σοφίας, ὡς καὶ αὐτὸ τὸ ὄνομα ἐμφαίνει, τῶν πρὸ Πυθαγόρου πάντων σοφῶν καλουμένων συγκεχυμένῳ ὀνόματι, ὥσπερ καὶ τέκτων καὶ σκυτοτόμος καὶ κυβερνήτης καὶ ἁπλῶς ὁ τέχνης τινὸς ἢ δημιουργίας ἔμπειρος· ἀλλ᾽ ὅ γε Πυθαγόρας [2] συστείλας πάντων τὸ ὄνομα ἐπὶ τὴν τοῦ ὄντος ἐπιστήμην καὶ κατάληψιν καὶ μόνην τὴν ἐν τούτῳ γνῶσιν τῆς ἀληθείας σοφίαν ἰδίως καλέσας εἰκότως καὶ τὴν ταύτης ὄρεξιν καὶ μεταδίωξιν φιλοσοφίαν προσηγόρευσεν, οἷον σοφίας ὄρεξιν.

(2) ἀξιοχρεώτερος δέ ἐστι τῶν ἄλλως ὁριζομένων, παρ᾽ ὅσον ἰδίου ὀνόματος καὶ πράγματος ἔννοιαν δηλοῖ· καὶ ταύτην δὲ τὴν σοφίαν ὡρίζετο ἐπιστήμην τῆς ἐν τοῖς οὖσιν ἀληθείας, ἐπιστήμην μὲν οἰόμενος εἶναι κατάληψιν τοῦ ὑποκειμένου ἄπταιστον καὶ ἀμετακίνητον, ὄντα δὲ τὰ κατὰ τὰ αὐτὰ καὶ ὡσαύτως ἀεὶ διατελοῦντα ἐν τῷ κόσμῳ καὶ οὐδέποτε τοῦ εἶναι ἐξιστάμενα οὐδὲ ἐπὶ βραχύ· ταῦτα ἂν εἴη τὰ ἄυλα καὶ ὧν κατὰ μετουσίαν ἕκαστον λοιπὸν τῶν ὁμωνύμως ὄντων καὶ καλουμένων τόδε τι λέγεται καὶ ἔστι.

(3) τὰ μὲν γὰρ σωματικὰ δήπου καὶ ὑλικὰ ἐν διηνεκεῖ ῥύσει καὶ μεταβολῇ διὰ παντός ἐστι μιμούμενα τὴν τῆς ἐξ ἀρχῆς ἀιδίου

NIKOMACHOS VON GERASA, PYTHAGOREER: EINFÜHRUNG IN DIE ARITHMETIK IN ZWEI BÜCHERN, BUCH I

1. Philosophie, Weisheit und Wahrheit

(1) Die Alten, die unter der Anführung von Pythagoras das Verstehen erstmals methodisch betrieben, definierten Philosophie als die Liebe (*philia*) zur Weisheit (*sophia*). Tatsächlich bedeutet dies der Name selbst. Vor Pythagoras wurden alle unterschiedslos als »weise« bezeichnet – ein Zimmermann zum Beispiel, ein Schuster, ein Steuermann und schlicht jeder erfahrene Fachmann oder Handwerker. Pythagoras jedoch, der den Begriff von alledem so einschränkte, dass er sich eigentlich nur auf das Verstehen des Seins und darin auf die Erkenntnis der Wahrheit beziehe, nannte folgerichtig den Wunsch und das Trachten danach Philosophie, wie ein Trachten (*orexis*) nach Weisheit (*sophia*).
(2) Er ist glaubwürdiger als jene, die andere Definitionen gegeben haben, da er den Sinn des eigentlichen Werts und der Sache deutlich macht. Diese »Weisheit« definierte er als das Verstehen der Wahrheit in den wirklichen Dingen, wobei er »Verstehen« als ein nicht holperndes und nicht veränderliches Begreifen der zugrunde liegenden Substanz auffasste und »wirkliche Dinge« als jene, die im Kosmos immer ebenso fortbestehen und nie auch nur für kurze Zeit von ihrer Existenz abweichen; diese wirklichen Dinge seien Dinge, die immateriell sind, indem sie an der Substanz teilhaben, nach der alles andere, was unter demselben Namen existiert und so bezeichnet wird, als »dieses Etwas« bezeichnet wird und besteht.
(3) Die körperlichen und materiellen Dinge sind ja gewiss durchweg in einem ständigen Fluss und Wandel begriffen – in Nach-

ὕλης καὶ ὑποστάσεως φύσιν καὶ ἰδιότητα· ὅλη γὰρ δι᾽ ὅλης ἦν τρεπτὴ καὶ ἀλλοιωτή· τὰ δὲ περὶ αὐτὴν ἢ καὶ σὺν αὐτῇ θεωρούμενα ἀσώματα, οἷον ποιότητες, ποσότητες, σχηματισμοί, μεγέθη, [3] μικρότητες, ἰσότητες, σχέσεις, ἐνέργειαι, διαθέσεις, τόποι, χρόνοι, πάντα ἁπλῶς, οἷς περιέχεται τὰ ἐν ἑκάστῳ σώματι, ὑπάρχει καθ᾽ ἑαυτὰ ἀκίνητα καὶ ἀμετάπτωτα, συμβεβηκότως δὲ μετέχει καὶ παραπολαύει τῶν περὶ τὸ ὑποκείμενον σῶμα παθῶν.

(4) τῶν δὴ τοιούτων ἐξαιρέτως ἐπιστήμη ἐστὶν ἡ σοφία, συμβεβηκότως δὲ καὶ τῶν μετεχόντων αὐτῶν, ὅ ἐστι σωμάτων.

β.

(1) ἀλλ᾽ ἐκεῖνα μὲν ἄυλα καὶ ἀίδια καὶ ἀτελεύτητα καὶ διὰ παντὸς ὅμοια καὶ ἀπαράλλακτα πέφυκε διατελεῖν, ὡσαύτως τῇ αὐτῶν οὐσίᾳ ἐπιδιαμένοντα, καὶ ἕκαστον αὐτῶν κυρίως ὂν λέγεται, τὰ δὲ ἐν γενέσει τε καὶ φθορᾷ καὶ αὐξήσει καὶ μειώσει καὶ μεταβολῇ παντοίᾳ καὶ μετουσίᾳ φαίνεται διηνεκῶς τρεπόμενα καὶ λέγεται μὲν ὁμωνύμως ἐκείνοις ὄντα, καθ᾽ ὅσον αὐτῶν μετέχει, ἔστι δὲ τῇ ἑαυτῶν φύσει οὐκ ὄντως ὄντα· οὐδὲ γὰρ τὸ βραχύτατον ἐπὶ ταὐτοῦ διαμένει, ἀλλ᾽ ἀεὶ μεταβαίνει παντοίως ἀλλασσόμενα κατὰ τὸν παρὰ Πλάτωνι Τίμαιον, ὅς φησι·

> (2) τί τὸ ὂν ἀεί, [4] γένεσιν δὲ οὐκ ἔχον, καὶ τί τὸ γινόμενον μέν, ὂν δὲ οὐδέποτε; τὸ μὲν δὴ νοήσει μετὰ λόγου περιληπτόν, ἀεὶ καὶ κατὰ

ahmung der Natur jener ewigen Materie und Substanz und ihrer Eigenschaft: Sie war ja von Anfang an bestimmt und durchweg wandelbar und veränderlich. Die körperlosen Dinge jedoch, die in Verbindung oder zusammen mit der Materie betrachtet werden, wie Qualitäten (»Wie beschaffen?«), Quantitäten (»Wie viel?«), Formen, Größen, Kleinheiten, Gleichheiten, Beziehungen, Tatsachen, Veranlagungen, Orte, Zeiten – schlicht all diese Dinge, durch die alles in jedem Körper erfasst wird, sind von sich aus unbeweglich und unveränderlich, aber, wie es sich trifft, haben sie an den Zuständen des Körpers teil, zu dem sie gehören, und sind beteiligt.

(4) Mit dem Verstehen von solchen Dingen ist die Weisheit besonders befasst, aber, wie es sich trifft, auch mit dem von den Dingen, die an ihnen teilhaben, also mit dem von Körpern.

2. Menge und Größe

(1) Jene Dinge sind jedoch immateriell, ewig, ohne Ende; es liegt in ihrer Natur, immer gleich und unveränderlich zu bestehen, indem sie an ihrem eigenen Wesen festhalten, und jedes von ihnen wird im eigentlichen Sinn real genannt. Die Dinge aber, die mit Geburt und Vergehen, Wachstum und Schwinden, sämtlicher Veränderung und Teilhabe zu tun haben, ändern sich ständig, und obwohl sie als reale Dinge bezeichnet werden und denselben Namen tragen wie die ersteren, sind sie, soweit sie an ihnen teilhaben, von ihrer eigenen Natur her nicht wirklich real, denn sie bleiben nicht einmal für den kürzesten Augenblick im gleichen Zustand, sondern gehen sämtlich in alle möglichen Veränderungen über. Um die Worte des Timaios bei Platon zu zitieren:

> (2) Wie haben wir uns das immer Seiende, das kein Werden zulässt, und wie das immer Werdende zu denken, das niemals zum Sein ge-

τὰ αὐτὰ ὄν, τὸ δ᾿ αὖ δόξῃ μετ᾿ αἰσθήσεως ἀλόγου δοξαστόν, γινόμενόν τε καὶ ἀπολλύμενον, ὄντως δὲ οὐδέποτε ὄν.

(3) εὔλογον ἄρα καὶ ἀναγκαιότατον, εἰ τοῦ προσήκοντος καὶ ἀνθρώπῳ πρέποντος τέλους ἐφιέμεθα, τουτέστιν εὐζωίας – αὕτη δὲ διὰ φιλοσοφίας μόνης, ὑφ᾿ ἑτέρου δὲ οὐδενὸς συντελεῖται· φιλοσοφία δὲ ἡμῖν, ὡς ἔφην, σοφίας ὄρεξις, σοφία δὲ ἐπιστήμη τῆς ἐν τοῖς οὖσιν ἀληθείας, ὄντα δὲ τὰ μὲν κυρίως λεγόμενα, τὰ δὲ ὁμωνύμως –, ἀκριβῶς διελεῖν καὶ διαρθρῶσαι τὰ τοῖς οὖσι συμβεβηκότα.

(4) τῶν τοίνυν ὄντων τῶν τε κυρίως καὶ τῶν καθ᾿ ὁμωνυμίαν, ὅπερ ἐστὶ νοητῶν τε καὶ αἰσθητῶν, τὰ μέν ἐστιν ἡνωμένα καὶ ἀλληλουχούμενα, οἷον ζῷον, κόσμος, δένδρον καὶ τὰ ὅμοια, ἅπερ κυρίως καὶ ἰδίως καλεῖται μεγέθη, τὰ δὲ διῃρημένα τε καὶ ἐν παραθέσει καὶ οἷον κατὰ σωρείαν, ἃ καλεῖται πλήθη, οἷον ποίμνη, δῆμος, σωρός, χορὸς καὶ τὰ παραπλήσια.

(5) τῶν ἄρα δύο εἰδῶν τούτων ἐπιστήμην νομιστέον τὴν σοφίαν· ἀλλ᾿ ἐπεὶ πᾶν πλῆθος καὶ πᾶν μέγεθος ἄπειρα τῇ αὑτῶν φύσει ἐξ ἀνάγκης [5] ἐστί – τὸ μὲν γὰρ πλῆθος ἀπὸ ὡρισμένης ῥίζης ἀρξάμενον οὐ παύεται προκόπτον, τὸ δὲ μέγεθος ἀπὸ ὡρισμένης ὁλότητος διαιρούμενον οὐδαμὴ δύναται παύειν τὴν τομήν, ἀλλ᾿ ἐπ᾿ ἄπειρον διὰ ταῦτα προχωρεῖ –, αἱ δὲ ἐπιστῆμαι πάντως πεπερα-

langt? Das eine als dem Denken mit dem Verstand erfassbar, weil es immer dasselbe bleibt, das andere als der Vorstellung mittels der Sinneswahrnehmung ohne Beteiligung des Verstandes zugänglich, weil es solches dem Entstehen und Vergehen ausgesetzt und nie wahrhaft seiend ist. (PLATON, *Timaios* 27d–28a)

(3) Wenn wir uns also nach dem Ziel sehnen, das dem Menschen angemessen ist und passt, nämlich nach dem guten Leben – und dieses wird allein durch die Philosophie und durch nichts anderes erreicht, und Philosophie bedeutet für uns, wie (o. I 1,1) gesagt, das Trachten nach Weisheit, und Weisheit ist für uns das Verstehen der Wahrheit in den Dingen, und zwar von den Dingen, von denen einige im eigentlichen Sinn so genannt werden, andere nur denselben Namen tragen –, dann ist es vernünftig und am notwendigsten, die Eigenschaften der Dinge, wie sie sich treffen, durch Dihärese (s. o. Einleitung S. 11) zu unterscheiden und zu systematisieren.
(4) Von den Dingen also – und zwar sowohl von denen, die im eigentlichen Sinn so genannt werden, als auch von denen, die nur den Namen haben – sind einige einheitlich und kontinuierlich, etwa Tier, Kosmos, Baum und dergleichen, die im eigentlichen und eigentümlichen Sinn »Größen« genannt werden; andere sind diskontinuierlich, in einer Anordnung nebeneinander und sozusagen in Anhäufung, was man »Mengen« nennt, etwa Herde, Volk, Haufen, Chor und dergleichen.
(5) Das Verstehen dieser beiden Erscheinungsformen muss also als die Weisheit betrachtet werden. Da jedoch jede Menge und Größe von Natur aus notwendigerweise unendlich ist – die Menge fängt ja bei einer bestimmten Pflanzenwurzel (»Wurzel« hat in der heutigen Mathematik die Bedeutung Quadratseite, s. u. II 9,2) an und hört nie auf zu wachsen; die Größe aber kann, wenn die Teilung, die mit einem begrenzten Ganzen beginnt, weitergeführt wird, die Zweiteilung nicht beenden, sondern schreitet deshalb unendlich

σμένων εἰσὶν ἐπιστῆμαι, ἀπείρων δὲ οὐδέποτε, φαίνεται δή, ὅτι οὔτε περὶ ἁπλῶς μέγεθος οὔτε περὶ ἁπλῶς πλῆθος συσταίη ἄν ποτε ἐπιστήμη – ἀόριστον γὰρ ἑκάτερον καθ' ἑαυτό ἐστι, πλῆθος μὲν ἐπὶ τὸ πλεῖον, μέγεθος δὲ ἐπὶ τὸ ἔλαττον –, ἀλλὰ περί τι ἀπ' ἀμφοῖν ἀφωρισμένον, ἀπὸ μὲν πλήθους περὶ τὸ ποσόν, ἀπὸ δὲ μεγέθους περὶ τὸ πηλίκον.

γ.

(1) πάλιν δὲ ἐξ ἀρχῆς, ἐπεὶ τοῦ ποσοῦ τὸ μὲν ὁρᾶται καθ' ἑαυτό, μηδεμίαν πρὸς ἄλλο σχέσιν ἔχον, οἷον ἄρτιον, περιττόν, τέλειον, τὰ ἐοικότα, τὸ δὲ πρὸς ἄλλο πως ἤδη ἔχον καὶ σὺν τῇ πρὸς ἕτερον σχέσει ἐπινοούμενον, οἷον διπλάσιον, μεῖζον, ἔλαττον, ἥμισυ, ἡμιόλιον, ἐπίτριτον, τὰ ἐοικότα, δῆλον ὅτι ἄρα δύο μέθοδοι ἐπιλήψονται ἐπιστημονικαὶ καὶ [6] διευκρινήσουσι πᾶν τὸ περὶ τοῦ ποσοῦ σκέμμα, ἀριθμητικὴ μὲν τὸ περὶ τοῦ καθ' ἑαυτό, μουσικὴ δὲ τὸ περὶ τοῦ πρὸς ἄλλο.

(2) πάλιν δὲ ἐπεὶ τοῦ πηλίκου τὸ μέν ἐστιν ἐν μονῇ καὶ στάσει, τὸ δὲ ἐν κινήσει καὶ περιφορᾷ, δύο ἕτεραι κατὰ τὰ αὐτὰ ἐπιστῆμαι ἀκριβώσουσι τὸ πηλίκον, τὸ μὲν μένον καὶ ἠρεμοῦν γεωμετρία, τὸ δὲ φερόμενον καὶ περιπολοῦν σφαιρική.

(3) οὐκ ἄρα τούτων ἄνευ δυνατὸν τὰ τοῦ ὄντος εἴδη ἀκριβῶσαι οὐδ' ἄρα τὴν ἐν τοῖς οὖσιν ἀλήθειαν εὑρεῖν, ἧς ἐπιστήμη σοφία, φαίνεται δέ, ὅτι οὐδ' ὀρθῶς φιλοσοφεῖν·

fort – und da Verstehensmethoden stets Verstehensmethoden von begrenzten Dingen sind und nie von unendlichen, wird sichtbar, dass ein Verstehen, das sich entweder schlicht mit der Größe oder schlicht mit der Menge beschäftigt, nie formuliert werden könnte – jede von ihnen ist ja in sich grenzenlos, die Menge in Richtung des Mehr und die Größe in Richtung des Weniger –, doch würden solche entstehen, die sich mit etwas beschäftigen, das von beidem getrennt ist, von der Menge durch das »Wie viel?« (*poson*), von der Größe durch das »Wie groß?« (*pelikon*).

3. Nützlichkeit und Notwendigkeit der Mathematik

(1) Um noch einmal vom Anfang anzufangen: Da vom »Wie viel?« (*poson*) her die eine Art absolut (*kath' heauto*, »für sich«) betrachtet wird, ohne Beziehung zu etwas anderem, als »gerade«, »ungerade«, »vollkommen« und so weiter, und da die andere relativ zu etwas anderem ist (*pros allo*) und zusammen mit ihrer Beziehung zu einer anderen Sache gedacht wird, wie »doppelt«, »größer«, »kleiner«, »halb«, *hemi-olios* (1½), *epi-tritos* (1⅓) und so weiter, ist es klar, dass zwei Verständnismethoden die ganze Untersuchung des »Wie viel?« erfassen und behandeln werden: die Arithmetik für die absolute und die Musik für die relative Menge.

(2) Und noch einmal: Insofern ein Teil des »Wie groß?« (*pelikon*) sich in einem Zustand der Ruhe und Stabilität befindet und ein anderer Teil in Bewegung und Umlauf, werden zwei andere Verstehensmethoden auf die gleiche Weise das »Wie groß?« genau behandeln: die Geometrie den Teil, der bleibt und ruht, die Astronomie den Teil, der sich bewegt und dreht.

(3) Ohne deren Hilfe ist es also nicht möglich, die Erscheinungsformen des Seins genau zu behandeln und die Wahrheit in den Dingen zu entdecken, deren Verstehen die Weisheit ist, und es wird sichtbar, dass man nicht einmal recht philosophieren kann.

ὅπερ γὰρ ζωγραφίη συμβάλλεται τέχναις βαναύσοις πρὸς θεωρίης ὀρθότητα, τοῦτό τοι γραμμαὶ καὶ ἀριθμοὶ καὶ ἁρμονικὰ διαστήματα καὶ κύκλων περιπολήσεις πρὸς λόγων σοφῶν μαθήσιας συνεργίην ἔχουσιν,

Ἀνδροκύδης φησὶν ὁ Πυθαγορικός.
(4) ἀλλὰ καὶ Ἀρχύτας ὁ Ταραντῖνος ἀρχόμενος τοῦ ἁρμονικοῦ τὸ αὐτὸ οὕτω πως λέγει·

καλῶς μοι δοκοῦντι περὶ τὰ μαθήματα διαγνώμεναι καὶ οὐδὲν ἄτοπον αὐτοὺς ὀρθῶς, οἷα ἐντί, περὶ ἑκάστου φρονέειν. περὶ γὰρ τᾶς τῶν ὅλων φύσιος καλῶς διαγνόντες ἔμελλον καὶ περὶ τῶν κατὰ μέρος, οἷα ἐντι, καλῶς ὀψεῖσθαι· περί τε δὴ τᾶς γεωμετρικᾶς καὶ ἀριθμητικᾶς καὶ σφαιρικᾶς παρέδωκαν ἅμμιν σαφῆ [7] διάγνωσιν, οὐχ ἥκιστα δὲ καὶ περὶ μουσικᾶς. ταῦτα γὰρ τὰ μαθήματα δοκοῦντι ἔμμεναι ἀδελφεά· περὶ γὰρ ἀδελφεὰ τὰ τοῦ ὄντος πρώτιστα δύο εἴδεα τὰν ἀναστροφὰν ἔχει.

(5) καὶ Πλάτων δὲ ἐπὶ τέλει τοῦ τρισκαιδεκάτου τῶν νόμων, ὅπερ τινὲς φιλόσοφον ἐπιγράφουσιν, ὅτι ἐν αὐτῷ περισκοπεῖ καὶ διορίζεται, ποταπὸν χρὴ τὸν ὄντως φιλόσοφον εἶναι, ἀνακεφαλαιούμενος τὰ διὰ πλειόνων προδιαλεχθέντα καὶ προδιαβεβαιωθέντα ἐπιφέρει·

ἅπαν διάγραμμα ἀριθμοῦ τε σύστημα καὶ ἁρμονίας σύστασιν ἅπασαν τῆς τε τῶν ἄστρων φορᾶς τὴν ἀναλογίαν μίαν ἀναφανῆναι δεῖ τῷ κατὰ τρόπον μανθάνοντι, φανήσεται δ᾽ ἂν ὃ λέγομεν ὀρθῶς, εἴ τις εἰς ἓν βλέπων πάντα μανθάνει· δεσμὸς γὰρ ἁπάντων τούτων εἷς ἀναφανήσεται· εἰ δέ τις ἄλλως μεταχειριεῖται φιλοσοφίαν, Τύχην δεῖ καλεῖν συνεργόν· οὐ γὰρ ἄνευ τούτων ἡ ὁδός ποτε, ἀλλ᾽ οὗτος

> So wie die Malerei für die niederen Künste zur Richtigkeit der Theorie beiträgt, so tragen in der Wahrheit Linien, Zahlen, harmonische Intervalle und die Umdrehungen der Kreise zum Erlernen der weisen Lehren bei, (ANDROKYDES)

sagt der Pythagoreer ANDROKYDES.

(4) In gleicher Weise sagt ARCHYTAS von Tarent am Anfang seines *Harmonikos* dasselbe etwa so:

> Es scheint mir, dass sie gut Wissenschaften (*mathemata*) studieren, und es ist überhaupt nicht verwunderlich, dass sie über korrektes Wissen über jede Sache, was sie ist, verfügen, denn wenn sie die Natur des Ganzen richtig kennen würden, könnten sie auch gut sehen, was die Natur der Teile ist. Über die Geometrie, und die Arithmetik und Astronomie haben sie uns ein klares Verständnis überliefert, nicht zuletzt auch über die Musik. Diese scheinen ja Geschwisterwissenschaften zu sein, denn sie haben eine Befassung mit Geschwisterfächern, den ersten beiden Erscheinungsformen des Seins. (ARCHYTAS, *Frg.* 47 B 1)

(5) Auch PLATON fügt am Ende des 13. Buches der *Nomoi* (*Epinomis,* heute dem PHILIPPOS von Opus zugeschrieben), dem manche den Titel *Der Philosoph* geben, weil er darin untersucht und definiert, was für ein Mensch der wirkliche Philosoph sein sollte, im Zug seiner Zusammenfassung dessen, was zuvor vollständig dargelegt und festgelegt worden war, hinzu:

> Jedes Diagramm, jede Zahlenkombination, das ganze System der Harmonie und des Umlaufs der Gestirne muss demjenigen, der auf die rechte Weise darüber belehrt wird, als eine einzige und gemeinsame Proportion erscheinen, und es wird ihm so erscheinen, sofern er, dieser Anleitung folgend, dieses Eine beständig als sein Ziel im Auge behält. Es ist ja einleuchtend, dass ein natürliches Band alle diese Gegenstände umschlingt. Wer dagegen auf irgendeine andere Weise Philosophie betreibt, der mag die Hilfe der (Glücksgöttin) Tyche anrufen. Ohne diese wird es keinen Weg geben, sondern dies ist diese

ὁ τρόπος, ταῦτα τὰ μαθήματα εἴτε χαλεπὰ εἴτε ῥᾴδια, ταύτῃ ἰτέον, ἀμελεῖν δὲ οὐ δεῖ. τὸν δὲ ταῦτα πάντα οὕτω λαβόντα, ὡς ἐγὼ λέγω, τοῦτον ἐγὼ καλῶ σοφώτατον καὶ διισχυρίζομαι παίζων τε καὶ σπουδάζων.

(6) δῆλον γάρ, ὅτι κλίμαξί τισι καὶ γεφύραις ἔοικε ταῦτα τὰ [8]
μαθήματα διαβιβάζοντα τὴν διάνοιαν ἡμῶν ἀπὸ τῶν αἰσθητῶν καὶ δοξαστῶν ἐπὶ τὰ νοητὰ καὶ ἐπιστημονικὰ καὶ ἀπὸ τῶν συντρόφων ἡμῖν καὶ ἐκ βρεφῶν ὄντων συνήθων ὑλικῶν καὶ σωματικῶν ἐπὶ τὰ ἀσυνήθη τε καὶ ἑτερόφυλα πρὸς τὰς αἰσθήσεις, τῇ δὲ ἀυλίᾳ καὶ ἀιδιότητι συγγενέστερα ταῖς ἡμετέραις ψυχαῖς καὶ πολὺ πρότερον τῷ ἐν αὐταῖς νοητικῷ.

(7) καθὰ καὶ ὁ παρὰ Πλάτωνι ἐν τῇ πολιτείᾳ Σωκράτης τοῦ προσδιαλεγομένου αἰτίας τινὰς εὐλόγους ἐπιφέρειν δοκοῦντος τοῖς μαθήμασιν, ὡς εὔχρηστά εἰσι πρὸς τὸν ἀνθρώπινον βίον, ἡ μὲν ἀριθμητικὴ πρὸς λογισμοὺς καὶ διανομὰς καὶ συνεισφορὰς καὶ ἀμείψεις καὶ κοινωνίας, ἡ δὲ γεωμετρία πρὸς στρατοπεδεύσεις πόλεών τε καὶ ἱερῶν συγκτίσεις καὶ γεωμορίας, ἡ δὲ μουσικὴ πρὸς ἑορτὰς καὶ θυμηδίας καὶ θεῶν θρησκείας, σφαιρικὴ δὲ καὶ ἀστρονομία πρὸς γεωργίας τε καὶ ναυτιλίαν καὶ τὰς ἄλλας καταρχὰς τῶν πράξεων εὐχερείας καὶ ἐπιτηδειότητας προδηλοῦσα, ἐπιπλήττων φησίν·

> ὡς ἡδὺς εἶ, ὅτι ἔοικας δεδιέναι, μὴ ἄρα ἄχρηστα ταῦτα τὰ μαθήματα προστάττοιμι· τὸ δέ ἐστι παγχάλεπον, μᾶλλον δὲ ἀδύνατον· ὄμμα γὰρ τῆς ψυχῆς ὑπὸ τῶν ἄλλων ἐπιτηδευμάτων [9] ἀποτυφλούμενον καὶ κατορυττόμενον διὰ τούτων μόνων ἀναζωπυρεῖται καὶ ἀνεγείρεται κρεῖττον ὂν σωθῆναι μυρίων σωματικῶν ὀμμάτων· μόνῳ γὰρ αὐτῷ ἡ περὶ τοῦ παντὸς ἀλήθεια ὁρᾶται.

> Art, dies sind die erforderlichen Wissenschaften (*mathemata*), ob sie nun leicht oder schwer sind, dies der Weg, den man gehen muss. Wer aber dies alles auf diese Weise sich angeeignet hat, den allein nenne ich einen wahrhaft weisen Mann, und versichere euch dies auch, zugleich mit ernster Lehre und mit dem heiteren Scherz und Spiel der Dichtung. (*Epinomis* 991e–992b)

(6) Es ist ja klar, dass diese Wissenschaften (*mathemata*) Leitern und Brücken gleichen, die unser Denken von den Dingen, die vom Verstand und von der Meinung erfasst werden, zu denen hinüberbringen, die denkbar (*noëta*) und verstehbar (*epistemonika*) sind, und von den materiellen, physischen Dingen, unseren Geschwistern, die uns von Kindheit an bekannt sind, zu den Dingen, mit denen wir nicht vertraut sind und die unseren Sinnen fremd, aber in ihrer Immaterialität und Ewigkeit eher unseren Seelen verwandt und vor allem der gedankliche Grund sind, der in unseren Seelen ist.

(7) Und ebenso (ist es) in der *Politeia* des PLATON, wenn der Gesprächspartner des SOKRATES gewisse gute Gründe für die Wissenschaften vorzubringen scheint, um zu zeigen, dass sie für das menschliche Leben nützlich sind: die Arithmetik für Abrechnungen, Verteilungen, Beiträge, Tausche und Partnerschaften, die Geometrie für die Errichtung von Lagern, die Gründung von Städten und Heiligtümern und Aufteilungen des Landes, die Musik für Feste, Unterhaltungen und die Anbetungen der Götter und die Lehre der Sphären oder die Astronomie für Landwirtschaft, Seefahrt und andere Unternehmungen, wobei sie im voraus das richtige Verfahren und die passende Jahreszeit offenbart. Zürnend sagt SOKRATES:

> Du bist drollig, dass du besorgt erscheinst, dass ich unnütze Lehrgegenstände anordne. Das ist ganz schwierig, ja unmöglich. Das Auge der Seele nämlich wird von anderen Beschäftigungen geblendet und begraben, aber auch durch diese und nur diese wieder angefacht und erregt, und seine Erhaltung ist wichtiger als zehntausend Augen, da wir allein durch es die Wahrheit betrachten. (PLATON, *Politeia* VII 527d–e)

δ.

(1) τίνα οὖν ἀναγκαῖον πρωτίστην τῶν τεσσάρων τούτων μεθόδων ἐκμανθάνειν; ἢ δηλονότι τὴν φύσει πασῶν προυπάρχουσαν καὶ κυριωτέραν ἀρχῆς τε καὶ ῥίζης καὶ οἱονεὶ πρὸς τὰς ἄλλας μητρὸς λόγον ἐπέχουσαν.
(2) ἔστι δὲ αὕτη ἡ ἀριθμητικὴ οὐ μόνον, ὅτι ἔφαμεν αὐτὴν ἐν τῇ τοῦ τεχνίτου θεοῦ διανοίᾳ προυποστῆναι τῶν ἄλλων ὡσανεὶ λόγον τινὰ κοσμικὸν καὶ παραδειγματικόν, πρὸς ὃν ἀπερειδόμενος ὁ τῶν ὅλων δημιουργὸς ὡς πρὸς προκέντημά τι καὶ ἀρχέτυπον παράδειγμα τὰ ἐκ τῆς ὕλης ἀποτελέσματα κοσμεῖ καὶ τοῦ οἰκείου τέλους τυγχάνειν ποιεῖ, ἀλλὰ καὶ ὅτι φύσει προγενεστέρα ὑπάρχει, ὅσῳ συναναιρεῖ μὲν ἑαυτῇ τὰ λοιπά, οὐ συναναιρεῖται δὲ ἐκείνοις· οἷον τὸ ζῷον πρότερον τοῦ ἀνθρώπου φύσει ἐστίν· ἀναιρεθέντος γὰρ τοῦ ζῴου ἀναιρεῖται καὶ ὁ ἄνθρωπος, οὐκέτι δὲ ἀναιρεθέντος τοῦ ἀνθρώπου συναναιρεῖται καὶ τὸ ζῷον· καὶ πάλιν ἄνθρωπος προγενέστερος γραμματικοῦ· μὴ γὰρ ὄντος ἀνθρώπου οὐδὲ γραμματικός ἐστι, μὴ ὄντος δὲ γραμματικοῦ δυνατὸν ἄνθρωπον εἶναι· ὥστε ἐπεὶ συναναιρεῖ, [10] διὰ τοῦτο καὶ πρεσβύτερον.

(3) καὶ ἐκ τοῦ ἐναντίου δὲ νεώτερον λέγεται καὶ ὑστερογενέστερον, ὃ συνεπιφέρει μὲν ἑαυτῷ τὸ λοιπόν, οὐ συνεπιφέρεται δὲ ἐκείνῳ, οἷον ὁ μουσικός· συνεπιφέρει γὰρ ἑαυτῷ πάντως τὸν ἄνθρωπον· καὶ πάλιν ἵππος· συνεπιφέρεται γὰρ πάντως τὸ ζῷον τούτῳ, οὐκ ἔμπαλιν δέ· ζῴου γὰρ ὄντος οὐκ ἀναγκαῖον εἶναι ἵππον οὐδὲ ἀνθρώπου ὑπάρχοντος συνεπιφέρεσθαι μουσικόν.

(4) οὕτω καὶ ἐπὶ τῶν προλεχθεισῶν ἐπιστημῶν· οὔσης μὲν γὰρ γεωμετρίας ἀνάγκη καὶ τὴν ἀριθμητικὴν συνεπιφέρεσθαι· ἅμα γὰρ ταύτῃ τρίγωνον ἢ τετράγωνον ἢ ὀκτάεδρον ἢ εἰκοσάεδρον

4. Priorität der Arithmetik vor der Geometrie

(1) Welche von diesen vier Methoden müssen wir also als allererste lernen? Offensichtlich ist diejenige, die von Natur aus vor ihnen allen existiert, überlegen und nimmt den Platz des Anfangs und der Pflanzenwurzel (s. o. I 2,5) und sozusagen der Mutter für die anderen ein. (2) Und das ist die Arithmetik, und zwar nicht nur, weil wir gesagt haben, dass sie vor allen anderen im Verstand des schöpferischen Gottes sozusagen als universeller und beispielhafter Plan existiert, auf den sich der Schöpfer des Kosmos als Entwurf und Archetyp stützt, um seine materiellen Schöpfungen in Ordnung zu bringen und sie zu ihren eigentlichen Zielen zu führen, sondern auch, weil sie von Natur aus vor der Geburt steht, insofern, als sie mit sich selbst andere (Wissenschaften) aufhebt, aber nicht mit ihnen zusammen aufgehoben wird. Zum Beispiel steht das »Tier« natürlich dem »Menschen« voran, denn wenn das »Tier« aufgehoben ist, wird der »Mensch« aufgehoben; wenn aber der »Mensch« aufgehoben wird, folgt daraus nicht, dass gleichzeitig auch das »Tier« aufgehoben wird. Und wieder steht der »Mensch« dem »Lehrer« voran, denn wenn der »Mensch« nicht existiert, dann existiert auch der »Lehrer« nicht, aber wenn der »Lehrer« nicht existiert, kann der »Mensch« trotzdem existieren. Da er also die anderen Ideen mit sich selbst aufhebt, ist er ebenfalls der Voranstehende.
(3) Umgekehrt wird das als jünger und später entstanden bezeichnet, was das Andere mit sich selbst impliziert, aber nicht von ihm impliziert wird, wie etwa »Musiker«; dieser impliziert ja stets »Mensch«. Wiederum »Pferd«; »Tier« wird stets zusammen mit »Pferd« angedeutet, aber nicht umgekehrt, denn wenn »Tier« existiert, ist es nicht nötig, dass »Pferd« existiert, noch wenn »Mensch« existiert, muss auch »Musiker« impliziert werden.
(4) So ist es mit den vorgenannten Verstehensmethoden: Wenn es die Geometrie gibt, muss auch die Arithmetik impliziert werden, denn mit Hilfe der letzteren können wir von Dreieck, Viereck, Ok-

ἢ διπλάσιον ἢ ὀκταπλάσιον ἢ ἡμιόλιον ἢ ἄλλο τι τοιοῦτον, ὃ γεωμετρία λέγει, καὶ οὐκ ἄνευ τῶν ἑκάστῳ συνεπιφερομένων ἀριθμῶν ἐπινοεῖσθαι τὰ τοιαῦτα δύναται· πῶς γὰρ οἷόν τε τριπλάσιόν τι εἶναι ἢ λέγεσθαι μὴ προυποκειμένου τοῦ γ ἀριθμοῦ ὀκταπλάσιον μὴ ὑποκειμένου τοῦ η; ἔμπαλιν δὲ εἴη ἂν τὰ γ καὶ τὰ δ καὶ τὰ ἑξῆς μὴ ὄντων τῶν παρωνύμων σχημάτων.

(5) συναναιρεῖ ἄρα ἡ ἀριθμητικὴ τὴν γεωμετρίαν, ἀλλ᾽ οὐ συναναιρεῖται ὑπ᾽ αὐτῆς, καὶ συνεπιφέρεται μὲν ἐκείνῃ, οὐ συνεπιφέρει δὲ αὐτήν.

ε.

(1) πάλιν δὲ ἐπὶ τῆς μουσικῆς· οὐ γὰρ μόνον [11] ὅτι προγενέστερον τὸ καθ᾽ αὑτὸ τοῦ πρὸς ἄλλο, καθάπερ τὸ μέγα τοῦ μείζονος καὶ τὸ πλούσιον τοῦ πλουσιωτέρου καὶ ὁ ἄνθρωπος τοῦ πατρός, ἀλλ᾽ ὅτι καὶ αἱ μουσικαὶ συμφωνίαι διὰ τεσσάρων, διὰ πέντε, διὰ πασῶν κατὰ ἀριθμόν εἰσιν ὠνομασμέναι· ὁμοίως καὶ τοὺς ἁρμονικοὺς λόγους ἀριθμητικοὺς πάντως ἔχουσιν, ἡ μὲν διὰ τεσσάρων ἐπίτριτος, ἡ δὲ διὰ πέντε ἡμιόλιος, ἡ δὲ διὰ πασῶν διπλάσιος, τριπλάσιος δὲ ἡ διὰ πασῶν ἅμα καὶ διὰ πέντε, τετραπλάσιος δὲ ἡ τελειοτάτη ἡ δὶς διὰ πασῶν.
(2) ἐκδηλότερόν γε μὴν ἡ σφαιρικὴ δι᾽ ἀριθμητικῆς τυγχάνει πάντων τῶν προσηκόντων αὐτῇ σκεμμάτων οὐ μόνον, ὅτι γεωμετρίας μεταγενεστέρα ἐστιν – ἡ γὰρ κίνησις φύσει μετὰ τὴν μονήν –, οὐδ᾽ τι ἁρμονίας ἐκ παντὸς ἐμμελοῦς τὰ τῶν ἀστέρων κινήματα τέτευχεν, ἀλλ᾽ ὅτι καὶ ἀριθμῶν περιόδοις καὶ ποσότησιν ἀνατολαί τε καὶ δύσεις καὶ προποδισμοὶ καὶ ἀναποδισμοὶ καὶ ἐπιπροσθήσεις καὶ φάσεις παντοῖαι διαρθροῦνται.

(3) ὡς οὖν προγενεστέρας φύσει καὶ τιμιωτέρας καὶ πρεσβυτέρας ὡσανεὶ μητρὸς καὶ τιθήνης καλῶς προτέραν τὴν τεχνολογίαν

taeder, Ikosaeder, Doppeltem, Achtfachem, *hemi-olios* (1½) oder von allem anderen sprechen, was die Geometrie benennt, und solche Dinge sind ohne die Zahlen, die mit jeder einzelnen impliziert werden, nicht vorstellbar. Wie kann denn das »Dreifache« existieren oder davon gesprochen werden, wenn nicht vorher die Zahl 3 existiert, oder das »Achtfache« ohne die 8? Umgekehrt könnten 3, 4 und so weiter ohne die gleichnamigen Formen existieren.
(5) Daher hebt die Arithmetik selbst die Geometrie auf, wird aber von ihr nicht aufgehoben, und obwohl sie von der Geometrie impliziert wird, impliziert sie selbst nicht die Geometrie.

5. Priorität der Arithmetik vor der Musik und der Astronomie

(1) Und noch einmal: Im Fall der Musik ist dies wahr, nicht nur, weil das Absolute (*kath' hauto*) vor dem Relativen (*pros allo*) steht, wie etwa »groß« vor »größer« und »reich« vor »reicher« und »Mensch« vor »Vater«, sondern auch, weil die musikalischen Konsonanzen – Quarte, Quinte und Oktave – nach Zahlen benannt sind; ebenso sind ihre harmonischen Verhältnisse stets arithmetische (s. u. II 26), denn die Quarte ist *epi-tritos* (1⅓), die Quinte *hemi-olios* (1½), die Oktave doppelt, dreifach Oktave und Quinte zusammen und vierfach die vollkommenste, die Doppeloktave.
(2) Offensichtlicher noch erreicht die Astronomie durch die Arithmetik die Untersuchungen, die sie betreffen, nicht allein deshalb, weil sie ihren Ursprung später als die Geometrie hat – die Bewegung kommt ja natürlich nach der Ruhe –, auch nicht, weil die Bewegungen der Sterne eine vollkommen melodische Harmonie haben, sondern, weil von numerischen Zyklen und Mengen (»Wie viel?«) Auf- und Untergänge, Vor- und Rückläufe, Überdeckungen und sämtliche Phasen bestimmt werden.
(3) So haben wir also zu Recht dieser (der Arithmetik) als der von Natur aus vorausgehenden, ehrenvolleren und älteren und sozu-

ὑπεστησάμεθα, τὴν δὲ ἀρχὴν τῆς τεχνολογίας τοῦ σαφοῦς χάριν ἐντεῦθεν ποιησόμεθα.

[12] ς.

(1) πάντα τὰ κατὰ τεχνικὴν διέξοδον ὑπὸ φύσεως ἐν τῷ κόσμῳ διατεταγμένα κατὰ μέρος τε καὶ ὅλα φαίνεται κατὰ ἀριθμὸν ὑπὸ τῆς προνοίας καὶ τοῦ τὰ ὅλα δημιουργήσαντος νοῦ διακεκρίσθαι τε καὶ κεκοσμῆσθαι βεβαιουμένου τοῦ παραδείγματος οἷον λόγον προχαράγματος ἐκ τοῦ ἐπέχειν τὸν ἀριθμὸν προυποστάντα ἐν τῇ τοῦ κοσμοποιοῦ θεοῦ διανοίᾳ, νοητὸν αὐτὸν μόνον καὶ παντάπασιν ἄυλον, οὐσίαν μέντοι τὴν ὄντως τὴν ἀίδιον, ἵνα πρὸς αὐτὸν ὡς λόγον τεχνικὸν ἀποτελεσθῇ τὰ σύμπαντα ταῦτα, χρόνος, κίνησις, οὐρανός, ἄστρα, ἐξελιγμοὶ παντοῖοι.

(2) ἀναγκαῖον ἄρα, τὸν ἐπιστημονικὸν ἤδη ἀριθμὸν ἐπὶ τῶν τοιούτων ὑπάρχοντα καθ’ ἑαυτὸν ἡρμόσθαι καὶ οὐχ ὑπ’ ἄλλου, ἀλλ’ ὑφ’ ἑαυτοῦ.

(3) πᾶν δὲ ἡρμοσμένον ἐξ ἐναντίων πάντως ἥρμοσται καὶ ὄντων γε· οὔτε γὰρ τὰ μὴ ὄντα ἁρμοσθῆναι οἷά τε οὔτε τὰ ὄντα μέν, ὅμοια δὲ ἀλλήλοις, οὔτε τὰ διαφέροντα μέν, ἄλογα δὲ πρὸς ἄλληλα· ὑπολείπεται δὴ τά, ἐξ ὧν ἁρμόζεται, καὶ ὄντα εἶναι καὶ διάφορα καὶ λόγον πρὸς ἄλληλα ἔχοντα.

(4) ἐκ τοιούτων ἄρα καὶ ὁ ἐπιστημονικὸς [13] ἀριθμός· ἔστι γὰρ τὰ ἐν αὐτῷ πρώτιστα εἴδη δύο οὐσίαν τε ἔχοντα τὴν τῆς ποσό-

sagen als der Mutter und Amme des Übrigen zuerst die fachliche Erörterung gewidmet. Den Anfang der fachlichen Erörterung werden wir um der Klarheit willen von hier aus beginnen.

6. Zahlen als Grundlage des Kosmos

(1) Alles, was mit fachlicher Ordnung von Natur aus im Kosmos geschaffen worden ist, wird sowohl in Teilen als auch im Ganzen nach der Zahl durch die Vorsehung und den Verstand dessen separiert und geordnet sichtbar, der alles erschaffen hat, denn das Muster wurde wie eine vorläufige Skizze durch die Herrschaft der Zahl festgelegt, die eine Vorrangstellung im Verstand des welterschaffenden Gottes innehatte, der nur die gedachte und in jeder Hinsicht immaterielle Zahl, allerdings gleichzeitig das wahre und ewige Wesen kannte, so dass in Bezug auf sie wie auf einen fachlichen Plan all diese Dinge – Zeit, Bewegung, Himmel, Sterne und Umläufe aller Art – geschaffen werden sollten.
(2) Es ist also notwendig, dass die epistemonische (mit dem Verstehen verbundene) Zahl, die über solche Dinge wie diese gesetzt wird, in Übereinstimmung mit sich selbst ist und nicht durch irgendeine andere harmonisch gebildet wird, sondern durch sich selbst.
(3) Alles, was harmonisch geschaffen wurde, ist stets aus Gegensätzen und natürlich aus den wirklichen Dingen verbunden, denn in Harmonie gebracht werden können weder die nicht existierenden Dinge noch die Dinge, die existieren, aber gleichartig sind, noch auch die Dinge, die verschieden sind, aber keine Beziehung zueinander haben. Dementsprechend bleiben die Dinge, aus denen eine Harmonie entsteht, real, unterschiedlich und in einem Verhältnis zueinander.
(4) Aus solchen Dingen besteht also die epistemonische Zahl, denn die allerersten Erscheinungsformen darin sind zwei, die das Wesen

τητος καὶ διαφέροντα ἀλλήλων καὶ οὐχ ἑτερογενῆ, περιττὸν καὶ ἄρτιον, καὶ ἐναλλὰξ ὑπὸ θαυμαστῆς καὶ θείας φύσεως διηρμοσμένα ἀλλήλοις ἀχωρίστως καὶ ἑνοειδῶς, ὡς αὐτίκα εἰσόμεθα.

ζ.

(1) ἀριθμός ἐστι πλῆθος ὡρισμένον ἢ μονάδων σύστημα ἢ ποσότητος χύμα ἐκ μονάδων συγκείμενον, τοῦ δὲ ἀριθμοῦ πρώτη τομὴ τὸ μὲν ἄρτιον, τὸ δὲ περιττόν.

(2) ἔστι δὲ ἄρτιον μέν, οἷόν τε εἰς δύο ἴσα διαιρεθῆναι μονάδος μέσον μὴ παρεμπιπτούσης, περιττὸν δὲ τὸ μὴ δυνάμενον εἰς δύο ἴσα μερισθῆναι διὰ τὴν προειρημένην τῆς μονάδος μεσιτείαν.

(3) οὗτος μὲν οὖν ὁ ὅρος ἐκ τῆς δημώδους ὑπολήψεως· κατὰ δὲ τὸ Πυθαγορικὸν ἄρτιος ἀριθμός ἐστιν ὁ τὴν εἰς τὰ μέγιστα καὶ τὰ ἐλάχιστα κατὰ ταὐτὸ τομὴν ἐπιδεχόμενος, μέγιστα μὲν πηλικότητι, ἐλάχιστα δὲ ποσότητι, κατὰ φυσικὴν τῶν δύο τούτων γενῶν ἀντιπεπόνθησιν, περισσὸς δὲ ὁ μὴ δυνάμενος τοῦτο παθεῖν, ἀλλ' εἰς ἄνισα δύο τεμνόμενος.

(4) ἑτέρῳ δὲ τρόπῳ κατὰ τὸ παλαιὸν ἄρτιός ἐστιν ὁ καὶ εἰς δύο ἴσα τμηθῆναι δυνάμενος καὶ εἰς ἄνισα δύο. πλὴν [14] τῆς ἐν αὐτῷ ἀρχοειδοῦς δυάδος θάτερον τὸ διχοτόμημα μόνον ἐπιδεχομένης τὸ εἰς ἴσα, ἐν ᾗτινι οὖν τομῇ παρεμφαίνων τὸ ἕτερον εἶδος μόνον τοῦ ἀριθμοῦ, ὅπως ἂν διχασθῇ, ἀμέτοχον τοῦ λοιποῦ·

des »Wie viel?« umfassen, voneinander verschieden und nicht andersartig, ungerade und gerade, und sie sind wechselseitig in Harmonie miteinander verwoben, untrennbar und einheitlich durch eine wunderbare und göttliche Natur, wie wir gleich erfahren werden.

7. Definitionen von Zahl

(1) Eine Zahl ist entweder eine bestimmte Menge oder eine Kombination von Monaden (*monas* bedeutet 1) oder ein aus den Monaden geflossener Fluss von »Wie viel?«. Die erste Zweiteilung der Zahlen ist in gerade und ungerade.
(2) Gerade ist das, was in zwei gleiche (ganzzahlige) Teile geteilt werden kann, ohne dass eine Monade in die Mitte fällt; ungerade ist das, was nicht in zwei gleiche (ganzzahlige) Teile geteilt werden kann, weil die eben genannte Monade in der Mitte steht.
(3) Dies ist nun die Definition nach der gewöhnlichen Auffassung; nach der pythagoreischen Lehre jedoch ist die gerade Zahl diejenige, welche die Zweiteilung in den größten und den kleinsten Teil bei der gleichen Operation zulässt, den größten im »Wie groß?« (*pelikotes*) und den kleinsten im »Wie viel?« (*posotes*), gemäß der natürlichen Gegensätzlichkeit dieser beiden Gattungen (s. o. I 2,5); und die ungerade ist diejenige, welche dies nicht zulässt, sondern in zwei ungleiche Teile geteilt wird.
(4) Noch auf eine andere Weise ist die gerade Zahl nach der alten Definition eine, die sowohl in zwei gleiche als auch in zwei ungleiche (ganzzahlige) Teile geteilt werden kann (ungerade hingegen nur in zwei ungleiche), außer dass die Dyade (2), die ihre ursprüngliche Form ist, nur eine Zweiteilung zulässt, nämlich die in gleiche Teile: In jedweder Teilung bringt sie nur eine der beiden Erscheinungsformen von Zahl zum Vorschein, wie auch immer sie geteilt werden kann, unabhängig von der anderen.

περισσὸς δέ ἐστιν ἀριθμὸς ὁ καθ' ἡντιναοῦν τομὴν εἰς ἄνισα πάντως γινομένην ἀμφότερα ἅμα ἐμφαίνων τὰ τοῦ ἀριθμοῦ δύο εἴδη οὐδέποτε ἄκρατα ἀλλήλων, ἀλλὰ πάντοτε σὺν ἀλλήλοις.

(5) ἐν δὲ τῷ δι' ἀλλήλων ὅρῳ περιττός ἐστιν ὁ μονάδι ἐφ' ἑκάτερα διαφέρων ἀρτίου ἀριθμοῦ, τουτέστιν ἐπὶ τὸ μεῖζον καὶ ἔλαττον, ἄρτιος δὲ ὁ μονάδι διαφέρων ἐφ' ἑκάτερον περισσοῦ ἀριθμοῦ, τουτέστι μονάδι μείζων καὶ μονάδι ἐλάσσων.

η.

(1) πᾶς ἀριθμὸς τῶν παρ' ἑκάτερα συντεθέντων ἅμα ἥμισύς ἐστι καὶ τῶν ὑπὲρ ἕνα ἑκατέρωθεν κειμένων ὁμοίως ἥμισύς ἐστι καὶ ἔτι τῶν ὑπὲρ ἐκείνους καὶ τοῦτο μέχρις οὗ δυνατόν.

(2) μονωτάτη δὲ ἡ μονὰς διὰ τὸ μὴ ἔχειν ἑκατέρωθεν αὐτὴν δύο ἀριθμοὺς ἑνὸς μόνου τοῦ παρακειμένου ἥμισύς ἐστιν· ἀρχὴ ἄρα πάντων φυσικὴ ἡ μονάς.
(3) καθ' ὑποδιαίρεσιν δὲ τοῦ ἀρτίου τὸ μὲν ἀρτιάκις ἄρτιον, τὸ δὲ περισσάρτιον, τὸ δὲ ἀρτιοπέριττον· ἐναντία μὲν ἀλλήλοις [15] ὥσπερ ἀκρότητες τὸ ἀρτιάκις ἄρτιον καὶ τὸ ἀρτιοπέρισσον, κοινὸν δὲ ἀμφοτέρων ὥσπερ μεσότης τὸ περισσάρτιον.

(4) ἀρτιάκις οὖν ἄρτιος ἄριθμός ἐστιν ὁ αὐτός τε εἰς δύο ἶσα δυνάμενος διχασθῆναι κατὰ τὴν τοῦ γένους φύσιν καὶ τῶν ἑαυτοῦ μερῶν ὁποτερονοῦν τοιοῦτον ἔχων δίχα διαιρετόν καὶ πάλιν κατὰ τὰ αὐτὰ τῶν ἐν ἐκείνῳ μερῶν ὁποτερονοῦν εἰς δύο ἶσα

Die ungerade Zahl aber ist eine Zahl, die stets eine Zweiteilung in ungleiche Teile ist, beide Erscheinungsformen von Zahl zusammen zeigt, nie ohne Vermischung miteinander, aber immer in der Gesellschaft der anderen.
(5) Nach der gegenseitigen Abgrenzung ist eine ungerade Zahl diejenige, die sich um eine Monade in beide Richtungen von der geraden unterscheidet, also zum Größeren oder Kleineren, und eine gerade Zahl diejenige, die sich um eine Monade in beide Richtungen von der ungeraden unterscheidet, also um eine Monade größer oder kleiner ist.

8. Gerade Zahlen: Geradzahligfach gerade Zahlen

(1) Jede Zahl ist zugleich die Hälfte der Summe der Zahlen auf den beiden Seiten von ihr und ebenso die Hälfte der Summe der übernächsten in beide Richtungen und der überübernächsten jenseits von ihnen und so weiter, so weit zu gehen möglich ist.
(2) Die Monade allein ist, weil sie nicht zwei Zahlen auf beiden Seiten hat, nur die Hälfte der einen angrenzenden Zahl; daher ist die Monade der natürliche Anfang aller Zahlen.
(3) Als Unterteilung (*hypo-dihairesis*; s. o. Einleitung S. 11) der geraden Zahlen gibt es die geradzahligfach geraden, die ungeradzahligfach geraden und die geradzahligfach ungeraden Zahlen. Einander wie Randwerte entgegengesetzt sind die geradzahligfach geraden (alle Primfaktoren sind 2) und die geradzahligfach ungeraden Zahlen (genau ein Primfaktor ist 2); gemeinsam sind beiden wie ein Mittelwert die ungeradzahligfach geraden Zahlen (mehr als einer, aber nicht alle Primfaktoren sind 2).
(4) Eine geradzahligfach gerade Zahl ist nun eine Zahl, die selbst in zwei gleiche Teile geteilt werden kann, gemäß der Natur ihrer Gattung, und wobei jeder ihrer Teile ebenfalls in zwei teilbar ist, und wiederum auf dieselbe Weise jeder ihrer Teile in zwei gleiche Teile

διαιρετὸν καὶ μέχρις ἂν εἰς τὴν φύσει ἄτομον μονάδα καταντήσῃ ἡ τῶν ἀεὶ ὑπομερισμῶν διαίρεσις.
(5) οἷον ὑποδείγματος χάριν ὁ ξδ· τούτου γὰρ ἥμισυς ὁ λβ καὶ τούτου ὁ ις καὶ τούτου ἥμισυς ὁ η καὶ τούτου ὁ δ καὶ τούτου ὁ β, ἔπειτα τὸ τελευταῖον μονὰς τούτου ἡμίσεια, ἥτις φύσει ἄτομος οὖσα οὐκέτι ἐπιδέχεται τὸ ἥμισυ.
(6) παρακολουθεῖ δὲ αὐτῷ καί, ὅ τι ἂν ἐν αὐτῷ μέρος ληφθῇ, πάντως ἀρτιάκις ἀρτιώνυμον εἶναι τὴν προσηγορίαν, τὸ δὲ αὐτὸ καὶ τῇ ποσότητι τῶν ἐν αὐτῷ μονάδων ἀρτιάκις ἀρτιοδύναμον, μηδέποτε δὲ ἑτέρῳ γένει κοινωνεῖν ἑκάτερον τούτων.

(7) μήτοι δὲ ἄρα καὶ παρὰ τοῦτο ἀρτιάκις ἄρτιος ὠνόμασται, ὅτι αὐτὸς ἄρτιος ὢν καὶ τὰ μέρη καὶ τὰ τῶν μερῶν μέρη μέχρι μονάδος ἄρτια [16] ἀεὶ ἔχει ὀνόματί τε καὶ δυνάμει· καὶ ἑτέρως πᾶν μέρος, ὃ ἐὰν ἔχῃ, ἀρτιάκις ἄρτιον κατὰ τὸ ὄνομά ἐστι, τὸ δὲ αὐτὸ καὶ ἀρτιάκις ἄρτιόν ἐστι κατὰ τὴν δύναμιν.

(8) γένεσις δὲ τοῦ ἀρτιάκις ἀρτίου, ὥστε μηδένα διαφυγεῖν, ἀλλ' ἐξ ἑνὸς πάντας ὑποπίπτειν αὐτῇ, εἰ γένοιτο ἂν οὕτως·

(9) ἀπὸ μονάδος ὡς ἀπὸ ῥίζης κατὰ τὸν διπλάσιον λόγον προχωροῦντι μέχρις ἀπείρου, ὅσοι καὶ ἂν γένωνται, οὗτοι πάντες ἀρτιάκις ἄρτιοί εἰσιν, ἄλλους δὲ παρὰ τούτους ἀμήχανόν ἐστιν εὑρεῖν, οἷον πρὸς ὑπόδειγμα α, β, δ, η, ις, λβ, ξδ, ρκη, σνς, φιβ καὶ ἐφ' ὁσονοῦν.
(10) ἕκαστος δὴ τῶν προκειμένων γέγονε μὲν κατὰ τὸν ἀπὸ μονάδος διπλασίονα ἀεὶ λόγον, ὑπάρχει δὲ ἀρτιάκις ἄρτιος πάντως καὶ πᾶν δὲ μέρος, ὃ ἂν εὑρεθῇ ἔχων, πάντως καὶ παρώνυμόν ἐστιν ἑνὸς τῶν ἐντὸς αὐτοῦ καὶ μονάδος σύστημα ἐν τούτῳ ὑπάρχει τοσοῦτον, ὁπόσος τῶν ἐντὸς αὐτοῦ εἷς τις ἐστί, κατὰ ἀντιπερίστασιν μέντοι καὶ ἀμοιβήν.

teilbar ist, bis die Teilung der aufeinanderfolgenden Unterteilungen die natürlich unteilbare Monade erreicht.

(5) Zum Beispiel 64; die Hälfte davon ist 32, die davon 16, die davon 8 und die davon 4, die davon 2 und dann schließlich ist die Monade die Hälfte der letzteren, und diese ist von Natur aus unteilbar und birgt keine Hälfte.

(6) Daraus folgt auch, dass jedweder Teil (*meros*), der in ihr genommen wird, stets einen geradzahligfach geraden »Nenner« (*onoma*) als Bezeichnung hat, dass derselbe auch im »Wie viel?« der in ihm enthaltenen Monaden geradzahligfach gerade in ihrem Quotienten (*dynamis*, Ergebnis der Teilung der Zahl durch den Nenner) ist und dass keines von beiden jemals an der anderen Gattung teilhat.

(7) Zweifellos wird sie eben deshalb geradzahligfach gerade genannt, weil sie selbst gerade ist und ihre Teile und die Teile ihrer Teile bis zur Monade immer gerade sind, sowohl im Nenner als auch im Quotienten; mit anderen Worten: Jeder Teil, den sie hat, ist geradzahligfach gerade hinsichtlich des Nenners und derselbe Teil ist auch geradzahligfach gerade hinsichtlich des Quotienten.

(8) Es gibt eine Methode zur Hervorbringung der geradzahligfach geraden Zahlen, so dass keine entkommt, sondern alle nacheinander unter sie fallen, wenn man wie folgt vorgeht:

(9) Wenn man von 1 – wie von einer Pflanzenwurzel (s. o. I 2,5) – beginnend im doppelten Verhältnis bis ins Unendliche fortschreitet, werden so viele Werte, wie es gibt, immer alle geradzahligfach gerade sein, und es ist unmöglich, andere außer diesen zu finden; zum Beispiel 1, 2, 4, 8, 16, 32, 64, 128, 256, 512 und so weiter.

(10) Nun ist jede der angegebenen Zahlen immer durch das doppelte Verhältnis entstanden, von 1 beginnend, und ist stets geradzahligfach gerade. Es ist sowohl jeder Faktor, den man finden kann, stets gleichnamig mit einer von den Zahlen, die davor sind, als auch ist die Kombination der Monaden in diesem Teil (also der komplementäre Faktor) dieselbe wie eine von den Zahlen, die davor sind, allerdings durch gegenseitige Ergänzung und Austausch.

ἐὰν μὲν ὦσιν ἄρτιοι αἱ ἐκθέσεις τῶν ἀπὸ μονάδος διπλασιασμῶν· μία μὲν οὐχ οἵα τε μεσότης εὑρεθῆναι, πάντως δὲ δύο, ἀφ' ὧν ἀρχομένη ἡ ἀντιπερίστασις καὶ ἀμοιβὴ μερῶν πρὸς δυνάμεις καὶ [17] δυνάμεων πρὸς μέρη προχωρήσει τάξει, πρῶτον μὲν ἐπὶ τοὺς παρ' ἑκάτερα δύο, εἶτα ἐπὶ τοὺς ὑπερκειμένους ἑκατέρωθεν, μέχρις ἂν ἐπὶ τοὺς ἀκροτάτους ἀφίκηται, ὥστε καὶ τὸ ὅλον ἀντιπαρωνυμεῖσθαι τῇ μονάδι καὶ τὴν μονάδα τῷ ὅλῳ· οἷον λόγου χάριν, ἐὰν τὸν ρκη θῶμεν τὸν μέγιστον, ἀρτιογενεῖς ἔσονται αὐτῷ αἱ ἐκθέσεις τῶν ὅρων, ὀκτὼ γὰρ αἱ μέχρις αὐτοῦ πᾶσαι, καὶ μίαν μεσότητα οὐχ ἕξουσιν, ἀδύνατον γὰρ ἐν ἀρτίῳ, ἀλλ' ἀναγκαίως δύο, τήν τε η καὶ τὴν ις, αἵτινες ἀνταποκρινοῦνται ἀλλήλαις παρὰ μέρος· τοῦ γὰρ ὅλου τοῦ ρκη ὄγδοον μέν ἐστι τὰ ις, ἔμπαλιν δὲ ἑκκαιδέκατον τὰ η· καὶ προιόντες ἐφ' ἑκάτερον τέταρτον μὲν τὰ λβ, τριακοστόδυον δὲ τὰ δ, καὶ πάλιν ἥμισυ μὲν τὰ ξδ, ἑξηκοστοτέταρτον δὲ τὰ β, καὶ τελευταῖον κατὰ τὰς ἀκρότητας ἑκατοστοεικοστόγδοον μὲν ἡ μονάς, ὅλον δὲ κατὰ τὴν μονάδα ἔμπαλιν τὰ ρκη.

(11) ἐὰν δὲ ἐν περισσοῖς ὅροις ἡ ἔκθεσις γένηται, οἷον ἐν ἑπτά, προχειρισαμένων ἡμῶν τὰ ξδ, ἡ μεσότης ἀναγκαίως μία ἔσται κατὰ τὴν τῶν περισσῶν φύσιν καὶ αὐτὴ μὲν ἑαυτῇ ἀνταποκρινεῖται διὰ τὸ σύζυγον μὴ ἔχειν, οἱ δὲ ἑκατέρωθεν αὐτῆς ἀεὶ ἀλλήλοις, μέχρις ἂν εἰς τὰ ἄκρα ἡ ἀνταπόκρισις τελευτήσῃ· οἷον ἑξηκοστοτέταρτον μὲν ἡ μονὰς ἔσται, [18] ὅλον δὲ κατὰ τὴν μονάδα ξδ, καὶ ἥμισυ μὲν τὰ λβ, τριακοστόδυον δὲ τὰ β, καὶ τέταρτον μὲν τὰ ις, ἑκκαιδέκατον δὲ τὰ δ, ὄγδοον δὲ ἄνευ ἀντιδιαστολῆς αὐτὰ τὰ η.

(12) συμβέβηκε δὲ πάσαις ταῖς ἐκθέσεσι συντεθειμέναις σωρηδὸν ἴσαις εἶναι τῷ μετ' αὐτὰς παρὰ μονάδα, ὥστε ἀναγκαίως ἡ ὁπωσοῦν συγκεφαλαίωσις περισσὸς ἀριθμὸς ἔσται· αἰεὶ γὰρ ὁ παρὰ μονάδα ἴσος τῷ ἀρτίῳ περισσός ἐστι.

Falls es, von 1 beginnend, eine gerade (Anzahl in der) Reihe des Doppelverhältnisses gibt, kann nicht ein einziger Mittelwert gefunden werden, sondern stets zwei, von denen beginnend die Ergänzung und der Austausch der Nenner gegen die Quotienten (s. o. I 8,6) und der Quotienten gegen die Nenner geordnet fortschreiten wird, zuerst zu den beiden auf jeder Seite der Mitte, dann zum nächsten auf jeder Seite, bis es zu den Randwerten kommt, wo das Ganze der Monade im Nenner gegenübersteht und die Monade dem Ganzen. Wenn wir etwa der Darlegung halber 128 als größten Wert festlegen, wird die Reihe der Werte gerade sein, denn es gibt insgesamt acht bis zu dieser Zahl; und sie werden nicht einen einzigen Mittelwert haben, denn das ist bei einer geraden Anzahl unmöglich, sondern notwendigerweise zwei, 8 und 16. Diese sind als Teile miteinander korrespondierend, denn von dem Ganzen, 128, ist ein Achtel 16 und umgekehrt ein Sechzehntel 8; wenn wir dann in beide Richtungen weitergehen, ist ein Viertel 32 und ein Zweiunddreißigstel 4, wiederum die Hälfte 64 und ein Vierundsechzigstel 2, und schließlich an den Randwerten ein Hundertachtundzwanzigstel die Monade und umgekehrt das Ganze, ein Eintel, 128.

(11) Falls aber die Reihe aus einer ungeraden Anzahl von Werten besteht, etwa sieben, und haben wir es mit 64 zu tun, wird der Mittelwert notwendigerweise ein einziger sein gemäß der Natur der ungeraden Zahlen; er wird – weil er keinen Partner hat – mit sich selbst und die auf beiden Seiten davon werden immer miteinander korrespondieren, bis diese Korrespondenz an den Randwerten endet. Etwa wird ein Vierundsechzigstel die Monade (1) sein und das Ganze, ein Eintel, 64; die Hälfte 32 und ein Zweiunddreißigstel 2, ein Viertel 16 und ein Sechzehntel 4, ein Achtel aber 8, das kein Gegenstück hat.

(12) Es trifft sich bei all diesen Reihen, dass sie, wenn man haufenweise addiert, dem nächsten in der Reihe gleich sind bis auf eine fehlende Monade, so dass notwendigerweise ihre Summierung in irgendeiner Weise eine ungerade Zahl sein wird, denn das, was bis auf eine Monade gleich einer geraden Zahl ist, das ist ungerade.

(13) χρησιμεύσει δ' ἡμῖν αὕτη ἡ ἐπίγνωσις, ὅσον οὐδέπω, πρὸς τὴν τῶν τελείων ἀριθμῶν σύστασιν· ὑποδείγματος δὲ χάριν τῷ σνς οἱ ἐντὸς αὐτοῦ μέχρι μονάδος ἶσοί εἰσι συγκεφαλαιωθέντες παρὰ μίαν μονάδα, τῷ δὲ ρκη τῷ εὐθὺς ὑπ' αὐτὸν οἱ ἐντὸς αὐτοῦ πάντες ὁμοίως εἰσὶν ἶσοι παρὰ μίαν μονάδα καὶ τοῖς συνεχέσι δὲ ἀεὶ κατὰ τὰ αὐτὰ οἱ ἐντός, καθὰ καὶ αὐτὴ ἡ μονὰς παρὰ μονάδα ἴση τῷ μετ' αὐτήν, ὅ ἐστι τῷ β, καὶ οἱ συναμφότεροι παρὰ μονάδα τῷ μετ' αὐτοὺς καὶ οἱ σύντρεις παρὰ μονάδα τῷ ἑξῆς, καὶ τοῦτο ἐπ' ἄπειρον προχωροῦν ἄπταιστον εὑρήσεις.

(14) κἀκεῖνο δὲ μεμνῆσθαι ἀναγκαιότατον· ἐὰν μὲν γὰρ ἄρτιοι ὦσιν αἱ τοῦ προκεχειρισμένου ἀρτιάκις ἀρτίου ἐκθέσεις, πάντως τὸ ὑπὸ τῶν ἄκρων πρὸς ἄλληλα πολυπλασιαζομένων [19] συντελούμενον ἶσον ἔσται τῷ ὑπὸ τῶν μέσων πρὸς ἄλληλα, ἐὰν δὲ περισσαί, τὸ ὑπὸ τῶν ἄκρων ἶσον τῷ ἀπὸ τοῦ μέσου πρὸς ἑαυτό· ἅπαξ γὰρ ρκη ἐν ἀρτίαις ἐκθέσεσιν ἶσόν ἐστι τῷ ὀκτάκις ις καὶ ἔτι τῷ δὶς ξδ καὶ πάλιν τῷ τετράκις λβ καὶ τοῦτο δι' ὅλου· ἐν δὲ περισσαῖς ἐκθέσεσιν ἶσον τὸ ἅπαξ ξδ τῷ δὶς λβ καὶ τοῦτο τῷ τετράκις ις καὶ τοῦτο πάλιν τῷ ὀκτάκις η μόνον μέσου πρὸς ἑαυτὸν πολλαπλασιαζομένου.

θ.

(1) ἀρτιοπέριττος δέ ἐστιν ἀριθμὸς ὁ τῷ γένει καὶ αὐτὸς ἄρτιος ὤν, ἀντιδιαστελλόμενος δὲ εἰδικῶς τῷ προφρασθέντι ἀρτιάκις ἀρτίῳ, ὁ τὴν μὲν εἰς δύο ἶσα διαίρεσιν ἐπιδεχόμενος κατὰ τὸ κοινὸν γένος, τῶν μέντοι μερῶν ἑκάτερον εὐθὺς εἰς δύο ἶσα ἄτμητον ἔχων, οἷον ὁ ς, ὁ ι, ὁ ιδ, ὁ ιη, ἡ κβ, ὁ κς, οἱ ὅμοιοι· μετὰ γὰρ

(13) Diese Beobachtung wird uns sehr bald bei der Zusammenstellung vollkommener Zahlen (s. u. I 14) von Nutzen sein. Aber um ein Beispiel zu nehmen: Für 256 sind die darunter liegenden Zahlen bis zur Monade aufsummiert gleich ihr bis auf eine Monade (also 255); für 128, sogleich davor, sind alle darunter liegende Zahlen zusammen gleich ihr bis auf eine Monade (also 127); und für die benachbarten Zahlen immer die darunter liegenden auf dieselbe Art, und auch die Monade selbst ist bis auf eine Monade gleich der Zahl nach ihr, das ist 2. Diese beiden zusammen sind bis auf eine Monade gleich der nächsten, und die drei zusammen bis auf eine Monade gleich der folgenden, und man wird finden, dass dies ohne Unterbrechung unendlich weit fortschreitet.
(14) Sich daran zu erinnern ist sehr notwendig: Falls die Reihe der behandelten geradzahligfach geraden Zahlen gerade ist, wird stets das Produkt der miteinander multiplizierten Randwerte gleich dem Produkt der Mittelwerte miteinander sein; falls aber ungerade, wird das Produkt (*to hypo*) ihrer Randwerte gleich dem Quadrat (*to apo*) des Mittelwerts mit sich selbst sein, denn einmal 128 – bei einer geraden Reihe – ist gleich achtmal 16 und noch zweimal 64 und wiederum viermal 32, und das ist in jedem Fall so; bei einer ungeraden Reihe ist einmal 64 gleich zweimal 32, und das ist viermal 16, und das wiederum achtmal 8, der alleinige Mittelwert multipliziert mit sich selbst.

9. Geradzahligfach ungerade Zahlen

(1) Eine geradzahligfach ungerade Zahl ist eine Zahl, die selbst nach ihrer Gattung gerade ist; aber entgegengesetzt speziell zu der vorgenannten geradzahligfach geraden Zahl, welche eine Teilung in zwei gleiche nach gemeinsamer Gattung hat, sind bei dieser allerdings die Teile nicht sogleich in zwei gleiche teilbar, etwa 6, 10, 14, 18, 22, 26 und dergleichen, denn nach der Halbierung fin-

τὸ διχασθῆναι ἕκαστον τούτων ἀδίχαστα εὐθὺς τὰ μέρη εὑρίσκεται.

(2) συμβέβηκε δὲ αὐτῷ πᾶν, ὃ ἐὰν εὑρεθῇ μέρος ἔχων, ἐναντιώνυμον τῇ δυνάμει εἶναι καὶ πᾶσαν μέρους ποσότητα ἐναντιοδύναμον τῷ ὀνόματι, μηδέποτε δὲ μηδενὶ τρόπῳ [20] ὁμογενῆ τὴν δύναμιν τοῦ μέρους τῷ αὐτῷ ὀνόματι ὑπάρχειν· οἷον ἐφ᾽ ἑνὸς τοῦ ιη τὸ μὲν ἥμισυ ἀρτιακῶς ὠνομασμένον ὑπάρχει θ, περισσὸν τῇ δυνάμει, τὸ δὲ τρίτον ἔμπαλιν περισσῶς ὀνοματοπεποιημένον ς ἄρτιον τῇ δυνάμει· τὸ δὲ ς^{ον} ἐξ ἀντιστροφῆς γ καὶ τὸ θ^{ον} β, κἀπὶ τῶν ἑτέρων ὁ αὐτὸς εὑρεθήσεται τρόπος.

(3) μήτοι δὲ ἄρα καὶ παρὰ τοῦτο τοιαύτης προσηγορίας τέτευχεν, ὅτι ἄρτιος ὢν περισσῶν τῶν ἡμισευμάτων εὐθὺς τετύχηκε.

(4) γεννᾶται δὲ καὶ οὗτος τῶν ἀπὸ μονάδος δυάδι διαφερόντων, ὅ ἐστι περισσῶν, εὐτάκτως ἐκτεθέντων, μέχρις οὗ βούλει, δυάδι πολυπλασιασθέντων· οἱ γὰρ ἀποτελούμενοι γένοιντο ἂν τάξει οὗτοι ς, ι, ιδ, ιη, κβ, κς, λ, καὶ μέχρις ἂν προχωρεῖν ἐθέλῃς· διαφέρουσι δὲ ἀλλήλων τετράδι οἱ μείζονες ἀεὶ τῶν ἐγγὺς ἐλαττόνων· αἴτιον δὲ τούτου, ὅτι οἱ ἐξ ἀρχῆς γνώμονες αὐτῶν, τουτέστιν οἱ περισσοί, δυάδι ἀλλήλων ὑπερφέροντες δυάδι ἐμηκύνθησαν, ἵνα οὗτοι γένωνται, δυὰς δὲ δυάδα πολυπλασιάσασα τετράδα ποιεῖ.

(5) ἐν οὖν τῷ φυσικῷ ὕφει τοῦ ἀριθμοῦ εὑρεθήσονται οἱ ἀρτιοπέρισσοι πέμπτοι μὲν ἀπ᾽ ἀλλήλων, τετράδι δὲ ὑπερέχοντες, τρεῖς δὲ ὑπερβαίνοντες, δυάδι δὲ μηκυνομένων [21] τῶν περισσῶν γεννώμενοι.

(6) ἐναντιοπαθεῖν δὲ λέγονται τοῖς ἀρτιάκις ἀρτίοις, ὅτι τούτων μὲν τὸ μέγιστον ἄκρον μόνον διαιρετόν, ἐκείνων δὲ τὸ ἐλάχιστον μόνον ἦν ἀδιαίρετον· καὶ δὴ καί, ὅτι ἐπ᾽ ἐκείνων μὲν ἡ

det man bei jeder von diesen, dass die Teile nicht sogleich halbiert werden können.

(2) Es trifft sich bei den geradzahligfach ungeraden Zahlen, dass jeder Teil, den man entdeckt, im Nenner entgegengesetzt zum Quotienten (s. o. I 8,6) ist, dass das »Wie viel?« eines jeden Teils im Quotienten entgegengesetzt zum Nenner ist, und dass nie auf irgendeine Weise eine Gleichartigkeit des Quotienten zum Nenner des Teils besteht. Um ein einziges Beispiel zu nehmen, die Zahl 18: Ihre Hälfte, also mit geradem Nenner, ist 9, ungerade im Quotienten; ihr Drittel, wiederum mit ungeradem Nenner, ist 6, gerade im Quotienten; umgekehrt ist das Sechstel 3 und das Neuntel 2; auch in anderen Zahlen findet sich die gleiche Besonderheit.

(3) Möglicherweise hat sie aus diesem Grund einen solche Namensgebung erhalten, das heißt, weil sie zwar gerade ist, aber ihre Hälften sogleich ungerade sind.

(4) Diese Zahl entsteht aus den Zahlen mit der Differenz 2 von 1 an – das sind die ungeraden Zahlen – geordnet aufgestellt, so weit man will, und dann mit 2 multipliziert; die sich ergebenden Zahlen wären nach der Ordnung diese: 6, 10, 14, 18, 22, 26, 30 und so weiter, so weit man fortschreiten will. Die größeren Werte unterscheiden sich immer um 4 von den angrenzenden kleineren. Der Grund dafür ist, dass ihre ursprünglichen Stammzahlen (*gnomones*), nämlich die ungeraden Zahlen, einander um 2 übersteigen und für diese Reihe mit 2 multipliziert wurden, und zweimal 2 ist 4.

(5) Dementsprechend finden sich in der natürlichen Zahlenreihe die geradzahligfach ungeraden Zahlen als jeweils Fünfte voneinander, die einander um eine Differenz von 4 übersteigen, über drei Werte hinweggehen und durch die Multiplikation der ungeraden Zahlen mit 2 entstehen.

(6) Man sagt, sie hätten entgegengesetzte Eigenschaften zu den geradzahligfach geraden Zahlen, weil von diesen nur der größte Randwert (durch zwei) teilbar ist, während von jenen nur der kleinste unteilbar ist; und insbesondere auch, weil bei jenen die Ergänzung

ἀντιπερίστασις τῶν μερῶν ἀπ' ἀκροτήτων εἰς μεσότητα ἢ μεσότητας ἀπετέλει τὸ ὑπὸ ἴσον τῷ ἀπὸ ἢ τῷ ὑπό· τούτων δὲ κατὰ τὴν αὐτὴν ἀμοιβὴν καὶ ἐξέτασιν ὑποδιπλάσιον τὸ μέσον τῶν δύο ἄκρων συντεθέντων, ἢ εἰ δύο εἴη τὰ μέσα, καὶ αὐτὰ ἶσα ἀμφότερα τοῖς δυσὶν ἄκροις.

ι.

(1) περισσάρτιος δέ ἐστιν ἀριθμὸς ὁ τὸ τρίτον εἶδος τοῦ ἀρτίου ἐμφαίνων, κοινὸς ὢν ἀμφοτέρων τῶν εἰρημένων ὡσανεὶ δύο ἀκροτήτων μία τις ὢν αὐτὸς μεσότης· ὅμοιος γὰρ κατὰ μέν τι τῷ ἀρτιάκις ἀρτίῳ ὑπάρχει, κατὰ δέ τι τῷ ἀρτιοπερίσσῳ, καὶ μὲν τοῦ ἑτέρου ἀπήλλακται, τούτῳ κοινωνεῖ τῷ λοιπῷ, ᾧ δὲ κοινόν τι ἔχει πρὸς ἕτερον, τούτῳ διαφέρει τοῦ λοιποῦ.

(2) ἔστι δέ, ὅταν ἀριθμὸς ἄρτιος [22] εἰς δύο ἶσα διαιρεθῆναι δυνάμενος διαιρούμενα ὁμοίως τὰ ἑαυτοῦ μέρη ἔχῃ, ἔστι δ' ὅτε καὶ τῶν μερῶν τὰ μέρη, μέχρι μέντοι μονάδος μὴ δυνάμενος τὴν τῶν μερῶν λύσιν ἀγαγεῖν· οἷός ἐστιν ὁ κδ, ὁ κη, ὁ μ· ἥμισυ μὲν γὰρ ἕκαστος τούτων ἴδιον ἔχει καὶ πάντως ἡμίσους ἥμισυ· ἔστι δ' ὅτε ἐν αὐτοῖς τις εὑρίσκεται καὶ ἐπὶ πλέον τὸν διχασμὸν ἐπιδεχόμενος εἰς τὰ μέρη, οὐδεὶς μέντοι τὸ παράπαν μέχρι τῆς φύσει ἀτόμου μονάδος τὰ μέρη μεριστὰ εἰς ἡμίση ἕξει.

(3) τῷ μὲν οὖν πλείονας μιᾶς τομῆς ἐπιδέχεσθαι ὁμοιοῦται μὲν τῷ ἀρτιάκις ἀρτίῳ, ἀφίσταται δὲ τοῦ ἀρτιοπερίσσου, τῷ δὲ μὴ ἀπολήγειν ποτὲ εἰς μονάδα αὐτοῦ τὰς τομὰς ὁμοιοῦται μὲν τῷ ἀρτιοπερίσσῳ, ἀφίσταται δὲ τοῦ ἀρτιάκις ἀρτίου.

der Teile von den Randwerten zum Mittelwert bzw. zu den Mittelwerten (s. o. I 8,10) ergab, dass das Produkt (*to hypo*) der Randwerte gleich dem Quadrat (*to apo*) des Mittelwerts bzw. dem Produkt der Mittelwerte ist, aber bei diesen nach demselben Austausch und Prüfung der Mittelwert das Kehr-Doppelte der Summe der Randwerte ist, bzw. falls es zwei Mittelwerte gibt, ihre Summe gleich der Summe aus beiden Randwerten.

10. Ungeradzahligfach gerade Zahlen

(1) Eine ungeradzahligfach gerade Zahl ist diejenige, welche die dritte Erscheinungsform der geraden Zahl aufweist und die den beiden vorgenannten Arten sozusagen als Mittelwert zwischen zwei Randwerten gemeinsam ist. In einer Hinsicht ist sie nämlich der geradzahligfach geraden Zahl ähnlich, in anderer der geradzahligfach ungeraden; mit dieser hat sie sonst alles gemein, wo sie aber etwas mit der anderen gemein hat, unterscheidet sie sich darin vom Sonstigen.
(2) Sie liegt vor, wenn eine gerade Zahl in zwei gleiche Teile geteilt werden kann, deren Teile ebenso geteilt werden können und manchmal sogar die Teile ihrer Teile, sie allerdings die Teilung ihrer Teile nicht bis zur Monade bringen kann. Solche Zahlen sind 24, 28, 40, denn jede dieser Zahlen hat ihre eigene Hälfte und stets die Hälfte ihrer Hälfte. Manchmal findet sich eine unter ihnen, die es erlaubt, die Halbierung unter ihren Teilen noch weiter zu tragen; es gibt allerdings keine, die ihre Teile bis zu der natürlich unteilbaren Monade in Hälften teilbar macht.
(3) Einerseits birgt sie mehr als eine einzige Zweiteilung, wodurch sie der geradzahligfach geraden Zahl ähnelt und sich von der geradzahligfach ungeraden abhebt; andererseits endet ihre Zweiteilung nie in der Monade, wodurch sie der geradzahligfach ungeraden Zahl ähnelt und sich von der geradzahligfach geraden abhebt.

(4) συμβέβηκε δ' αὐτῷ μόνῳ ὑφ' ἓν τὰ ἑκατέρῳ ἐκείνων ἰδίως συμβεβηκότα καὶ πάλιν ἃ μηδετέρῳ· καὶ γὰρ ἐκείνων ὁ μὲν τὸ μέγιστον μόνον μέρος εἶχε τμητόν, ὁ δὲ τὸ μικρότατον μόνον ἄτμητον, οὗτος δὲ οὐδέτερον· πλείονα μὲν γὰρ τοὺ ἑνὸς τμήματα ἐν τῷ μείζονι μέρει ἔχων ὁρᾶται, πλείονα δὲ τοῦ ἑνὸς ἄτμητα ἐν τῷ ἐλάττονι.

(5) καὶ πάλιν ἐστὶν ἐν αὐτῷ τινα μὲν μέρη μὴ ἐναντιωνυμοῦντα ταῖς δυνάμεσι μηδ' ἑτερογενοῦντα πρὸς [23] αὐτὰς κατ' εἰκόνα τοῦ ἀρτιάκις ἀρτίου, ἔνεστι δὲ πάντως καὶ ἕτερα ἐναντιωνυμούμενα ἑτερογενῶς ὑπὸ τῶν δυνάμεων κατ' εἰκόνα τοῦ ἀρτιοπερίσσου· οἷον ἐν τῷ κδ οὐκ ἐναντιωνυμεῖ μὲν μέρη δυνάμεσι, τέταρτον ς, ἥμισυ ιβ, ἕκτον δ, δωδέκατον β, ἐναντιοπαθεῖ δὲ τρίτον η, ὄγδοον γ, εἰκοστοτέταρτον α· καὶ ἐπὶ τῶν λοιπῶν παραπλησίως.

(6) γεννᾶται δὲ οὗτος ἐφόδῳ τινὶ ποικιλωτέρᾳ σημαίνων τρόπον τινὰ καὶ ἐν τῇ γενέσει αὐτοῦ, ὅτι μῖγμα ἀμφοτέρων ἐστίν· ἐπειδὴ γὰρ ὁ μὲν ἀρτιάκις ἄρτιος ἐξ ἀρτίων ὑφίσταται τῶν ἀπὸ μονάδος διπλασίων ἐς ἀεί, ὁ δὲ ἀρτιοπέρισσος ἀπὸ περισσῶν τῶν ἀπὸ τριάδος προιόντων ἐς ἀεί, ἀναγκαῖον τοῦτον ἐξ ἀμφοτέρων τῶν γενῶν συνυφαίνεσθαι, ὡς κοινὸν ἀμφοτέρων.

(7) ἐκθώμεθα δὴ τοὺς ἀπὸ τριάδος περιττοὺς ἰδίᾳ εὐτάκτως ἐν ἑνὶ στίχῳ γ, ε, ζ, θ, ια, ιγ, ιε, ιζ, ιθ καὶ ἐφεξῆς, τοὺς δὲ ἀπὸ τετράδος ἀρτιάκις ἀρτίους πάλιν ἐφεξῆς ἐν ἑτέρῳ στίχῳ κατὰ τὴν τάξιν τὴν αὐτῶν δ, η, ις, λβ, ξδ, ρκη, σνς καὶ ἐφεξῆς, μέχρις οὗ βούλει.
(8) ἀπὸ ὁποτέρου δὴ στίχου – ἀδιάφορον γάρ – τῷ πρώτῳ κειμένῳ ἀριθμῷ πολυπλασίαζε ἐξ ἀρχῆς πάντας ἑξῆς τοὺς ἐν τῷ λοιπῷ

(4) Es trifft sich, dass nur diese das hat, was für beide von ihnen je einzeln und das, was für keine von beiden vereint zutrifft. Von jenen hatte nämlich die eine (geradzahligfach ungerade) nur den größten Teil (durch zwei) teilbar, die andere (geradzahligfach gerade) nur den kleinsten unteilbar, aber diese weder noch, denn es wird beobachtet, dass sie einerseits mehr Teilbarkeiten als eine einzige im größten Teil hat, andererseits mehr Unteilbarkeiten als eine einzige im kleinsten.

(5) Wiederum gibt es in ihr gewisse Teile, die weder im Nenner entgegengesetzt zu den Quotienten (s. o. I 8,6) noch ihnen gegenüber andersartig sind nach dem Modus der geradzahligfach geraden Zahlen; und es gibt stets auch andere mit entgegengesetztem Nenner andersartig von den Quotienten nach dem Modus der geradzahligfach ungeraden Zahlen. Etwa bei 24 sind einerseits Teile in ihren Quotienten nicht dem Nenner entgegengesetzt: Ein Viertel ist 6, die Hälfte ist 12, ein Sechstel ist 4, ein Zwölftel ist 2. Andererseits ist mit entgegengesetzten Eigenschaften ein Drittel 8, ein Achtel 3, ein Vierundzwanzigstel 1, und bei den übrigen entsprechend.

(6) Diese Zahl entsteht mit einer mannigfaltigen Methode und zeigt gewissermaßen sogar in ihrer Entstehungsweise, dass sie eine Mischung der beiden anderen Arten ist; denn während die geradzahligfach gerade Zahl aus geraden Zahlen besteht, von 1 beginnend verdoppelt bis zur Unendlichkeit, und die geradzahligfach ungerade aus den ungeraden Zahlen von 3 bis zur Unendlichkeit hervorgeht, muss diese Zahl aus beiden Gattungen zusammengewoben werden, als eine beiden gemeinsame.

(7) Lasst uns also die ungeraden Zahlen von 3 für sich allein in einer ersten Reihe geordnet aufführen: 3, 5, 7, 9, 11, 13, 15, 17, 19, und die geradzahligfach geraden, beginnend von 4, wiederum nacheinander in einer zweiten Reihe nach ihrer eigenen Ordnung: 4, 8, 16, 32, 64, 128, 256 und so fort, so weit man will.

(8) Nun multipliziere man mit der ersten Zahl einer der beiden Reihen – es macht keinen Unterschied, welche – von Anfang an und in

στίχῳ καὶ τοὺς ἀποτελουμένους σημειοῦ, εἶτα [24] πάλιν τοῦ αὐτοῦ στίχου τῷ δευτέρῳ ἀριθμῷ πολυπλασίαζε τοὺς αὐτοὺς ἄνωθεν, μέχρις οὗ ἔχεις, καὶ τοὺς γινομένους ἀπογράφου· εἶτα τῷ τρίτῳ πάλιν ἀριθμῷ τοὺς αὐτοὺς ἄνωθεν, καὶ μέχρις ἂν προχωρῇς, οὐδένες ἄλλοι σοι ἀπογεννήσονται πλὴν οἱ περισσάρτιοι.

(9) χάριν δὲ ὑποδείγματος χρησώμεθα τῷ πρώτῳ ἀριθμῷ τοῦ στίχου τῶν περισσῶν καὶ πολυπλασιάσωμεν αὐτῷ τοὺς ἐν τῷ ἑτέρῳ στίχῳ τάξει πάντας, τρὶς δ, τρὶς η, τρὶς ις, τρὶς λβ, καὶ τοῦτο μέχρις ἀπείρου· ἔσονται γὰρ ιβ, κδ, μη, ϙς, οὓς δεῖ σημειώσασθαι ἐν ἑνὶ στίχῳ· εἶτα ἀπ᾽ ἄλλης ἀρχῆς πάλιν τῷ δευτέρῳ ἀριθμῷ τὸ αὐτὸ ποίει, πεντάκις δ, πεντάκις η, πεντάκις ις, πεντάκις λβ· ἀποτελεσθήσονται γὰρ οἵδε κ, μ, π, ρξ· εἶτα πάλιν τῷ τρίτῳ ἀριθμῷ τῷ ζ τὸ αὐτὸ ποίει, ἑπτάκις δ, ἑπτάκις η, ἑπτάκις ις, ἑπτάκις λβ· οἱ γὰρ γινόμενοί εἰσιν κη, νς, ριβ, σκδ, καὶ κατὰ τὰ αὐτά, μέχρις οὗ βούλει, προχωρεῖν συμφωνήσει σοι·

[25]

<table>
<tr><td rowspan="7">πλάτος</td><td>γ</td><td>ε</td><td>ζ</td><td>θ</td><td>ια</td><td>ιγ</td><td>ιε</td><td rowspan="2">οἱ γνώμονες τοῦ περισσαρτίου</td></tr>
<tr><td>δ</td><td>η</td><td>ις</td><td>λβ</td><td>ξδ</td><td>ρκη</td><td>σνς</td></tr>
<tr><td>ιβ</td><td>κδ</td><td>μη</td><td>ϙς</td><td>ρϙβ</td><td>τπδ</td><td>ψξη</td><td rowspan="5">οἱ περισσάρτιοι</td></tr>
<tr><td>κ</td><td>μ</td><td>π</td><td>ρξ</td><td>τκ</td><td>χμ</td><td>,ασπ</td></tr>
<tr><td>κη</td><td>νς</td><td>ριβ</td><td>σκδ</td><td>υμη</td><td>ωϙς</td><td>,αψϙβ</td></tr>
<tr><td>λς</td><td>οβ</td><td>ρμδ</td><td>σπη</td><td>φος</td><td>,αρνβ</td><td>,βτδ</td></tr>
<tr><td>μδ</td><td>πη</td><td>ρος</td><td>τνβ</td><td>ψδ</td><td>,ανη</td><td>,βωις</td></tr>
<tr><td></td><td colspan="7">μῆκος</td><td></td></tr>
</table>

der Abfolge alle in der verbleibenden Reihe und notiere die Ergebnisse; dann wiederum multipliziere man mit der zweiten Zahl der gleichen Reihe die gleichen Zahlen nochmals, so weit man kann, und notiere die Ergebnisse, dann mit der dritten Zahl wiederum nochmals die gleichen; und wie weit man auch fortschreitet, man bekommt nichts als die ungeradzahligfach geraden Zahlen.

(9) Zur Veranschaulichung nehmen wir die erste Zahl in der Zeile der ungeraden und multiplizieren damit alle in der zweiten Zeile nach der Ordnung, also dreimal 4, dreimal 8, dreimal 16, dreimal 32 und so weiter bis ins Unendliche. Es werden 12, 24, 48, 96 sein, die wir in einer eigenen Zeile notieren müssen. Dann wiederum von einem anderen Anfang aus mache man dasselbe mit der zweiten Zahl, fünfmal 4, fünfmal 8, fünfmal 16, fünfmal 32. Die Ergebnisse werden 20, 40, 80, 160 sein. Dann mache das Gleiche wiederum mit der dritten Zahl 7, siebenmal 4, siebenmal 8, siebenmal 16, siebenmal 32. Die Ergebnisse sind 28, 56, 112, 224; und so weit man fortschreiten will, wird man dementsprechend übereinstimmende erhalten:

Breite								
	3	5	7	9	11	13	15	Stammzahlen der ungeradzahligfach geraden Zahl
	4	8	16	32	64	128	256	
	12	24	48	96	192	384	768	ungeradzahligfach gerade Zahlen
	20	40	80	160	320	640	1280	
	28	56	112	224	448	896	1792	
	36	72	144	288	576	1152	2304	
	44	88	176	352	704	1408	2816	
	Länge							

(10) ὅταν δὴ τοὺς ἐξ ἑκάστου πολυπλασιασμοὺς ἐν ἰδίῳ στίχῳ τάξῃς παραλλήλους ποιούμενος τοὺς στίχους, φανήσεταί σοι θαυμαστῶς κατὰ μὲν τὸ πλάτος συμβαῖνον τὸ τῶν ἀρτιοπερίσσων ἰδίωμα, ὅτι ἀεὶ τῶν ἄκρων ὁ μέσος ὑποδιπλάσιος, εἰ εἷς εἴη, εἰ δὲ δύο μέσοι, ἶσοι κατὰ σύνθεσιν· κατὰ δὲ τὸ μῆκος τὸ τῶν ἀρτιάκις ἀρτίων· τὸ γὰρ ὑπό ἶσον τῷ ἀπό, εἰ μία εἴη μεσότης, ἢ τῷ ὑπό, εἰ δύο εἴησαν· ὥστε τὰ ἀμφοτέρων ἰδιώματα τούτῳ μόνῳ συμβέβηκεν, ὡς ὄντι φυσικῷ μίγματι αὐτῶν.

ια.

(1) τοῦ δὲ περισσοῦ καὶ πάλιν καθ' ὑποδιαίρεσιν διακεκριμένου πρὸς τὸν ἄρτιον καὶ κατὰ μηδὲν [26] κοινωνοῦντος, εἴπερ ἐκεῖνος μὲν διχῇ εἰς ἶσα διαιρετός, οὗτος δὲ εἰς δύο ἶσα ἀδιαίρετος, τρία ὁμοίως εἴδη εὑρίσκεται ἀλλήλων διαφέροντα, ὧν τὸ μὲν καλεῖται πρῶτον καὶ ἀσύνθετον, τὸ δὲ ἀντικείμενον τούτῳ δεύτερον καὶ σύνθετον, τὸ δὲ ἐν μεταιχμίῳ ἀμφοῖν τούτοιν θεωρούμενον ὡς μεσότης ἐν ἀκρότησιν, ὃ καθ' ἑαυτὸ μὲν δεύτερον καὶ σύνθετον, πρὸς ἄλλο δὲ πρῶτον καὶ ἀσύνθετον.

(2) τὸ μὲν οὖν πρώτιστον εἶδος τὸ πρῶτον καὶ ἀσύνθετον γίνεται, ὅταν ἀριθμὸς περισσὸς μόριον μηδὲν ἕτερον ἐπιδέχηται, εἰ μὴ τὸ παρώνυμον ἑαυτῷ, ὃ καὶ ἐξ ἀνάγκης μονὰς ἔσται, οἷον ὁ γ, ὁ ε, ὁ ζ, ὁ ια, ὁ ιγ, ὁ ιζ, ὁ ιθ, ὁ κγ, ὁ κθ, ὁ λα· τούτων δὲ ἕκαστος οὐδεμιᾷ μηχανῇ εὑρεθήσεται ἔχων ἑτερώνυμον μόριον, ἀλλὰ μό-

(10) Wenn man nun die jeweiligen Produkte in der eigenen Reihe anordnet und die Reihen parallel macht, so wird sich auf wunderbare Weise einerseits entlang der Breite (senkrecht) die Eigenschaft der geradzahligfach ungeraden Zahlen zeigen, dass der Mittelwert immer das Kehr-Doppelte der Summe der Randwerte ist, falls es einen einzigen gibt; falls es zwei Mittelwerte gibt, dass deren Summe gleich der Summe der Randwerte ist; andererseits entlang der Länge (waagerecht) die Eigenschaft der geradzahligfach geraden Zahlen, denn das Produkt (*to hypo*) der Randwerte ist gleich dem Quadrat (*to apo)* des Mittelwerts, falls es einen einzigen Mittelwert gibt, bzw. ihrem Produkt, falls es zwei gibt. So trifft es sich, dass diese eine Art die Eigenschaften von beiden hat, weil sie eine natürliche Mischung von ihnen ist.

11. Ungerade Zahlen: Prim- und unzusammengesetzte Zahlen

(1) Auch wenn die ungerade Zahl in der Unterteilung gegenüber der geraden separiert wird und nichts mit ihr gemeinsam hat, da letztere in gleiche Hälften teilbar ist und erstere in zwei gleiche Teile unteilbar ist, so findet man doch auf gleiche Weise drei Erscheinungsformen (von ungeraden Zahlen), die sich voneinander unterscheiden, von denen die erste als prim und unzusammengesetzt bezeichnet wird, die ihr entgegengesetzte als sekundär und zusammengesetzt, und die als Mittelding von diesen beiden betrachtete – wie ein Mittelwert zwischen Randwerten –, nämlich absolut gesehen sekundär und zusammengesetzt, aber relativ gesehen primär und unzusammengesetzt.
(2) Die allererste Erscheinungsform, die Prim- und unzusammengesetzte Zahl, liegt vor, wenn eine ungerade Zahl keinen anderen Bruchteil birgt als den gleichnamigen, der notwendigerweise die Monade sein wird; etwa 3, 5, 7, 11, 13, 17, 19, 23, 29, 31. Bei keiner dieser Zahlen wird man durch irgendeinen Kunstgriff finden,

νον τὸ ἑαυτῷ παρώνυμον καὶ τοῦτο μονάδα πάντως ἐν ἑκάστῳ· ὁ μὲν γὰρ γ μόνον τρίτον [τὸ ἑαυτοῦ παρώνυμον καὶ τοῦτο πάντως μονάδα], ὁ δὲ ε μόνον πέμπτον καὶ ὁ ζ μόνον ἕβδομον καὶ ὁ ια μόνον ἑνδέκατον, καὶ ἐν πᾶσι ταῦτα τὰ μέρη μονὰς ὑπάρχει. (3) τέτευχε δὲ τοῦ ὀνόματος τούτου, ὅτι τῷ κοινῷ πάντων ἀριθμῷ καὶ [27] πρωτίστῳ μονάδι μόνῃ δύναται μετρεῖσθαι, ἑτέρῳ δὲ οὐδενί, ἀλλὰ καὶ ὑπ᾽ οὐδενὸς ἑτέρου ἀριθμοῦ ἑαυτῷ συντεθέντος γεγένηται, ἀλλὰ μόνης μονάδος, πεντάκις μὲν συντεθείσης ὁ ε, ἑπτάκις δὲ ὁ ζ, καὶ οἱ λοιποὶ κατὰ τὴν ἑαυτῶν ποσότητα· αὐτῶν μέντοι συντεθέντων ἑαυτοῖς δύναιντ᾽ ἂν ἄλλοι γενέσθαι ἀπὸ πηγῆς ὡσανεὶ καὶ ῥίζης αὐτῶν τούτων ἀρχόμενοι, διόπερ πρῶτοι καλοῦνται ὡσανεὶ ἀρχαὶ ἐκείνων προυποκείμενοι· ἀρχὴ δὲ πᾶσα στοιχειώδης καὶ ἀσύνθετος, εἰς ἣν πάντα ἀναλύεται καὶ ἐξ ἧς πάντα συνίσταται, αὐτὴ δὲ εἰς οὐδὲν καὶ ἐξ οὐδενός.

ιβ.

(1) δεύτερος δὲ καὶ σύνθετός ἐστιν ἀριθμὸς περισσὸς μὲν διὰ τὸ ἐξ ἑνὸς καὶ τοῦ αὐτοῦ γένους διακεκρίσθαι, ἀρχοειδὲς δὲ οὐδὲν ἔχων ἐν ἑαυτῷ· συντεθέντος γὰρ ἑτέρου τινὸς τὴν γένεσιν αὐτὸς ἔσχε· διόπερ συμβαίνει αὐτῷ πρὸς τῷ παρωνύμῳ μέρει ἔτι καὶ ἑτερώνυμον ἢ ἑτερώνυμα κεκτῆσθαι, τὸ μὲν παρώνυμον καθὰ καὶ ἐπὶ πάντων μονάδα εἶναι πάντως, τὸ δὲ ἑτερώνυμον ἢ ἑτερώνυμα οὐδέποτε μονάδα, ἀλλὰ πάντως ἢ ἐκεῖνον ἢ ἐκείνους, ὧν συντεθέντων ἀπετελέσθη, οἷον [28] θ, ιε, κα, κε, κζ, λγ, λε, λθ· τούτων γὰρ ἕκαστος καὶ ὑπὸ μονάδος μετρεῖται ὡς οἱ ἕτεροι καὶ

dass sie einen ungleichnamigen Bruchteil hat, sondern stets nur den gleichnamigen, und der wird bei jeder stets die Monade sein, denn 3 hat nur ein Drittel, 5 nur ein Fünftel, 7 nur ein Siebtel, 11 nur ein Elftel, und in allen diesen Fällen ist der Teil die Monade.

(3) Sie hat eben diesen Namen erhalten, weil sie nur durch die allen gemeinsame und allererste Zahl, die Monade, teilbar ist und durch keine andere, aber auch von keiner anderen mit sich selbst zusammengesetzten Zahl erzeugt wird außer nur der Monade, denn fünfmal zusammengesetzt ist sie 5, siebenmal 7, und die anderen gemäß ihres eigenen »Wie viel?«. Allerdings können, wenn diese mit sich selbst zusammengesetzt werden, andere Zahlen entstehen, die aus ihnen sozusagen aus einem Brunnen und einer Pflanzenwurzel (s. o. I 2,5) hervorgehen, weshalb sie Primzahlen (»erste Zahlen«) genannt werden, sozusagen als Anfang vor den anderen existierend. Jeder Anfang ist elementar und unzusammengesetzt, in den alles zerlegt wird und aus dem alles entspringt, aber er selbst kann nicht in etwas zerlegt werden oder aus etwas entspringen.

12. Sekundäre und zusammengesetzte Zahlen

(1) Eine sekundäre und zusammengesetzte Zahl ist zwar eine ungerade Zahl, weil sie aus ein und derselben Art separiert wird, aber sie hat keine ursprüngliche Qualität, denn sie bekommt ihre Entstehung durch Zusammensetzung mit einer weiteren. Deshalb trifft es sich, dass es charakteristisch für die sekundäre Zahl ist, dass sie neben dem gleichnamigen Bruchteil noch einen ungleichnamigen oder mehrere ungleichnamige hat; der gleichnamige ist stets in allen Fällen eine Monade, der ungleichnamige oder die ungleichnamigen nie eine Monade, sondern stets jene Zahl oder jene Zahlen, durch deren Zusammensetzung sie entstanden ist. Etwa 9, 15, 21, 25, 27, 33, 35, 39; jede dieser Zahlen ist auch durch die Monade teilbar, wie die anderen Zahlen, und hat wie sie einen gleichnamigen Bruchteil auf-

παρώνυμον ἔχει μέρος ὡς κἀκεῖνοι διὰ τὴν τοῦ κοινοῦ γένους φύσιν, ἐξηλλαγμένως δὲ καὶ ἰδιαίτερον ἔτι καὶ ἑτερωνύμῳ μέρει ἢ μέρεσι χρῆται, ὁ μὲν θ πρὸς τῷ ἐνάτῳ ἔτι καὶ τρίτῳ, ὁ δὲ ιε ἔτι καὶ τρίτῳ καὶ πέμπτῳ πρὸς τῷ ιε^ῳ, ὁ δὲ κα καὶ ἑβδόμῳ καὶ τρίτῳ πρὸς τῷ εἰκοστοπρώτῳ, ὁ δὲ κε πρὸς τῷ εἰκοστοπέμπτῳ τῷ παρωνύμῳ ἔτι καὶ ἑτερωνύμῳ χρῆται τῷ πέμπτῳ.

(2) δεύτερος οὖν λέγεται, ὅτι καὶ ἄλλῳ σὺν τῇ μονάδι μέτρῳ δύναται χρῆσθαι, καὶ ὅτι οὐκ ἀρχοειδής, ἀλλ' ἑτέρου προστεθέντος πρὸς ἑαυτὸν ἢ πρὸς ἕτερον συντεθέντος αὐτὸς ἐγένετο, ὁ μὲν θ τοῦ γ, ὁ δὲ ιε τοῦ ε ἢ νὴ Δία τοῦ γ, καὶ οἱ ἐφεξῆς κατὰ τὸν αὐτὸν λόγον· σύνθετος δὲ ἐκ τοιαύτης αἰτίας, ὅτι διαλυθείη ἂν εἰς ἐκείνους, ἐξ ὧν συνέστηκεν, εἴπερ καὶ μετρηθείη ἂν ὑπ' αὐτῶν· οὐδὲν δὲ διαλυτὸν ἀσύνθετον, ἀλλὰ πάντως σύνθετον.

ιγ.

(1) ἀντικειμένων δὴ ἀλλήλοις τῶν δύο τούτων εἰδῶν [29] τοῦ περισσοῦ τρίτον ἀνὰ μέσον τι θεωρεῖται οἱονεὶ ἐξ ἀμφοτέρων εἰδοποιούμενον τὸ καθ' αὑτὸ μὲν δεύτερον καὶ σύνθετον, πρὸς ἄλλο δὲ πρῶτον καὶ ἀσύνθετον, ὅταν ἀριθμὸς πρὸς τῷ κοινῷ μέτρῳ τῇ μονάδι ἔτι καὶ ἑτέρῳ μετρεῖταί τινι μέτρῳ καὶ διὰ τοῦτο δυνάμενος καὶ ἑτερώνυμον μέρος ἢ μέρη ἐπιδέξασθαι πρὸς τῷ παρωνύμῳ, πρὸς ἄλλον τινὰ ὁμοίως ἔχοντα ἀντεξεταζόμενος εὑρίσκεται μήτε κοινῷ μέτρῳ μετρηθῆναι δυνάμενος πρὸς ἐκεῖνον, μήτε τὸ αὐτὸ ὁμώνυμον μέρος ἔχων τῶν ἁπλῶς ἐν

grund der Natur der gemeinsamen Gattung; aber abweichend und noch spezieller verwenden sie noch einen Bruchteil oder Bruchteile mit anderem Nenner: 9 hat neben dem Neuntel noch ein Drittel, 15 noch ein Drittel und ein Fünftel neben dem Fünfzehntel, 21 ein Siebtel und ein Drittel neben dem Einundzwanzigstel und 25 neben dem gleichnamigen Fünfundzwanzigstel noch das ungleichnamige Fünftel.

(2) Sekundär wird sie also genannt, weil sie neben der Monade noch einen weiteren Teiler verwenden kann und weil sie nicht ursprünglich ist, sondern von einer anderen Zahl erzeugt wird, die mit sich selbst oder mit einer anderen zusammengesetzt ist; die 9 von der 3; die 15 von der 5 oder – bei Zeus – von der 3; ebenso diejenigen, die auf die gleiche Weise folgen. Zusammengesetzt ist sie aus dem Grund, dass sie in jene Zahlen zerlegt werden kann, aus denen sie entstanden ist, da sie auch von ihnen geteilt wird. Nichts, was zerlegt werden kann, ist ja unzusammengesetzt, sondern stets zusammengesetzt.

13. Sieb des Eratosthenes (s. o. S. 7)

(1) Während nun diese beiden Erscheinungsformen der ungeraden Zahl einander entgegengesetzt sind, wird eine dritte zwischen ihnen betrachtet, die sozusagen von beiden ihre spezifische Erscheinungsform ableitet, die absolut gesehen sekundär und zusammengesetzt ist, aber relativ gesehen prim und unzusammengesetzt, nämlich wenn eine Zahl neben dem gemeinsamen Teiler, der Monade, noch durch eine andere Zahl teilbar ist und daher einen ungleichnamigen Bruchteil oder Bruchteile zulassen kann neben dem gleichnamigen, und wenn diese einer anderen Zahl gegenübergestellt wird, die dieselbe Eigenschaft hat, man dann findet, dass diese weder durch einen gemeinsamen Teiler mit jener teilbar sein kann noch einen Bruchteil besitzt, der denselben Nenner hat wie schlicht ein Bruchteil von

ἐκείνῳ· οἷον ὁ θ πρὸς τὸν κε· ἑκάτερος γὰρ καθ' ἑαυτὸν δεύτερός ἐστι καὶ σύνθετος, πρὸς δὲ ἀλλήλους μονάδι μόνῃ κοινῷ μέτρῳ χρῶνται καὶ οὐδὲν μόριον ὁμωνυμεῖ ἐν ἀμφοτέροις, ἀλλὰ τὸ ἐν τούτῳ τρίτον οὐκ ἔστιν ἐν ἐκείνῳ οὐδὲ τὸ ἐν ἐκείνῳ πέμπτον ἐν τούτῳ εὑρίσκεται.
(2) ἡ δὲ τούτων γένεσις ὑπὸ Ἐρατοσθένους καλεῖται κόσκινον, ἐπειδὴ ἀναπεφυρμένους τοὺς περισσοὺς λαβόντες καὶ ἀδιακρίτους ἐξ αὐτῶν τῇ τῆς γενέσεως μεθόδῳ ταύτῃ διαχωρίζομεν, ὡς δι' ὀργάνου ἢ κοσκίνου τινὸς καὶ ἰδίᾳ μὲν τοὺς πρώτους καὶ ἀσυνθέτους, ἰδίᾳ δὲ τοὺς δευτέρους καὶ συνθέτους, [30] χωρὶς δὲ τοὺς μικτοὺς εὑρίσκομεν.

(3) ἔστι δὲ ὁ τρόπος τοῦ κοσκίνου τοιοῦτος· ἐκθέμενος τοὺς ἀπὸ τριάδος [31] πάντας ἐφεξῆς περισσοὺς ὡς δυνατὸν μάλιστα ἐπὶ μήκιστον στίχον, ἀρξάμενος ἀπὸ τοῦ πρώτου ἐπισκοπῶ, τίνας οἷός τέ ἐστι μετρεῖν, καὶ εὑρίσκω δυνατὸν ὄντα τοὺς δύο μέσους παραλείποντας μετρεῖν, μέχρις οὗ ἂν προχωρεῖν ἐθέλωμεν, οὐχ [32] ὡς ἔτυχε δὲ καὶ εἰκῇ μετροῦντα, ἀλλὰ τὸν μὲν πρώτως κείμενον, τουτέστι τὸν δύο μέσους ὑπερβαίνοντα κατὰ τὴν τοῦ πρωτίστου ἐν τῷ στίχῳ κειμένου ποσότητα μετρήσει, τουτέστι κατὰ τὴν ἑαυτοῦ· τρὶς γάρ· τὸν δ' ἀπ' ἐκείνου δύο διαλείποντα κατὰ τὴν τοῦ δευτέρου τεταγμένου· πεντάκις γάρ· τὸν δὲ περαιτέρω πάλιν δύο διαλείποντα κατὰ τὴν τοῦ τρίτου τεταγμένου· ἑπτάκις γάρ· τὸν δὲ ἔτι περαιτέρω ὑπὲρ δύο κείμενον κατὰ τὴν τοῦ τετάρτου τεταγμένου· ἐνάκις γάρ· καὶ ἐπ' ἄπειρον τῷ αὐτῷ τρόπῳ.

(4) εἶτα μετὰ τοῦτον ἀπ' ἄλλης ἀρχῆς ἐπὶ τὸν δεύτερον ἐλθὼν σκοπῶ, τίνας οἷός τέ ἐστι μετρεῖν, καὶ εὑρίσκω πάντας τοὺς τετράδα διαλείποντας, ἀλλὰ τὸν μὲν πρῶτον κατὰ τὴν τοῦ ἐν τῷ στίχῳ πρώτου τεταγμένου ποσότητα· τρὶς γάρ· τὸν δὲ δεύτερον κατὰ τὴν τοῦ δευτέρου· πεντάκις γάρ· τὸν δὲ τρίτον κατὰ τὴν τοῦ τρίτου· ἑπτάκις γάρ· καὶ τοῦτο ἐφεξῆς ἀεί.

jener. Es werde etwa 9 mit 25 verglichen: Jede ist absolut gesehen sekundär und zusammengesetzt, aber relativ zueinander benutzen sie nur die Monade als gemeinsamen Teiler, und kein Bruchteil hat in beiden denselben Nenner, denn das Drittel in dieser existiert nicht in jener, und das Fünftel in jener ist nicht in dieser zu finden.

(2) Die Erzeugung dieser Zahlen wird von Eratosthenes das »Sieb« genannt, weil wir die ungeraden Zahlen unsortiert nehmen und die unseparierten aus ihnen mit eben dieser Erzeugungsmethode aussondern; wie mit einem Gerät oder Sieb finden wir durch ihre Eigenheit die Prim- und unzusammengesetzten Zahlen, durch ihre Eigenheit die sekundären und zusammengesetzten, ohne Eigenheit die gemischten.

(3) Die Art des Siebes ist wie folgt: Ich stelle alle ungeraden Zahlen nacheinander auf, beginnend von 3, in einer möglichst langen Reihe. Von der ersten anfangend schaue ich, welche durch sie teilbar sind, und ich finde, dass es möglich ist, nämlich dass die zwei inmitten auslassenden teilbar sind, soweit wir fortschreiten wollen; doch nicht zufällig und einfach so teilbar, sondern dass die als erste liegende Zahl, das ist die zwei inmitten überspringende, gemäß des »Wie viel?« der allerersten in der Reihe liegenden Zahl bemessen ist, das ist gemäß dieser selbst, nämlich dreimal; und die nächste zwei auslassende gemäß der zweiten platzierten, nämlich fünfmal; und die wiederum weiter zwei auslassende gemäß der dritten platzierten, nämlich siebenmal; und die noch weiter zwei jenseits liegende gemäß der vierten platzierten, nämlich neunmal; und unendlich weit auf dieselbe Weise.

(4) Danach dann wieder von einem anderen Anfang aus komme ich zur zweiten Zahl und schaue, welche durch sie teilbar sind, und ich finde alle, die vier auslassen; und zwar die erste gemäß des »Wie viel?« der ersten in der Reihe platzierten Zahl, nämlich dreimal; und die zweite gemäß der zweiten, nämlich fünfmal; und die dritte gemäß der dritten, nämlich siebenmal; und in dieser Reihenfolge weiter bis ins Unendliche.

(5) πάλιν δὲ ἄνωθεν ὁ τρίτος ὁ ζ ὁ τὸ μέτρον παραλαβὼν μετρήσει τοὺς ἓξ διαλείποντας, ἀλλὰ τὸν μὲν πρώτιστον κατὰ τὴν τοῦ γ ποσότητα πρώτου κειμένου, τὸν δὲ δεύτερον κατὰ τὴν τοῦ ε· δευτεροταγὴς γὰρ οὗτος· τὸν δὲ τρίτον κατὰ τὴν τοῦ ζ· τρίτην γὰρ ἔχει καὶ οὗτος τάξιν ἐν τῷ στίχῳ.
(6) καὶ [33] κατὰ τὴν αὐτὴν ἀναλογίαν διόλου ἀπαρεμπόδιστον προχωρήσει σοι τοῦτο, ὥστε τὸ μὲν μετρεῖν διαδέξονται κατὰ τὴν ἐν τῷ στίχῳ αὐτῶν ἐγκειμένην τάξιν, τὸ δὲ πόσους διαλείποντας κατὰ τὴν ἀπὸ δυάδος ἐπ' ἄπειρον εὔτακτον τῶν ἀρτίων προκοπὴν ἢ κατὰ τὴν τῆς χώρας διπλασίασιν, καθ' ἣν ὁ μετρῶν τέτακται, τὸ δὲ ποσάκις κατὰ τὴν τῶν ἀπὸ τριάδος περισσῶν εὔτακτον προχώρησιν.

(7) ἐὰν οὖν σημείοις τισὶν ἐπιστίξῃς τοὺς ἀριθμούς, εὑρήσεις τοὺς μεταλαμβάνοντας τὸ μετρεῖν οὔτε ἅμα πάντας τὸν αὐτόν ποτε μετροῦντας, ἔστι δὲ ὅτε οὐδὲ δύο τὸν αὐτόν, οὔτε πάντας ἁπλῶς τοὺς ἐκκειμένους ὑποπίπτοντας μέτρῳ τινὶ αὐτῶν, ἀλλὰ τινὰς μὲν παντελῶς διαφεύγοντας τὸ μετρηθῆναι ὑφ' οὑτινοσοῦν, τινὰς δὲ ὑπὸ ἑνὸς μόνου μετρουμένους, τινὰς δὲ ὑπὸ δύο ἢ καὶ πλειόνων.

(8) οἱ μὲν οὖν μηδαμῶς μετρηθέντες, ἀλλὰ διαφυγόντες τοῦτο πρῶτοί εἰσι καὶ ἀσύνθετοι, ὡς ὑπὸ κοσκίνου διακριθέντες, οἱ δὲ ὑπὸ ἑνὸς μόνου μετρηθέντες κατὰ τὴν ἑαυτῶν ποσότητα, ἓν μόνον μόριον ἑτερώνυμον ἕξουσι πρὸς τῷ παρωνύμῳ, οἱ δὲ ὑπὸ ἑνὸς μέν, ἑτέρου δὲ ποσότητι καὶ μὴ τῇ ἑαυτοῦ ἢ ὑπὸ δύο ὁμοῦ μετρηθέντες πλείονα ἕξουσι τὰ ἑτερώνυμα μέρη πρὸς τῷ παρωνύμῳ· οὗτοι οὖν ἔσονται δεύτεροι καὶ σύνθετοι.

(9) τὸ δὲ τρίτον μέρος τὸ κοινὸν [34] ἀμφοτέρων, ὃ καθ' ἑαυτὸ μὲν δεύτερον καὶ σύνθετον, πρὸς ἄλλο δὲ πρῶτον καὶ ἀσύνθε-

(5) Wiederum nochmals wird der dritte Wert, 7, die Teilerfunktion übernehmend, die jeweils sechs auslassenden Zahlen teilen, und zwar die allererste gemäß des »Wie viel?« der 3 – der ersten der Reihe –, die zweite gemäß der 5 – dies ist ja die zweitplatzierte Zahl –, die dritte gemäß der 7 – diese hat ja die dritte Stelle in der Reihe.
(6) Und nach derselben Vorgehensweise wird dieser Vorgang kontinuierlich fortschreiten, so dass erstens die Zahlen die Teilerfunktion erhalten nach der Stelle, an der sie in der Reihe liegen; zweitens wie viele sie auslassen bestimmt wird nach dem geordneten Verlauf der geraden Zahlen von 2 beginnend unendlich weit oder durch Verdoppelung der Stelle, an der der Teiler platziert ist; drittens das »Wie oft?« bestimmt wird nach dem geordneten Fortschreiten der ungeraden Zahlen beginnend von 3.
(7) Wenn man nun die Zahlen mit bestimmten Zeichen markiert, wird man finden, dass weder die Zahlen mit der Teilerfunktion alle gleichzeitig dieselbe Zahl teilen – manchmal werden ja nicht einmal zwei dieselbe Zahl teilen –, noch alle aufgeführten Zahlen sich schlicht einem bestimmten Teiler unterwerfen, sondern dass manche es ganz und gar vermeiden, durch irgendeine Zahl teilbar zu sein, andere nur durch eine teilbar sind, wieder andere durch zwei oder sogar mehr.
(8) Diejenigen, die überhaupt nicht teilbar sind, sondern es vermeiden, sind prim und unzusammengesetzt, gleichsam durch ein Sieb separiert; diejenigen, die nur durch eine einzige Zahl teilbar sind, und zwar gemäß ihres eigenen »Wie viel?«, haben nur einen einzigen ungleichnamigen Bruchteil neben dem gleichnamigen; diejenigen, die zwar durch eine Zahl teilbar sind, aber gemäß eines anderen »Wie viel?« und nicht ihres eigenen, oder die durch zwei Zahlen zugleich teilbar sind, haben mehrere ungleichnamige Bruchteile neben dem gleichnamigen; diese werden sekundär und zusammengesetzt sein.
(9) Die dritte Abteilung, die beiden gemeinsam ist, nämlich absolut gesehen sekundär und zusammengesetzt, aber relativ gesehen

τον, ἔσονται οἱ ἀποτελούμενοι ἀριθμοὶ κατὰ τὴν ἑαυτοῦ ποσότητα πρώτου καὶ ἀσυνθέτου μετρήσαντός τινος, εἴ τις γενόμενος συγκρίνοιτο πρὸς ἄλλον ὡσαύτως τὴν γένεσιν ἔχοντα· ὥσπερ ὁ θ – ἐγίνετο ἐκ τοῦ γ κατὰ τὴν ἑαυτοῦ ποσότητα μετρήσαντος, τρὶς γάρ –, εἰ συγκρίνοιτο πρὸς τὸν κε – ἐγίνετο ἐκ τοῦ ε κατὰ τὴν ἑαυτοῦ ποσότητα μετρήσαντος, πεντάκις γάρ –, κοινὸν μέτρον τούτοις οὐδέν, εἰ μὴ μονάς.

(10) ὡς δ' ἂν καὶ μέθοδον ἔχοιμεν διαγνωστικὴν τῶν πρὸς ἀλλήλους ἤτοι πρώτων καὶ ἀσυνθέτων ἢ δευτέρων καὶ συνθέτων, ὅτι ἐκείνων μὲν κοινὸν μέτρον μονάς ἐστι, τούτων δὲ πρὸς τῇ μονάδι καὶ ἕτερός τις ἀριθμός, καὶ ποῖος οὗτος ὑπάρχει.

(11) εἰ ὁρισθείησαν ἡμῖν δύο περισσοὶ ἀριθμοί, προτείναντός τινος καὶ ἐπιτάξαντος διαγνῶναι, πότερον πρῶτοι πρὸς ἀλλήλους καὶ ἀσύνθετοί εἰσιν ἢ δεύτεροι καὶ σύνθετοι, καὶ εἰ δεύτεροι καὶ σύνθετοι, ποῖος ἀριθμὸς αὐτῶν κοινὸν μέτρον ἐστί, χρὴ ἀντισυγκρίνειν τοὺς προτεθέντας ἀριθμοὺς καὶ τὸν ἐλάττονα ἀπὸ τοῦ μείζονος ἀεὶ ἀφαιρεῖν, ὁσάκις δυνατόν, εἶτα τούτου ἀφαιρεθέντος ἀνταφαιρεῖν ἀπὸ τοῦ λοιποῦ, ὁσάκις πάλιν δυνατόν· [35] ἡ γὰρ ἀντιπερίστασις αὕτη καὶ ἀνταφαίρεσις ἀναγκαίως ἤτοι ἐπὶ μονάδα καταλήξει ἢ ἐπί τινα ἕνα καὶ τὸν αὐτὸν ἀριθμόν, ἀναγκαίως δὲ περισσόν.

(12) ὅταν μὲν οὖν ἐπὶ μονάδα αἱ ἀφαιρέσεις περαιωθῶσι, πρώτους καὶ ἀσυνθέτους αὐτοὺς ἀποφαίνουσι πρὸς ἀλλήλους, ὅταν δὲ ἐπὶ ἕτερόν τινα ἀριθμὸν περισσὸν τῇ ποσότητι διφορούμενον, δευτέρους λέγε εἶναι πρὸς ἀλλήλους καὶ συνθέτους καὶ κοινὸν αὐτοῖς εἶναι μέτρον αὐτὸν ἐκεῖνον τὸν διφορούμενον ἀριθμόν·

prim und unzusammengesetzt, besteht aus den Zahlen, die sich ergeben, wenn eine Prim- und unzusammengesetzte Zahl gemäß ihres eigenen »Wie viel?« bemessen und eine so erzeugte mit einer anderen von solcher Erzeugung verglichen wird. Wenn etwa die 9 – sie wurde aus 3 erzeugt, die gemäß ihres eigenen »Wie viel?« bemessen wurde, denn sie ist ja dreimal 3 – verglichen wird mit der 25 – sie wurde aus 5 erzeugt, die gemäß ihres eigenen »Wie viel?« bemessen wurde, denn sie ist ja fünfmal 5 –, haben sie keinen gemeinsamen Teiler außer der Monade.

(10) (Wir wollen nun untersuchen,) wie wir eine Methode haben können, um zu entscheiden, ob die Zahlen relativ zueinander entweder prim und unzusammengesetzt oder sekundär und zusammengesetzt sind, so dass von den ersteren der gemeinsame Teiler die Monade ist, von den letzteren aber neben der Monade auch eine andere Zahl, und was diese Zahl ist.

(11) Nehmen wir an, es gäbe zwei ungerade Zahlen, und jemand stellte das Problem und trüge uns auf zu bestimmen, ob sie relativ zueinander prim und unzusammengesetzt sind oder sekundär und zusammengesetzt, und wenn sie sekundär und zusammengesetzt sind, welche Zahl ihr gemeinsamer Teiler ist. Wir müssen die gegebenen Zahlen vergleichen und die kleinere von der größeren so oft wie möglich subtrahieren; dann nach dieser Subtraktion davon den Rest subtrahieren, wiederum so oft wie möglich, denn dieses Wechseln und Subtrahieren von der einen und der anderen wird notwendigerweise entweder in der Monade enden oder in ein und derselben Zahl, die notwendigerweise ungerade sein wird.

(12) Falls nun die Subtraktionen in der Monade enden, erkennt man sie als relativ zueinander prim und unzusammengesetzt; falls sie in einer anderen Zahl enden, ungerade im »Wie viel?« und zweimal vorkommend, dann besagt das, dass sie relativ zueinander sekundär und zusammengesetzt sind, und dass ihr gemeinsamer Teiler eben jene zweimal vorkommende Zahl ist.

οἷον ἐὰν ὁ κγ προεβλήθη ἡμῖν καὶ ὁ με, ἄφελε τὸν κγ ἀπὸ τοῦ με, λειφθήσεται κβ· τοῦτον ἀνταφαιρῶν ἀπὸ τοῦ κγ, λοιπὴ μονάς· ταύτην ἀφαιρῶν ἀπὸ τοῦ κβ, ὁσάκις δυνατόν, εἰς μονάδα καταλήξεις· διὰ τοῦτο πρῶτοι καὶ ἀσύνθετοι πρὸς ἀλλήλους εἰσὶ καὶ κοινὸν αὐτῶν μέτρον ἡ ἀπολειφθεῖσα μονάς.

(13) εἰ δὲ ἑτέρους ἀριθμοὺς προθείη τις, τὸν κα καὶ τὸν μθ, ἀφαιρῶ τὸν ἐλάττονα ἀπὸ τοῦ μείζονος· λείπεται κη· εἶτα πάλιν ἐκ τούτου ἀφαιρῶ τὸν αὐτὸν κα – δυνατὸν γάρ –, λείπεται ζ· ταῦτα ἀνταφαιρῶ ἀπὸ τοῦ κα, καταλείπεται ιδ· ἐξ ὧν πάλιν τὰ ζ ἀφαιρῶ – δυνατὸν γάρ –, λειφθήσεται ζ, ἑβδομάδα δὲ ἀπὸ [36] ἑβδομάδος οὐ δυνατὸν ἀφαιρεθῆναι· ἡ ἄρα κατάληξις αὐτῶν εἰς διαφορούμενον τὸν ζ ἐπεραιώθη, δευτέρους δὲ καὶ συνθέτους πρὸς ἀλλήλους ἀποφαίνου τοὺς ἐξ ἀρχῆς τὸν κα καὶ τὸν μθ καὶ κοινὸν αὐτῶν μέτρον πρὸς τῇ καθολικῇ μονάδι τὸν ζ.

ιδ.

(1) πάλιν δὲ ἄνωθεν· τῶν ἁπλῶς ἀρτίων ἀριθμῶν οἱ μέν εἰσιν ὑπερτελεῖς, οἱ δὲ ἐλλιπεῖς, καθάπερ ἀκρότητες ἀντικείμεναι ἀλλήλαις, οἱ δὲ ἀνὰ μέσον ἀμφοτέρων, οἳ καὶ λέγονται τέλειοι.

(2) καὶ εἰσὶν οἱ μὲν ἀντικεῖσθαι λεγόμενοι ἀλλήλοις ὑπερτελεῖς τε καὶ ἐλλιπεῖς ἐν τῇ τῆς ἀνισότητος σχέσει διαιρούμενοι εἴς τε τὸ πλέον καὶ εἰς τὸ ἔλαττον· ἕτερος γὰρ παρὰ ταῦτα τρόπος ἀνισότητος οὐκ ἂν ἐπινοηθείη, καθάπερ οὔτε κακία οὔτε νόσος οὔτε ἀσυμμετρία οὔτε ἀπρέπεια οὔτε τῶν τοιούτων ἕκαστον· ἐν μὲν γὰρ τῷ πλείονι αἵ τε ὑπερβολαὶ καὶ πλεονεξίαι καὶ ὑπερεκπτώσεις καὶ περισσότητες γίνονται, ἐν δὲ τῷ ἐλάττονι αἱ ἔνδειαι

Wenn etwa die angegebenen Zahlen 23 und 45 sind, subtrahiere man 23 von 45, und es wird 22 bleiben; man subtrahiere dies von 23, übrig ist 1; man subtrahiere dies von 22 so oft wie möglich, und man wird mit der Monade enden. Daher sind sie relativ zueinander prim und unzusammengesetzt, und ihr gemeinsamer Teiler ist die übrig gebliebene Monade.

(13) Wenn man aber andere Zahlen vorschlagen sollte, etwa 21 und 49, subtrahiere ich die kleinere von der größeren; es bleibt 28. Dann subtrahiere ich wiederum davon die gleiche 21 – das ist ja möglich – und es bleibt 7. Diese subtrahiere ich von 21, und es bleibt 14 übrig; davon subtrahiere ich wiederum 7 – das ist ja möglich – und es wird 7 bleiben. Es ist aber nicht möglich, 7 von 7 zu subtrahieren; daher ist das Ende mit der wiederholt abgezogenen 7 erreicht; als sekundär und miteinander zusammengesetzt erkennt man die ursprünglichen Zahlen 21 und 49 und als ihren gemeinsamen Teiler außer der universellen Monade die 7.

14. Vollkommene, abundante und defiziente Zahlen: Abundante Zahlen

(1) Wiederum nochmals zu den schlicht geraden Zahlen; davon sind manche abundant, manche defizient – wie einander entgegengesetzte Randwerte –, und manche sind inmitten von beiden und werden vollkommen genannt.

(2) Einerseits (zu »andererseits« s. u. I 16,1) gibt es diejenigen, von denen man sagt, dass sie einander entgegengesetzt sind, die abundanten und die defizienten Zahlen, die sich (in einer Dihärese; s. o. Einleitung S. 11) nach der Beziehung der Ungleichheit in das »Mehr« und das »Weniger« einteilen lassen. Außer diesen könnte man sich nämlich keine andere Form der Ungleichheit vorstellen, ebenso wenig wie das Böse, die Krankheit, die Unverhältnismäßigkeit, die Unsittlichkeit und dergleichen. Im »Mehr« gibt es

καὶ ἐλλείψεις καὶ στερήσεις καὶ ὀλιγοεξίαι, ἐν δὲ τῷ μεταξὺ τοῦ πλέον καὶ τοῦ ἔλαττον κειμένῳ, ὅ ἐστιν ἴσῳ, ἀρεταί τε καὶ [37] ὑγεῖαι καὶ μετριότητες καὶ εὐπρέπειαι καὶ κάλλη καὶ τὰ ὅμοια· ὧν γενικώτατον τὸ λεχθὲν τοῦ ἀριθμοῦ εἶδος τὸ τέλειον.

(3) ὑπερτελὴς μὲν οὖν ἀριθμὸς ὁ ὑπὲρ τὰ προσήκοντα αὐτῷ καὶ ἐπιβάλλοντα μέρη ἔχων ἕτερα πλείονα· ὡς ἂν εἴ τι ζῷον πλείοσι μέρεσιν ἢ μέλεσι τελεσιουργούμενον εἴη, δέκα μὲν γλώσσας ἔχον κατὰ τὸν ποιητήν, δέκα δὲ στόματα, ἢ ἐννεάχειλον ἢ τριστοίχοις κεχρημένον ὀδοῦσιν ἢ ἑκατόγχειρον ἢ πλείονας δακτύλους ἐν ἑτέρᾳ τῶν χειρῶν ἔχον, οὕτω καὶ εἴ τις ἀριθμὸς πάντων τῶν ἐν αὐτῷ μερῶν ἐξετασθέντων καὶ εἰς ἓν ἄθροισμα συγκεφαλαιωθέντων ἀντεξεταζόμενος εὑρίσκοιτο πλείονα τὰ ἴδια μέρη ἑαυτοῦ ἔχων, ὑπερτελὴς οὗτος καλεῖται· ὑπερβαίνει γὰρ τὴν τοῦ τελείου πρὸς τὰ ἑαυτοῦ μέρη συμμετρίαν·

οἷός ἐστιν ὁ ιβ, ὁ κδ καὶ ἄλλοι τινές· ἔχει μὲν γὰρ ὁ ιβ, ἥμισυ ϛ, τρίτον δ, τέταρτον γ, ἕκτον β, δωδέκατον α, ἅπερ ὁμοῦ συγκεφαλαιωθέντα ποιεῖ ις, ὃς πλείων ἐστὶ τοῦ ἐξ ἀρχῆς ιβ· τὰ ἄρα μέρη αὐτοῦ πλείονα τοῦ ὅλου ὑπάρχει. ὁ δὲ κδ ἔχει καὶ αὐτὸς ἥμισυ, τρίτον, τέταρτον, ἕκτον, ὄγδοον, δωδέκατον, εἰκοστοτέταρτον, ἅπερ ὑπάρχει ιβ, η, ϛ, δ, γ, β, α· [38] συγκεφαλαιωθέντα δὲ συνάγει τὸν λϛ, ὃς συγκρινόμενος τῷ ἐξ ἀρχῆς τῷ κδ μείζων αὐτοῦ εὑρίσκεται, καίτοι ἐκ τῶν ἐκείνου μερῶν μόνων συντεθείς· πλείονα ἄρα κἀνταῦθα τὰ μέρη τοῦ ὅλου.

ja Überfluss, Übermaß, Übertreibung und Überfülle, im »Weniger« Not, Fehlen, Entbehrung und Mangel, und in dem, was zwischen dem »Mehr« und dem »Weniger« liegt, nämlich dem Gleichen, gibt es Tugenden, Gesundheit, Mäßigung, Anstand, Schönheit und dergleichen, bei denen die besagte Erscheinungsform der Zahl recht generell gilt, die vollkommene.

(3) Eine abundante Zahl ist eine, die über die ihr angemessenen und zugehörigen Teile hinaus noch andere dazu hat, so als ob ein Tier mit zu vielen Teilen oder Gliedern geschaffen würde, mit zehn Zungen, wie der Dichter (Homeros, *Odyssee* 12,85–93 über Skylla) sagt, und zehn Mündern, oder mit neun Lippen oder drei Zahnreihen oder hundert Händen oder sehr vielen Fingern an einer Hand. Ähnlich verhält es sich, wenn, nachdem alle Teiler einer Zahl untersucht und zu einer Vereinigung aufsummiert wurden, man bei der Gegenüberstellung findet, dass die eigenen Teiler die Zahl selbst übersteigen; eine solche nennt man eine abundante Zahl, denn sie geht über die Symmetrie hinweg, die zwischen dem Vollkommenen und ihren eigenen Teilen besteht.

Das sind etwa 12, 24 und einige andere: 12 hat als Hälfte 6, als Drittel 4, als Viertel 3, als Sechstel 2 und als Zwölftel 1, die zusammen aufsummiert 16 ergeben, was mehr ist als die ursprüngliche 12; ihre Teile sind also (addiert) größer als das Ganze. 24 hat eine Hälfte, ein Drittel, ein Viertel ein Sechstel, ein Achtel, ein Zwölftel und ein Vierundzwanzigstel, das sind 12, 8, 6, 4, 3, 2, 1. Das ergibt aufsummiert 36, was im Vergleich zur ursprünglichen 24 größer als sie gefunden wird, während es nur aus ihren Teilern zusammengesetzt ist; daher sind auch in diesem Fall die Teile (addiert) größer als das Ganze.

ιε.

(1) ἐλλιπὴς δὲ ἀριθμός ἐστιν ὁ τὸ ἐναντίον τοῖς δειχθεῖσι πεπονθὼς καὶ τὰ ἑαυτοῦ μέρη συντεθέντα ὑφ' ἓν κατὰ σύγκρισιν ἑαυτοῦ ἐλάττονα κεκτημένος, ὡς εἴ τι ζῷον τῶν κατὰ φύσιν μελῶν ἢ μερῶν ἐλαττοῦται, ἢ εἴ τις μονόφθαλμος εἴη, ὡς τὸ

κυκλοτερὴς δ' ὀφθαλμὸς ἕεις ἐνέκειτο μετώπῳ,

ἢ εἴ τις μονόχειρ εἴη ἢ ἐν ἑτέρᾳ τῶν χειρῶν ἐλάττονας τῶν ε δακτύλους κεκτημένος εἴη ἢ ἄγλωσσος ἢ τοιούτου τινὸς ἐστερημένος, ἐλλιπὴς ἂν ὁ τοιοῦτος λέγοιτο καὶ οἱονεὶ πηρὸς κατὰ τὴν τοῦ ἀριθμοῦ ἰδιότητα τοῦ ἔχοντος τὰ ἴδια μέρη ἐλάττονα ἑαυτοῦ·

οἷός ἐστιν ὁ η, ὁ ιδ· ὁ μὲν γὰρ η μέρος ἔχει ἥμισυ, τέταρτον, ὄγδοον, ἅπερ ἐστὶ δ, β, α, συγκεφαλαιωθέντα δὲ εἰς τὸ αὐτὸ ζ γίνονται καὶ ἐλάττονα τοῦ ἐξ ἀρχῆς· τὰ ἄρα μέρη ἐλλείπει πρὸς τὴν τοῦ ὅλου συμπλήρωσιν.
(2) πάλιν ὁ ιδ ἔχει ἥμισυ, ἕβδομον, τεσσαρεσκαιδέκατον, ἅπερ εἰσὶν [39] ζ, β, α, σύμπαντα δὲ ὁμοῦ ι, ἐλάττονα τοῦ ἐξ ἀρχῆς· ἐλλείπει ἄρα καὶ οὗτος ἐν τοῖς μέρεσι πρὸς τὸ συμπληρωθῆναι τὸ ὅλον ἐξ αὐτῶν.

15. Defiziente Zahlen

(1) Eine defiziente Zahl ist eine, welche Eigenschaften hat, die den (eben) aufgezeigten entgegengesetzt sind, und deren Teiler vereint aufaddiert im Vergleich geringer sind als die Zahl selbst. Es ist, als ob ein Tier die natürliche Anzahl von Gliedmaßen oder Teilen unterschreiten oder ein Mensch nur ein Auge haben sollte, wie das Wort (über den Kyklopen) besagt:

> ein kreisrundes Auge war in die Mitte der Stirn ihm gesetzt
> (Hesiodos, *Theogonie* 145)

oder als ob man einhändig sein oder weniger als fünf Finger an einer Hand haben sollte oder als ob einem eine Zunge fehlen würde oder irgendein solches Glied. Ein solches würde man defizient und sozusagen verstümmelt nennen, nach dem eigenen Modus der Zahl, deren Teiler (addiert) weniger sind als sie selbst.
Das sind etwa 8 oder 14: 8 hat als Teiler die Hälfte, ein Viertel und ein Achtel, nämlich 4, 2 und 1; aufsummiert ergeben sie 7, weniger als die ursprüngliche Zahl. Die Teile haben also ein Defizit zur Erfüllung des Ganzen.
(2) Wiederum hat 14 eine Hälfte, ein Siebtel und ein Vierzehntel, nämlich 7, 2 und 1, zusammen (addiert) 10, weniger als die ursprüngliche Zahl. Auch diese Zahl hat also ein Defizit in ihren Teilen, was die Erfüllung des Ganzen aus ihnen betrifft.

ις.

(1) ἀντικειμένων δὲ τῶν δύο τούτων εἰδῶν ὡσανεὶ ἐν ἀκροτήτων τρόπῳ μεσότης φαίνεται ὁ λεγόμενος τέλειος ἐν ἰσότητι εὑρισκόμενος καὶ οὔτε τὰ μέρη ἑαυτοῦ πλείονα ἀποτελῶν συντεθέντα οὔτε ἑαυτὸν μείζονα τῶν μερῶν ἀποφαίνων, ἀλλ᾽ αἰεὶ ἶσος τοῖς ἑαυτοῦ μέρεσιν ὑπάρχων· τὸ δὲ ἶσον τοῦ πλείονος καὶ ἐλάττονος πάντως ἐν μεταιχμίῳ θεωρεῖται καὶ ἔστιν ὥσπερ τὸ μέτριον τοῦ ὑπερβάλλοντος καὶ τοῦ ἐλλείποντος μεταξὺ καὶ τὸ ὁμόφωνον τοῦ ὀξυτέρου καὶ βαρυτέρου.

(2) ὅταν οὖν ἀριθμὸς πάνθ᾽, ὅσα ἐνδέχεται ἐν αὐτῷ εἶναι, μέρη συναχθέντα καὶ συγκεφαλαιωθέντα ἐν συγκρίσει τῇ πρὸς ἑαυτὸν ἔχων μήτε ὑπερβάλλῃ τῷ πλήθει αὐτὰ μήτε ὑπερβάλληται ὑπ᾽ αὐτῶν, τότε ὁ τοιοῦτος τέλειος κυρίως λέγεται, ὁ τοῖς ἑαυτοῦ μέρεσιν ἶσος ὤν· οἷον ὁ ς καὶ ὁ κη· ὅ τε γὰρ ς ἔχει μέρη ἥμισυ, τρίτον, ἕκτον, ἅπερ εἰσὶ [40] γ, β, α, ἅπερ συγκεφαλαιωθέντα ὁμοῦ καὶ γενόμενα ς ἶσα τῷ ἐξ ἀρχῆς ὑπάρχει καὶ οὔτε πλείονα οὔτε ἐλάττονα· καὶ ὁ κη μέρη μὲν ἔχει ἥμισυ, τέταρτον, ἕβδομον, τεσσαρεσκαιδέκατον, εἰκοστόγδοον, ἅπερ γίνεται ιδ, ζ, δ, β, α, καὶ ὑφ᾽ ἓν συναθροισθέντα ἀποτελεῖ τὸν κη καὶ οὕτως οὔτε τὰ μέρη πλείονα τοῦ ὅλου οὔτε τὸ ὅλον τῶν μερῶν, ἀλλ᾽ ἡ σύγκρισις ἐν ἰσότητι, ὅπερ τελείου ἰδιότης.

(3) συμβέβηκε δέ, καθάπερ τὰ καλὰ τά τε κατ᾽ ἀρετὴν σπάνια καὶ εὐαρίθμητα, τὰ δὲ αἰσχρὰ καὶ ἐν κακίᾳ εἶναι πολύχοα, οὕτω καὶ ὑπερτελεῖς μὲν καὶ ἐλλιπεῖς παμπόλλους καὶ ἀτάκτους εὑρίσκεσθαι ἀκόσμου οὔσης τῆς αὐτῶν εὑρέσεως, τελείους δὲ εὐαριθμήτους τε καὶ τεταγμένους μετὰ προσήκοντος κόσμου· εἷς μὲν γὰρ

16. Vollkommene Zahlen

(1) Während diese beiden Erscheinungsformen sozusagen nach der Art von Randwerten einander entgegengesetzt sind, erkennt man andererseits (s. o. I 14,2) die sogenannte vollkommene Zahl als einen Mittelwert, der sich im Bereich der Gleichheit befindet und weder seine Teile addiert größer als sich selbst macht noch sich selbst größer als seine Teile zeigt, sondern immer gleich seinen eigenen Teilen ist. Das Gleiche wird ja stets als Mittelding zwischen dem »Mehr« und dem »Weniger« betrachtet und ist sozusagen die Mitte zwischen Übermaß und Mangel und dem, was zwischen höheren oder tieferen Tönen liegt.

(2) Wenn nun eine Zahl, indem sie alle Teiler, deren Vorhandensein sie zulässt, zusammengebracht und aufsummiert mit sich selbst vergleicht, weder diese Teile an Menge übertrifft noch von ihnen übertroffen wird, dann wird eine solche Zahl als vollkommen im eigentlichen Sinn bezeichnet, als eine, die ihren eigenen Teilen gleich ist; etwa 6 und 28. Die 6 hat ja als Teiler die Hälfte, ein Drittel und ein Sechstel, das sind 3, 2 und 1; diese ergeben aufsummiert zusammen 6 und sind gleich der ursprünglichen Zahl, weder mehr noch weniger. Die 28 hat als Teiler die Hälfte, ein Viertel, ein Siebtel, ein Vierzehntel und ein Achtundzwanzigstel, das ergibt 14, 7, 4, 2 und 1; diese vereint aufaddiert ergeben 28, und so sind weder die Teile größer als das Ganze noch das Ganze größer als die Teile, sondern der Vergleich ist im Bereich der Gleichheit, was die Besonderheit der vollkommenen Zahl ist.

(3) Es trifft sich auch Folgendes: So wie schöne und hervorragende Dinge nur wenige und leicht aufzuzählen sind, während hässliche und böse Dinge weit verbreitet sind, so werden auch die abundanten und defizienten Zahlen in großer Menge und unregelmäßig platziert gefunden – die Methode ihrer Entdeckung ist ja unregelmäßig –, die vollkommenen Zahlen sind aber leicht aufzuzählen und in angemessener Ordnung (*kosmos*) platziert; denn nur eine

μόνος εὑρίσκεται ἐν μονάσιν ὁ ϛ, ἕτερος δὲ μόνος ἐν δεκάσιν ὁ κη, τρίτος δέ τις ἐν βαθμῷ ἑκατοντάδων μόνος ὁ υϙϛ, τέταρτος ὁ ἐν χιλιάδων ὅρῳ, τουτέστιν ὁ ἐντὸς μυριάδων ὁ ,ηρκη· καὶ παρέπεται αὐτοῖς μίαν παρὰ μίαν εἰς ἑξάδα ἢ ὀγδοάδα καταλήγειν καὶ πάντως εἶναι ἐν ἀρτίοις.

(4) γένεσις δὲ αὐτῶν γλαφυρά τε καὶ ἀσφαλὴς οὔτε [41] παραλείπουσά τινα τῶν τελείων οὔτε ἀδιαφοροῦσά τινα τῶν μὴ τοιούτων τούτῳ γινομένη τῷ τρόπῳ. ἐκθέσθαι δεῖ τοὺς ἀπὸ μονάδος ἀρτιάκις ἀρτίους προβιβάζοντα ἑξῆς ἐν ἑνὶ στίχῳ, μέχρις οὗ βούλει, α, β, δ, η, ιϛ, λβ, ξδ, ρκη, σνϛ, φιβ, ,ακδ, ,βμη, ,δϙϛ, εἶτα ἀεὶ κατὰ ἑνὸς πρόσθεσιν ἐπισωρεύειν, καὶ καθ᾽ ἑκάστην ἐπισώρευσιν σκοπεῖν τὸν γινόμενον, οἷός ἐστι· καὶ ἂν μὲν εὕρῃς πρῶτον καὶ ἀσύνθετον ὑπάρχοντα, τῇ τοῦ ἐσχάτου προσληφθέντος ποσότητι πολλαπλασιάσεις αὐτὸν καὶ ὁ ἀποτελεσθεὶς πάντως τέλειος ἔσται· ἐὰν δὲ δεύτερον καὶ σύνθετον, οὐ πολλαπλασιάσεις, ἀλλ᾽ ἐπισωρεύσεις τὸν ἑξῆς καὶ πάλιν ἐπισκέψῃ, τίς ὁ ἀποτελούμενος, καὶ ἐὰν μὲν δεύτερος καὶ σύνθετος, πάλιν παραλείψεις καὶ οὐ πολλαπλασιάσεις, ἀλλ᾽ ἐπισωρεύσεις τὸν ἑξῆς, ἐὰν δὲ πρῶτος καὶ ἀσύνθετος, τῷ ἐσχάτῳ εἰς τὴν σύνθεσιν παραληφθέντι πολλαπλασιάσεις αὐτὸν καὶ ὁ γινόμενος τέλειος ἔσται, καὶ τοῦτο μέχρις ἀπείρου· παραπλησίως πάντας ἑξῆς ἀπογεννήσεις τοὺς τελείους μηδενὸς παραλειπομένου·

οἷον τῷ α ἐπισωρεύω τὸν [42] β καὶ σκοπῶ τὸ συναμφότερον, τίς ἀριθμός ἐστι, καὶ εὑρίσκω τὸν γ ἀριθμόν, ἐξ ὧν προαπεδείχθη, πρῶτον καὶ ἀσύνθετον· ἑτερώνυμον γὰρ μόριον οὐκ ἔχει, ἀλλὰ μόνον τὸ ἑαυτῷ παρώνυμον· διὰ τοῦτο αὐτὸν πολλαπλασιάζω τῇ τοῦ ὑστέρου εἰς τὴν σωρείαν ληφθέντος ποσότητι, τουτέστι τοῦ β, καὶ γεννᾶταί μοι ὁ ϛ καὶ τοῦτον ἀποφαίνομαι ἐνεργείᾳ

einzige findet man in den Einern, die 6, nur eine weitere in den Zehnern, die 28, eine dritte auf der Stufe der Hunderter, nur die 496, eine vierte innerhalb der Grenzen der Tausender, also unter zehntausend, die 8128; und es ist ihre Begleiterscheinung, abwechselnd in 6 oder 8 zu enden und stets gerade zu sein.

(4) Es gibt eine Methode, sie zu erzeugen, raffiniert und unfehlbar, die weder eine der vollkommenen Zahlen auslässt noch diejenigen, die nicht solche sind, nicht zu unterscheiden vermag, und die folgendermaßen durchgeführt wird: Man muss die geradzahligfach geraden Zahlen aufreihen, von 1 beginnend, indem man in einer Zeile der Reihe nach voranschreitet, so weit man will: 1, 2, 4, 8, 16, 32, 64, 128, 256, 512, 1024, 2048, 4096. Dann muss man sie anhäufen, eine nach der anderen, und bei jeder Anhäufung das Ergebnis betrachten, was es ist (s. o. I 8,12). Falls man findet, dass es prim und unzusammengesetzt ist, multipliziere man es mit dem »Wie viel?« der zuletzt aufgenommenen Zahl, und das Ergebnis wird stets eine vollkommene Zahl sein. Falls es sekundär und zusammengesetzt ist, multipliziere man nicht, sondern häufe es nacheinander an und betrachte wiederum, was das Ergebnis ist; falls es sekundär und zusammengesetzt ist, lasse man es wiederum aus und multipliziere nicht, sondern addiere die nächste; falls es aber prim und unzusammengesetzt ist, multipliziere man es mit der zuletzt in die Summe aufgenommenen Zahl, und das Ergebnis wird eine vollkommene Zahl sein – und so weiter bis ins Unendliche. Entsprechend wird man alle vollkommenen Zahlen nacheinander erzeugen und keine auslassen.

Etwa häufe ich an 1 zu 2, betrachte die Summe, welche Zahl es ist, und finde die Zahl 3, die – wie vorher gezeigt – prim und unzusammengesetzt ist, denn sie hat keinen ungleichnamigen Bruchteil, sondern nur den mit ihr selbst gleichnamigen. Deshalb multipliziere ich sie mit dem »Wie viel?« der zuletzt in die Anhäufung aufgenommenen Zahl, also 2; ich erhalte 6 und erkenne, dass sie die erste tatsächlich vollkommene Zahl ist und dass sie jene Teiler hat,

πρῶτον εἶναι τέλειον καὶ ἔχειν μέρη ἐκεῖνα τὰ ἐνθεωρούμενα τοῖς ἀριθμοῖς, ἐξ ὧν συνέστη· μονάδα μὲν γὰρ ἐκ παρωνύμου μέρους ἕξει, ὅ ἐστι τοῦ ἕκτου, γ δὲ ἐξ ἡμίσους κατὰ τὸν β θεωρουμένου, ἀντιστρόφως δὲ δυάδα ἐκ τρίτου.

(5) ὁ δὲ κη καὶ αὐτὸς ἑτέρου προσεπισωρευθέντος τοῖς προτέροις τοῦ δ γεννᾶται τῇ αὐτῇ ἐφόδῳ· τὸ γὰρ συγκεφαλαίωμα τῶν τριῶν, τοῦ τε α καὶ β καὶ δ, γίνεται μὲν ζ, εὑρίσκεται δὲ πρῶτος καὶ σύνθετος· μόνον γὰρ τὸ παρώνυμον μόριον ἐπιδέχεται τὸ ἕβδομον· διὰ τοῦτο πολυπλασιάζω αὐτὸν τῇ τοῦ ἐσχάτου προσληφθέντος εἰς τὴν σωρείαν ποσότητι καὶ ἀποβαίνει μοι ὁ κη τοῖς ἰδίοις μέρεσιν ἴσος, ἔχων καὶ αὐτὸς ἐκ τῶν προηγουμένων [43] τὰ ἐν αὐτῷ μέρη, ἥμισυ μὲν παρὰ τὴν δυάδα, τέταρτον δὲ παρὰ τὴν ἑπτάδα, ἕβδομον δὲ παρὰ τὸ δ, τεσσαρεσκαιδέκατον δὲ παρὰ τὴν τοῦ ἡμίσους ἀντιδιαστολήν, εἰκοστόγδοον δὲ παρὰ τὴν αὐτοῦ παρωνυμίαν, ἥτις ἐν πᾶσι μονὰς ὑπάρχει.

(6) εὑρημένων δὲ τούτων, ἐν μὲν μονάσι τοῦ ς, ἐν δὲ δεκάσι τοῦ κη, εἰς τὴν ἐφεξῆς πλάσιν τὸ αὐτό σε δεῖ ποιῆσαι.

(7) πάλιν γὰρ ἐπισύνθες τὸν ἑξῆς τὸν η, γίνονται ὁμοῦ ιε· ἐπισκοπῶν αὐτὸν εὑρίσκω οὐκέτι πρῶτον καὶ ἀσύνθετον, πρὸς δὲ τῷ παρωνύμῳ μορίῳ ἔτι καὶ πέμπτον ἔχει καὶ τρίτον ἑτερώνυμον· διὸ οὐ πολλαπλασιάζω τῷ η αὐτόν, ἀλλ᾽ ἐπισωρεύω τὸν ἑξῆς τὸν ις καὶ γίνεται ὁ λα· οὗτος ἐπειδὴ πρῶτος καὶ ἀσύνθετός ἐστιν, ἀναγκαίως πολυπλασιασθήσεται κατὰ τὸ τῆς ἐφόδου καθολικὸν πρόσταγμα τῷ ἐσχάτῳ εἰς τὴν σωρείαν προσληφθέντι τῷ ις καὶ γενήσεται ὁ υϙς ἐν ἑκατοντάσιν, ἔπειτα τῷ αὐτῷ τρόπῳ καὶ ὁ ͵ηρκη ἐν χιλιάσι, καὶ ἀεὶ οὕτως, μέχρις ἂν εὐτονῇ τις παρέπεσθαι.

(8) ἡ ἄρα μονὰς δυνάμει, ἀλλ᾽ οὔπω ἐστὶ τέλειος ἐνεργείᾳ· ἐκ γὰρ τοῦ στίχου πρωτίστην αὐτὴν εἰς τὴν σωρείαν λαβὼν ἐπε-

die man durch die Zahlen betrachtet, aus denen sie sich zusammensetzt; denn sie hat die Monade aus dem gleichnamigen Bruchteil, nämlich dem Sechstel; 3 aus der Hälfte, hinsichtlich 2 betrachtet, und umgekehrt 2 aus dem Drittel.

(5) Auch 28 entsteht sich nach der gleichen Methode, wenn zu den vorherigen eine weitere Zahl dazu angehäuft wird, nämlich 4; denn die Summierung der drei, also 1, 2 und 4, ergibt 7, und die wird als prim und unzusammengesetzt gefunden – sie birgt ja nur den gleichnamigen Bruchteil, das Siebtel. Deshalb multipliziere ich sie mit dem »Wie viel?« der zuletzt in die Anhäufung aufgenommenen Zahl, und mein Ergebnis ist die 28, gleich ihren eigenen Teilern, und auch sie hat ihre Bruchteile aus den bereits angeführten Zahlen: Die Hälfte entspricht der 14 (im überlieferten Text irrig 2), ein Viertel der 7, ein Siebtel der 4, ein Vierzehntel dem Gegenstück der Hälfte (also 2) und ein Achtundzwanzigstel dem gleichnamigen Bruchteil, der bei allen Zahlen 1 ist.

(6) Wenn diese gefunden worden sind, in den Einern 6 und in den Zehnern 28, muss man dasselbe tun, um die nächste zu gestalten.

(7) Wiederum addiere man die nächste Zahl, 8, und es ist zusammen 15. Wenn ich sie betrachte, finde ich, dass sie keine Prim- und unzusammengesetzte Zahl ist, sondern neben dem gleichnamigen Bruchteil auch noch das ungleichnamige Fünftel und Drittel hat. Daher multipliziere ich sie nicht mit 8, sondern häufe die nächste Zahl an, 16, ergibt 31. Da sie prim und unzusammengesetzt ist, wird sie notwendig nach der universellen Regel des Verfahrens mit der zuletzt in die Anhäufung aufgenommenen Zahl, 16, multipliziert, und es ergibt sich 496 in den Hundertern; dann kommen auf dieselbe Weise 8128 in den Tausendern und so weiter, soweit es für einen bequem zu folgen ist.

(8) Nun ist die Monade potentiell (nach der *dynamis*) eine vollkommene Zahl, tatsächlich (nach der *energeia*) aber nicht (*dynamis* bezeichnet das Potential, *energeia* dessen Realisierung), denn ich nehme sie aus der Reihe als die allererste in die Anhäufung und

σκόπησα κατὰ τὸ πρόσταγμα, ποταπή τις ὑπάρχει, καὶ εὗρον πρώτην [44] καὶ ἀσύνθετον· ὡς ἀληθῶς γάρ, οὐ κατὰ μετοχὴν ὡς οἱ ἄλλοι, πρώτη τε ὑπάρχει παντὸς ἀριθμοῦ καὶ ἀσύνθετος μόνη.

(9) πολυπλασιάζω οὖν αὐτὴν τῷ ληφθέντι ἐσχάτῳ εἰς τὴν σωρείαν, τουτέστιν ἑαυτῇ, καὶ γεννᾶταί μοι μονάς· ἅπαξ γὰρ α μονάς.

(10) τελεία ἄρα ἐστὶ δυνάμει ἡ μονάς· ἴση γὰρ τοῖς ἰδίοις μέρεσι κατὰ δύναμιν αὕτη, οἱ δ᾽ ἄλλοι κατ᾽ ἐνέργειαν.

ιζ.

(1) προτετεχνολογημένου δὲ ἡμῖν περὶ τοῦ καθ᾽ αὑτὸ ποσοῦ νῦν μετερχόμεθα καὶ ἐπὶ τὸ πρός τι.

(2) τοῦ πρός τι τοίνυν ποσοῦ δύο αἱ ἀνωτάτω γενικαὶ διαιρέσεις εἰσίν, ἰσότης καὶ ἀνισότης· πᾶν γὰρ ἐν συγκρίσει πρὸς ἕτερον θεωρούμενον ἤτοι ἶσον ὑπάρχει ἢ ἄνισον, τρίτον δὲ παρὰ ταῦτα οὐδέν.

(3) τὸ μὲν οὖν ἶσον θεωρεῖται, ὅταν τῶν συγκρινομένων τὸ ἕτερον μήτε ὑπερέχῃ μήτε ἐλλείπῃ πρὸς τὴν τοῦ λοιποῦ παραβολήν, οἷον ἑκατὸν πρὸς ἑκατὸν ἢ δέκα πρὸς δέκα ἢ δύο πρὸς δύο ἢ μνᾶ πρὸς μνᾶν ἢ τάλαντον πρὸς τάλαντον ἢ πῆχυς πρὸς πῆχυν καὶ τὰ παραπλήσια εἴτε ἐν ὄγκῳ εἴτε ἐν μήκει εἴτε ἐν βάρει εἴτε ἐν ποσότητι ᾑτινιοῦν.

(4) ἔστι δὲ καὶ ἰδίως ἡ σχέσις αὕτη [ἡ τῆς ἰσότητος] ἄσχιστος καθ᾽ ἑαυτὴν [45] καὶ ἀδιαίρετος, ὡς ἂν ἀρχικωτάτη, διαφορὰν γὰρ οὐδεμίαν ἐπιδέχεται· οὐ γάρ ἐστι τοῦ ἴσου τὸ μὲν τοιόνδε, τὸ δὲ τοιόνδε, ἀλλ᾽ ἑνὶ τρόπῳ καὶ τῷ αὐτῷ τὸ ἶσόν ἐστιν.

betrachte nach der Regel, von welcher Art sie ist, und finde sie als prim und unzusammengesetzt, denn sie ist es in Wahrheit – nicht durch Teilhabe wie die übrigen, sondern sie ist die erste von allen Zahlen und allein unzusammengesetzt.

(9) Ich multipliziere sie also mit der zuletzt in die Anhäufung aufgenommenen Zahl, das heißt mit sich selbst, und mein Ergebnis ist die Monade, denn einmal 1 ist die Monade.

(10) So ist die Monade potentiell vollkommen, denn sie ist ihren eigenen Teilern potentiell gleich; die anderen sind es tatsächlich.

17. Zahlenbeziehungen

(1) Nachdem wir nun (ab I 3) eine vorläufige fachliche Erörterung des absoluten (*kath' hauto*) »Wie viel?« (*poson*) gegeben haben, kommen wir nun zum relativen (*pros ti*).

(2) Vom relativen »Wie viel?« gibt es zwei oberste generelle Einteilungen (*dihaireseis*; s. o. Einleitung S. 11), Gleichheit und Ungleichheit; denn alles, was im Vergleich zu etwas anderem betrachtet wird, ist entweder gleich oder ungleich, und es gibt kein Drittes außer diesen.

(3) Das Gleiche ist nun zu sehen, wenn von den verglichenen Dingen jedes im Verhältnis zum Vergleichswert des anderen weder einen Überschuss noch ein Defizit hat, etwa 100 im Vergleich mit 100, 10 mit 10, 2 mit 2, eine Mine mit einer Mine (Gewicht), ein Talent mit einem Talent (Gewicht), eine Elle mit einer Elle (Länge) und dergleichen, entweder in Masse, Länge, Gewicht oder irgendeiner Art von »Wie viel?«.

(4) Und als eine eigentümliche Eigenschaft ist auch diese Beziehung an sich nicht zu trennen oder zu teilen, da sie am ursprünglichsten ist – sie birgt ja keinen Unterschied, denn es gibt keine Gleichheit dieser und jener Art, sondern das Gleiche existiert auf ein und dieselbe Weise.

(5) ἀμέλει καὶ τὸ ἀνθυπακοῦον τῷ ἴσῳ οὐχ ἑτερωνυμεῖ πρὸς αὐτό, ἀλλὰ συνωνυμεῖ, ὥσπερ φίλος, γείτων, συστρατιώτης, οὕτω δὴ καὶ ἶσος· ἴσῳ γάρ ἐστιν ἶσος.

(6) τὸ δὲ ἄνισον καὶ αὐτὸ καθ' ὑποδιαίρεσιν διχῆ σχίζεται καὶ ἔστιν αὐτοῦ τὸ μὲν μεῖζον, τὸ δὲ ἔλαττον, ἀντωνυμούμενά τε καὶ ἀντίθετα ἀλλήλοις κατὰ ποσότητα καὶ σχέσιν αὐτῶν· τὸ μὲν γὰρ μεῖζον ἑτέρου τινὸς μεῖζον, τὸ δὲ ἔλαττον ἔμπαλιν ἑτέρου τινὸς ἔλαττον ἐν συγκρίσει, καὶ τὰ ὀνόματα οὐ τὰ αὐτά, ἀλλὰ διαφέροντα ἔχει ἑκάτερα, ὡς πατὴρ καὶ υἱὸς καὶ τύπτων καὶ τυπτόμενος καὶ διδάσκων καὶ μανθάνων καὶ τὰ ὅμοια.

(7) τοῦ μὲν οὖν μείζονος καθ' ὑποδιαίρεσιν δευτέραν εἰς πέντε εἴδη διαιρουμένου τὸ μέν ἐστι πολλαπλάσιον, τὸ δὲ ἐπιμόριον, τὸ δὲ ἐπιμερές, τὸ δὲ πολλαπλασιεπιμόριον, τὸ δὲ πολλαπλασιεπιμερές.

(8) καὶ τοῦ ἀντιθέτου δὲ [46] τούτῳ, τουτέστι τοῦ ἐλάττονος, πέντε εἴδη ὁμοίως καθ' ὑποδιαίρεσιν συνίσταται ἀντικείμενα τοῖς προειρημένοις τοῦ μείζονος πέντε εἴδεσιν – ὡς ὅλον ὅλῳ, τὸ ἔλαττον τῷ μείζονι, οὕτω καὶ ἕκαστον ἑκάστῳ τῇ προλεχθείσῃ τάξει μετὰ τῆς ὑπὸ προθέσεως ἀντιδιαστελλόμενα –, ὑποπολλαπλάσιον, ὑπεπιμόριον, ὑπεπιμερές, ὑποπολλαπλασιεπιμόριον καὶ ὑποπολλαπλασιεπιμερές.

(5) Und das, was mit einem Gleichen korrespondiert, hat keinen anderen Namen als dieses, sondern denselben; wie »Freund«, »Nächster«, »Kamerad«, so auch »gleich«, denn es ist gleich einem Gleichen.

(6) Das Ungleiche dagegen wird durch Unterteilungen (*hypo-dihaireseis*; s. o. Einleitung S. 11) in zwei getrennt, und eines davon ist das »Mehr«, der andere das »Weniger«, die umgekehrt benannt sind und in ihrem »Wie viel?« und ihrer Beziehung zueinander im Gegensatz stehen, denn das »Mehr« ist mehr als etwas anderes, und das »Weniger« umgekehrt weniger als etwas anderes im Vergleich; und ihre Namen sind nicht dieselben, sondern jedes hat einen anderen Namen, wie »Vater« und »Sohn«, »Schläger« und »Geschlagener«, »Lehrer« und »Schüler« und dergleichen.

(7) Vom »Mehr«, das in einer zweiten Unterteilung in fünf Erscheinungsformen eingeteilt wird, ist das (erste) vielfach (s. u. I 18), das (zweite) *epi-morios* (s. u. I 19), das (dritte) *epi-meres* (s. u. I 20), das (vierte) vielfach-*epi-morios* (s. u. I 22) und das (fünfte) vielfach-*epi-meres* (s. u. I 23).

(8) Und aus seinem Gegenteil, das ist das »Weniger«, entspringen ähnlich durch Unterteilung fünf Erscheinungsformen, die den erwähnten fünf Erscheinungsformen des »Mehr« entgegengesetzt sind – wie Ganzes auf Ganzes antwortet, »Weniger« auf »Mehr«, so auch jedes jedem in der vorgenannten Ordnung mit der Vorsilbe »kehr-« (*hypo-*, für den Kehrwert) –, nämlich kehr-vielfach, kehr-*epi-morios,* kehr-*epi-meres,* kehr-vielfach-*epi-morios* und kehr-vielfach-*epi-meres.*

ιη.

(1) ἄνωθεν οὖν πολλαπλάσιόν ἐστιν εἶδος τοῦ μείζονος τὸ πρώτιστον καὶ προγενέστερον φύσει, ὡς εὐθὺς εἰσόμεθα, καὶ ἔστιν ἀριθμὸς ὁ, ἐπειδὰν ἐν συγκρίσει πρὸς ἕτερον θεωρῆται, ἔχων αὐτὸν ἐν ἑαυτῷ ὅλον πλεονάκις ἢ ἅπαξ· οἷον πρὸς τὴν μονάδα πάντες οἱ ἐφεξῆς ἀριθμοὶ ἀπὸ δυάδος ἀρξάμενοι συγκρινόμενοι τὰ τοῦ πολλαπλασίου εὔτακτα εἴδη ἀπογεννῶσι τῇ οἰκείᾳ ἀκολουθίᾳ· πρῶτος μὲν γὰρ ὁ β διπλάσιος καὶ ἔστι καὶ λέγεται, ὁ δὲ γ τριπλάσιος, [47] ὁ δὲ δ τετραπλάσιος, καὶ ἐπ᾽ ἄπειρον· τὸ γὰρ πλεονάκις ἢ ἅπαξ ἤτοι δὶς ἢ τρὶς σημαίνει ἢ ἐφεξῆς, μέχρις οὗ βούλει.

(2) ἀντιδιέσταλται δὲ τούτῳ τὸ ὑποπολλαπλάσιον καὶ αὐτὸ φύσει πρώτιστον ὑπάρχον ἐν τῷ ἐλάττονι τῆς ἀνισότητος μέρει, καὶ ἔστιν ἀριθμὸς ὁ, ἐπειδὰν μείζονι συγκρίνηται, δυνάμενος μετρεῖν αὐτὸν πληρούντως πλεονάκις ἢ ἅπαξ, τὸ δὲ πλεονάκις ἢ ἅπαξ ἀπὸ τοῦ δὶς ἄρχεται καὶ ἐπ᾽ ἄπειρον πρόεισιν.
(3) ἐὰν μὲν οὖν δὶς μόνον μετρῇ τὸν ἐν συγκρίσει μείζονα, ὑποδιπλάσιος λέγεται ἰδίως, ὥσπερ τὸ α τῶν β, ἐὰν δὲ τρίς, ὑποτριπλάσιος, ὥσπερ τῶν γ τὸ α, ἐὰν δὲ τετράκις, ὑποτετραπλάσιος, ὥσπερ τὸ αὐτὸ α τῶν δ, καὶ ἐφεξῆς οὕτως.
(4) γενικῶς δὲ ἀπείρου ὑπάρχοντος ἑκατέρου, τοῦ τε πολλαπλασίου καὶ τοῦ ὑποπολλαπλασίου, ἔτι καὶ αἱ καθ᾽ ὑποδιαίρεσιν διαφοραὶ καὶ τὰ εἴδη ἐπ᾽ ἄπειρον φύσει προιόντα θεωρεῖται·

τὸ γὰρ διπλάσιον ἀρχόμενον ἀπὸ τοῦ β διὰ πάντων ἀρτίων πρόεισιν, ἕνα παρ᾽ ἕνα λαμβανόντων ἡμῶν τοὺς ἀριθμοὺς ἀπὸ τοῦ φυσικοῦ χύματος· ἐν συγκρίσει δὲ οὗτοι διπλάσιοι λεχθήσονται πρὸς τοὺς ἀπὸ μονάδος ἑξῆς κειμένους ἀρτίους τε καὶ περισσούς.
(5) τριπλάσιοι δὲ πάντες εἰσὶν οἱ ἀπ᾽ ἀρχῆς δύο παραλειπομένων ἐκλεγόμενοι τρίτοι τῇ τάξει, οἷον [48] γ, ς, θ, ιβ, ιε, ιη, κα, κδ, οἷς συμβέβηκεν ἕνα παρ᾽ ἕνα ἀρτίοις τε καὶ περισσοῖς εἶναι, καὶ

18. Vielfach- und Kehr-Vielfach-Beziehung

(1) Also nochmals: Das Vielfache ist die allererste und von Natur aus ursprünglichste Erscheinungsform des »Mehr«, wie wir sogleich sehen werden. Es ist eine Zahl, die, wenn man sie im Vergleich zu einer anderen betrachtet, die Gesamtheit dieser Zahl mehr als einmal enthält. Zum Beispiel erzeugen im Vergleich zur Monade alle aufeinanderfolgenden Zahlen, von 2 beginnend, die geordneten Erscheinungsformen des Vielfachen mit ihrem eigenen Gefolge: Als erstes ist und heißt 2 das Doppelte, dann 3 das Dreifache, 4 das Vierfache und unendlich weiter, denn »mehr als einmal« bedeutet zweimal oder dreimal und so weiter in Folge, so weit man will.
(2) Darauf antwortet das Kehr-Vielfache, das auch selbst von Natur aus das allererste ist im »Weniger«-Teil der Ungleichheit. Es ist eine Zahl, die, wenn man sie mit einer größeren vergleicht, sie vollständig mehr als einmal teilen kann, und »mehr als einmal« beginnt mit zweimal und geht unendlich weit.
(3) Falls sie die im Vergleich größere Zahl nun zweimal teilt, wird sie korrekterweise Kehr-Doppeltes genannt, da sie 1 von 2 ist; falls dreimal, Kehr-Dreifaches, 1 von 3; wenn viermal, Kehr-Vierfaches, 1 von 4, und so weiter.
(4) Generell ist jedes von diesen, das Vielfache und das Kehr-Vielfache, unendlich, und auch die Unterschiede durch Unterteilung (*hypo-dihairesis*) und die Erscheinungsformen werden unendlich weit betrachtet, wie sie natürlich fortschreiten.
Das Doppelte, beginnend von 2, schreitet ja durch alle geraden Zahlen fort, da wir aus der natürlichen Reihe jede zweite Zahl nehmen; diese werden doppelte genannt im Vergleich zu den Zahlen, die von 1 beginnend nacheinander gerade und ungerade liegen.
(5) Dreifache sind alle Zahlen vom Anfang an, die jeweils zwei auslassen; sie sind als dritte in der Ordnung ausgewählt, zum Beispiel 3, 6, 9, 12, 15, 18, 21, 24. Es trifft sich bei ihnen, dass jede zweite

αὐτοὶ δὲ ἐν τῷ ἀπὸ τῆς μονάδος ἀριθμῷ εὐτάκτῳ τῶν ἐφεξῆς πάντων τριπλάσιοί εἰσι προχωροῦντες, ἐφ' ὅσον βούλεταί τις παρακολουθεῖν.
(6) τετραπλάσιοι δέ εἰσιν οἱ τριῶν παραλειπομένων πάντη τέταρτοι, οἷον δ, η, ιβ, ις, κ, κδ, κη, λβ καὶ ἐφεξῆς, καὶ οὗτοι δὲ τῶν ἀπὸ μονάδος εὐτάκτων τετραπλάσιοί εἰσι προιόντες, ἐφ' ὅσον ἂν εὐτονῇ τις ἕπεσθαι· συμβέβηκε δὲ καὶ τούτοις πάντας εἶναι ἀρτίους· ἕνα γὰρ παρ' ἕνα μόνον παραλειπτέον ἐξ αὐτῶν τῶν ἄνωθεν διακεκριμένων ἀρτίων, ὥστε ἀναγκαίως ὑπάρχειν τοῖς ἁπλῶς ἀρτίοις διπλασίοις μὲν ἅπασιν εἶναι, τετραπλασίοις δὲ ἕνα παρ' ἕνα καὶ ἑξαπλασίοις ἕνα παρὰ δύο καὶ ὀκταπλασίοις ἕνα παρὰ τρεῖς, καὶ ἐπ' ἄπειρον οὕτως ἀνάλογον ἡ προκοπή.

(7) πενταπλάσιοι δὲ ὀφθήσονται οἱ τέσσαρας μὲν παραλείποντες, πέμπτοι δὲ τεταγμένοι ἀπ' ἀλλήλων καὶ αὐτοὶ δὲ τῶν ἀπὸ μονάδος ἑξῆς τεταγμένων ἀριθμῶν πενταπλάσιοι, καὶ εἷς παρ' ἕνα περισσὸς καὶ ἄρτιος κατὰ τὴν αὐτὴν τῶν τριπλασίων τάξιν.

[49] ιθ.

(1) ἐπιμόριος δέ ἐστιν ἀριθμός, τὸ τοῦ μείζονος δεύτερον τῇ φύσει εἶδος καὶ τῇ τάξει, ὁ ἔχων ἐν ἑαυτῷ τὸν συγκρινόμενον ὅλον καὶ μόριον αὐτοῦ ἕν τι.

(2) ἀλλ' ἐὰν μὲν ἥμισυ ᾖ τὸ μόριον, καλεῖται ἡμιόλιος εἰδικῶς ὁ τῶν συγκρινομένων μείζων, ὑφημιόλιος δὲ ὁ ἐλάσσων, ἐὰν δὲ τρίτον, ἐπίτριτός τε καὶ ὑπεπίτριτος, καὶ ἀεὶ οὕτως μέχρι παντὸς προχωροῦντι συμφωνήσει σοι, ὥστε καὶ ταῦτα ἐπ' ἄπειρον τὰ εἴδη πρόεισι καίτοι ἀπείρου τινὸς εἴδη ὄντα γένους·

gerade bzw. ungerade ist; sie selbst sind in der von 1 beginnenden sortierten Zahlenreihe fortschreitend die Dreifachen aller Zahlen hintereinander, soweit man folgen will.

(6) Vierfache sind die drei auslassenden, also jeweils vierten Zahlen, zum Beispiel 4, 8, 12, 16, 20, 24, 28, 32 und so weiter; diese sind von den von 1 beginnenden sortierten die Vierfachen, die so weit gehen, wie man zu folgen bequem findet. Es trifft sich, dass sie alle gerade sind, denn man braucht nur jeden zweiten Wert, also einen auslassend, aus den bereits separierten geraden Zahlen herauszunehmen. So gilt es notwendigerweise, dass die schlicht geraden Zahlen die gesamten Doppelten sind, die Vierfachen jede zweite, die Sechsfachen jede dritte, die Achtfachen jede vierte, und diese Reihe wird analog unendlich weit weitergehen.

(7) Fünffache Zahlen sieht man, vier auslassend, jeweils am fünften Ort voneinander platziert; sie sind für die von 1 beginnenden nacheinander platzierten Zahlen die Fünffachen. Sie sind jede zweite gerade bzw. ungerade nach derselben Ordnung wie die Dreifachen.

19. *epi-morios*- und Kehr-*epi-morios*-Beziehung

(1) Ein *epi-morios*, die zweite Erscheinungsform des »Mehr« sowohl von Natur aus als auch in der Ordnung, ist eine Zahl, die in sich die ganze verglichene Zahl plus einen einzigen gewissen Bruchteil davon enthält.

(2) Falls dieser Bruchteil die Hälfte ist, wird das »Mehr« der verglichenen Werte speziell *hemi-olios* ($1\frac{1}{2} = \frac{3}{2}$) genannt und das »Weniger« Kehr-*hemi-olios* ($\frac{2}{3}$); falls es ein Drittel ist, *epi-tritos* ($1\frac{1}{3} = \frac{4}{3}$) und Kehr-*epi-tritos* ($\frac{3}{4}$), und wenn man immer so weiter durchgehend fortschreitet, wird er immer so übereinstimmen, so dass auch diese Erscheinungsformen unendlich weitergehen werden, während sie Erscheinungsformen einer unbegrenzten Gattung sind.

τὸ μὲν γὰρ πρώτιστον αὐτῶν τὸ ἡμιόλιον συμβαίνει τοὺς μὲν ὑπολόγους ἔχειν τοὺς ἀπὸ δυάδος ἐφεξῆς ἀρτίους, ἄλλον δὲ οὐδαμῶς οὐδένα, τοὺς δὲ προλόγους τοὺς ἀπὸ τριάδος ἐφεξῆς τριπλασίους, ἄλλον δὲ οὐδένα.
(3) συζευκτέον δὲ αὐτοὺς εὐτάκτως πρῶτον πρώτῳ, δεύτερον δευτέρῳ, τρίτον τρίτῳ, τὸν γ τῷ β, τὸν ς τῷ δ, τὸν θ τῷ ς, τὸν ιβ τῷ η, καὶ τοὺς ἀναλόγους τοῖς ὁμοταγέσιν.

(4) ἐὰν δὲ ἐπισκέψασθαι θέλωμεν τὸ δεύτερον εἶδος τοῦ ἐπιμορίου, τουτέστι τὸ ἐπίτριτον – συνεχὲς γὰρ μέρος αὐτοῦ φυσικῶς μετὰ τὸ ἥμισυ ὑπάρχει τὸ τρίτον –, ὅρον μὲν αὐτοῦ ἕξομεν τοῦτον· ἀριθμὸς ὁ ἔχων ἐν ἑαυτῷ [50] ὅλον τε τὸν συγκρινόμενων καὶ μέρος αὐτοῦ τρίτον πρὸς τῷ ὅλῳ. ὑποδείγματα δὲ αὐτοῦ εὔτακτα ληφθήσεται ἡμῖν οἱ ἀπὸ τετράδος συνεχεῖς τετραπλάσιοι συνεζευγμένοι τοῖς ἀπὸ τριάδος τριπλασίοις ὁμοταγεῖς ὁμοταγέσιν, οἷον ὁ δ τῷ γ, ὁ η τῷ ς, ὁ ιβ τῷ θ, καὶ κατὰ ταὐτὰ ἐφ ὁσονοῦν.

(5) δῆλον δέ, ὅτι ὁ ἀνθυπακούων τῷ ἐπιτρίτῳ, λεγόμενος δὲ σὺν τῇ ὑπὸ προθέσει ὑπεπίτριτος, ἐστὶν ὁ ἐμπεριεχόμενος ἐκείνῳ ὅλος τε καὶ προσέτι ἑαυτοῦ τρίτον, ὡς ὁ μὲν γ τῷ δ, ὁ δὲ ς τῷ η, ὁ δὲ θ τῷ ιβ, καὶ οἱ ἀκόλουθοι τῶν ὁμοταγῶν.

(6) παρατηρητέον δὲ τὸ παρεπόμενον πᾶσι τούτοις γλαφυρόν, ὅτι οἱ μὲν πρῶτοι καὶ πυθμένες λεγόμενοι ἐγγύς εἰσιν ἀλλήλων ἐν τῷ φυσικῷ χύματι, οἱ δὲ δεύτεροι ἀπὸ πυθμένος ἕνα μόνον ἀριθμὸν διαλείπουσιν, οἱ δὲ τρίτοι δύο, οἱ δὲ τέταρτοι τρεῖς καὶ οἱ πέμπτοι τέσσαρας καὶ ἀεὶ οὕτως, μέχρις οὗ βούλει,

(7) ἔτι γε μὴν καί, ὅτι τὸ μόριον, οὗ παρώνυμος ἕκαστός ἐστι τῶν ἐπιμορίων, ἐν τοῖς ἥττοσι θεωρεῖται τῶν πυθμένων, ἐν δὲ τοῖς μείζοσιν οὐδαμῶς.

Es trifft sich, dass die allererste Art, der *hemi-olios*, im Verhältnis unten (*hypologos*) die geraden Zahlen nacheinander von 2 an hat und niemals andere, und im Verhältnis oben (*prologos*) die Dreifachen nacheinander von 3 an und keine anderen.

(3) Diese müssen geordnet miteinander verbunden werden, die ersten Zahl mit der ersten, die zweiten mit der zweiten, die dritte mit der dritten – 3 zu 2, 6 zu 4, 9 zu 6, 12 zu 8 – und die analogen mit den gleichplatzierten.

(4) Wenn wir die zweite Erscheinungsform des *epi-morios*, den *epi-tritos* ($1\frac{1}{3}$), untersuchen wollen – der Bruchteil, der natürlich der Hälfte benachbart ist, ist ja das Drittel –, werden wir die folgende Definition haben: eine Zahl, die in sich die ganze verglichene Zahl plus den dritten Teil von ihr – zusätzlich zur ganzen – enthält. Wir können geordnete Beispiele dafür haben in den benachbarten Vierfachen von 4 an, verbunden mit den Dreifachen von 3 an, jeweils gleichplatzierte mit gleichplatzierten, zum Beispiel 4 zu 3, 8 zu 6, 12 zu 9 und so weiter bis ins Unendliche.

(5) Es ist klar, dass das, was mit dem *epi-tritos* korrespondiert, aber mit der Vorsilbe »kehr-« (*hypo-*) eben Kehr-*epi-tritos* genannt wird, die Zahl ist, in der die ganze enthalten ist und zusätzlich ein Drittel von ihr, zum Beispiel 3 zu 4, 6 zu 8, 9 zu 12, und die folgenden gleichplatzierten.

(6) Und wir müssen die raffinierte Konsequenz all dessen beachten, dass die ersten, die sogenannten Grundzahlen (*pythmenes*), in der natürlichen Reihe angrenzend nebeneinander stehen; die zweiten nach den Grundzahlen lassen nur eine einzige Zahl aus, die dritten zwei, die vierten drei, die fünften vier und so weiter, so weit man will.

(7) Außerdem (müssen wir beachten), dass der Bruchteil (*morion*), der jeweils zu dem *epi-morios* gleichnamig ist, in den kleineren der Grundzahlen zu betrachten ist, niemals in den größeren.

(8) ὅτι δὲ φυσικῶς καὶ οὐχ ἡμῶν θεμένων ἀρχεγονώτερον τὸ [51] πολλαπλάσιον καὶ πρεσβύτερον τοῦ ἐπιμορίου, καὶ ἐν τοῖς ἑξῆς μὲν ποικιλώτερον εἰσόμεθα, ὅσον οὔπω· κἀνταῦθα δὲ πρὸς ἁπλῆν ἔμφασιν προχειριστέον κατ' εὐτάκτους καὶ παραλλήλους στίχους τοὺς προφρασθέντας ἡμῖν πολλαπλασίους εἰδικῶς, πρῶτον διπλάσιον ἐν ἑνὶ στίχῳ, εἶτα ἐν δευτέρῳ τριπλάσιον, εἶτα τετραπλάσιον ἐν τρίτῳ καὶ μέχρι δεκαπλασίων, ἵνα καὶ τάξιν καὶ ποικιλίαν αὐτῶν καὶ πρόβασιν ἔντεχνον καὶ ὅ τι πρότερον φύσει κατίδωμεν καὶ δὴ καὶ ἕτερά τινα τερπνὰ καὶ γλαφυρὰ παρακολουθήματα.

(9) ἔστω δὲ τὸ διάγραμμα τοιοῦτον·

μῆκος

βάθος

α	β	γ	δ	ε	ς	ζ	η	θ	ι
β	δ	ς	η	ι	ιβ	ιδ	ις	ιη	κ
γ	ς	θ	ιβ	ιε	ιη	κα	κδ	κζ	λ
δ	η	ιβ	ις	κ	κδ	ξη	λβ	λς	μ
ε	ι	ιε	κ	κε	λ	λε	μ	με	ν
ς	ιβ	ιη	κδ	λ	λς	μβ	μη	νδ	ξ
ζ	ιδ	κα	κη	λε	μβ	μθ	νς	ξγ	ο
η	ις	κδ	λβ	μ	μη	νς	ξδ	οβ	π
θ	ιη	κζ	λς	με	νδ	ξγ	οβ	πα	ϙ
ι	κ	λ	μ	ν	ξ	ο	π	ϙ	ρ

(10) ἐκκείσθω ἐν μὲν τῷ πρώτῳ στίχῳ ὁ ἀπὸ [52] μονάδος φυσικὸς ἀριθμός, εἶτα ἑξῆς οἱ κελευσθέντες τῶν τοῦ πολλαπλασίου εἰδῶν.

(11) οὐκοῦν τῶν μὲν πρώτων στίχων ἀρχομένων ἀπὸ μονάδος ἐπί τε πλάτος καὶ ἐπὶ βάθος γαμμοειδῶς οἱ δεύτεροι ἐφ' ἑκάτερα καὶ αὐτοὶ γαμμοειδῶς ἀπὸ τετράδος ἀρχόμενοι πολλαπλάσιοί

(8) Dass das Vielfache – auf natürliche Weise, nicht durch unsere Bestimmungen – eine elementarere und ältere Form als der *epimorios* ist, werden wir in Kürze durch einen mannigfaltigen Prozess lernen. Hier nun müssen wir für eine einfache Demonstration in geordneten und parallelen Reihen die oben genannten Vielfachen speziell vorbereiten, zuerst das Doppelte in einer Reihe, dann in einer zweiten das Dreifache, dann das Vierfache in einer dritten und so weiter bis zum Zehnfachen, damit wir ihre Ordnung und Mannigfaltigkeit, ihren fachgerechten Verlauf und welches von ihnen von Natur aus prioritär ist, und in der Tat andere erfreuliche und raffinierte Folgerungen erkennen können.
(9) Das Diagramm sei von folgender Art:

Länge

Tiefe

1	2	3	4	5	6	7	8	9	10
2	4	6	8	10	12	14	16	18	20
3	6	9	12	15	18	21	24	27	30
4	8	12	16	20	24	28	32	36	40
5	10	15	20	25	30	35	40	45	50
6	12	18	24	30	36	42	48	54	60
7	14	21	28	35	42	49	56	63	70
8	16	24	32	40	48	56	64	72	80
9	18	27	36	45	54	63	72	81	90
10	20	30	40	50	60	70	80	90	100

(10) Es sei in der ersten Reihe die natürliche Zahlenfolge gegeben, von 1 beginnend, und dann in der Reihenfolge die weiteren von den Erscheinungsformen des Vielfachen, die wir einfügen sollten.
(11) Nachdem nun die ersten Reihen, von 1 beginnend, in der Breite (Länge) und Tiefe die Form des Buchstabens Gamma (Γ) haben, sind die zweiten Reihen in beide Richtungen, auch sie in Form des

εἰσι κατὰ τὸ πρῶτον εἶδος τοῦ πολλαπλασίου, διπλάσιοι γάρ, καὶ ὁ μὲν πρῶτος τοῦ πρώτου μονάδι διαφέρων, ὁ δὲ δεύτερος τοῦ δευτέρου δυάδι καὶ ὁ τρίτος τοῦ τρίτου τριάδι καὶ τετράδι οἱ συνεχεῖς καὶ πεντάδι οἱ μετ' αὐτοὺς καὶ τοῦτο μέχρις ὅλου ἀκόλουθον εὑρήσεις·

οἱ δὲ τρίτοι ἐφ' ἑκάτερα ἀπὸ ἐννεάδος κοινῆς ἀρχόμενοι τῶν ἐν τῷ αὐτῷ πρώτῳ στίχῳ κατὰ τὸ δεύτερον εἶδος τοῦ πολλαπλασίου τριπλάσιοι ἔσονται συνεξεταζομένων αὐτοῖς καὶ τῶν εἰς τριάδα ἑκατέρωθεν χιασμῶν.

(12) συμπροκόψει δὲ καὶ ἡ διαφορὰ τούτοις κατὰ τὴν τῶν ἀρτίων φύσιν, τῷ μὲν πρώτῳ δυὰς οὖσα, τῷ δὲ ἐφεξῆς τετράς, τῷ δὲ τρίτῳ ἑξάς, ἣν καὶ διαφορὰν αὐτομάτως ἡμῖν ἡ φύσις ἐμεσεμβόλησε μεταξὺ τούτων τῶν ἐξεταζομένων, ὡς ἐν τῷ διαγράμματι φαίνεται.
(13) ὁ δὲ τέταρτος στίχος, οὗ κοινὴ μὲν ἀρχὴ ἐφ' ἑκάτερα ὁ ις, οἱ δὲ χιασμοὶ περαιοῦνται εἰς τὰς τετράδας, τὸ τρίτον εἶδος τοῦ πολλαπλασίου δεικνύντες, τουτέστι τὸ τετραπλάσιον, πρὸς τὸν αὐτὸν [53] ἐξεταζόμενοι πρώτιστον στίχον ὁμοταγῶς, πρώτου μὲν ἀριθμοῦ πρὸς πρῶτον, δευτέρου δὲ πρὸς δεύτερον καὶ τρίτου πρὸς τρίτον καὶ ἐφεξῆς· πάλιν δὲ αἱ τούτων διαφοραὶ τριάς, ἑξάς, εἶτα ἐνάς, εἶτα δωδεκὰς καὶ αἱ κατὰ τριάδος προκοπὴν ποσότητες· καὶ αὗται ἐν τῷ τοῦ διαγράμματος ὕφει πεφώρανται τάξει ἐκκείμεναι ὑπὲρ αὐτοὺς τοὺς τετραπλασίους καὶ ἐπὶ τῶν ἀκολούθων τοῦ πολλαπλασίου εἰδῶν τὸ ἀνάλογον μέχρι παντὸς προχωρεῖ.

(14) πρὸς δὲ τὸν ἐφ' ἑκάτερα δεύτερον στίχον ἀπὸ κοινῆς ἀρχῆς τοῦ δ ἀρχόμενον, ὑπερεκπίπτοντα δὲ κατὰ χιασμὸν εἰς ἰδίαν ἑκατέρων δυάδα, οἱ ὑποβεβηκότες τάξει στίχοι τοῦ ἐπιμορίου τὸ πρώτιστον εἶδος παρεμφαίνουσι, τουτέστι τὸ ἡμιόλιον, ὁμοταγεῖς πρὸς ὁμοταγεῖς· οὕτω φύσει θείᾳ καὶ οὐ νόμῳ ἡμετέρῳ οὐδὲ συνθήματι μεταγενέστεροι τῶν πολλαπλασίων οἱ ἐπι-

Gamma, von 4 beginnend, Vielfache gemäß der ersten Erscheinungsform des Vielfachen, nämlich Doppelte. Die erste Zahl unterscheidet sich von der ersten um eine Monade (die Schrittweite ist also 1), die zweite von der zweiten um 2, die dritte von der dritten um 3, um 4 die benachbarten und um 5 die danach; man wird finden, dass dies so durchgehend folgt.

Die dritten Reihen in beide Richtungen, von der gemeinsamen 9 beginnend, werden von denen in der ersten Reihe nach der zweiten Erscheinungsform des Vielfachen (also der Verdreifachung) Dreifache sein, wobei mit ihnen auch die beiderseits (nach links und oben) zur 3 laufenden Kreuzlinien verbunden sind.

(12) Die Differenz für diese Zahlen wird nach der Natur der geraden Zahlen fortschreiten, und zwar für die erste 2, für die nächste 4, für die dritte 6; und diese Natur der Differenz hat sich von selbst für uns zwischen diesen Reihen, die untersucht werden, interpoliert, wie aus dem Diagramm sichtbar wird.

(13) Die vierte Reihe, deren gemeinsamer Ursprung in beiden Richtungen 16 ist und deren (waagerechte und senkrechte) Kreuzlinien in Vierern aufsteigen, zeigt die dritte Erscheinungsform des Vielfachen, das ist das Vierfache, wenn man es mit der allerersten Reihe gleichplatziert vergleicht – erste Zahl mit erster, zweite mit zweiter, dritte mit dritter und so weiter –; wiederum sind die Differenzen dieser Zahlen 3, 6, dann 9, dann 12 und die anderen »Wie viel?«, die in Dreierschritten fortschreiten. Diese Zahlen werden in der Struktur des Diagramms in der Ordnung direkt über den Vierfachen entdeckt, und in den nachfolgenden Erscheinungsformen des Vielfachen wird das Analoge durchgehend fortschreiten.

(14) Im Vergleich zu der zweiten Reihe auf beiden Seiten, die mit dem gemeinsamen Ursprung 4 beginnt und in Kreuzlinien jeweils zum Wert 2 verläuft, zeigen die Reihen, die in der Ordnung darunter folgen, die allererste Erscheinungsform des *epi-morios*, also den *hemi-olios* (1½), jeweils gleichplatzierte mit gleichplatzierten. Auf diese Weise sind die *epi-morioi* von göttlicher Natur, nicht von

μόριοι, οἷον ὁ μὲν γ τοῦ β, ὁ δὲ ς τοῦ δ, ὁ θ τοῦ ς, ὁ ιβ τοῦ η, ὁ ιε τοῦ ι, καὶ μέχρι παντός· διαφορὰν δὲ καὶ οὗτοι ἔχουσι τοὺς ἀπὸ μονάδος ἐφεξῆς ἀριθμούς, ὡς οἱ πρὸ αὐτῶν.

(15) ἐπίτριτοι δέ, τὸ τοῦ ἐπιμορίου δεύτερον εἶδος, ἴσῃ τινὶ καὶ ὁμοίᾳ προκοπῇ προχωροῦσιν ἀπὸ [54] τοῦ δ πρὸς τὸν γ καὶ η πρὸς ς καὶ ιβ πρὸς θ καὶ ις πρὸς ιβ, καὶ ἀκολούθως ἴσην καὶ τὴν τῶν διαφορῶν αὔξησιν λαμβάνοντες.
(16) καὶ ἐπὶ τῶν λοιπῶν σχέσεων πολλαπλασίου τε καὶ ἐπιμορίου σύμφωνα τὰ ἀποτελέσματα καὶ οὐδαμῶς ἐναντιούμενα προβαίνων ἐπ᾽ ἄπειρον ὄψει.
(17) κἀκεῖνο δὲ οὐκ ἐλάττονος ἀκριβείας τέτευχεν ἐν τῷ διαγράμματι· ἐπιγώνιοι μὲν γὰρ αὐτῶν εἰσι μονάδες, ἡ μὲν κατ᾽ ἀρχὴν ἁπλῆ, ἡ δὲ ἐπὶ τέλει τριοδουμένη, δευτεροδούμεναι δὲ ἐν διφορήσει αἱ δύο λοιπαί, ὥστε ἀποτελεῖν τὸ ὑπὸ ἶσον τῷ ἀπό.

(18) ἀλλὰ καὶ ἑκατέρωθεν ἴση πρόβασις ἀπὸ μονάδος εἰς τὰς δεκάδας καὶ πάλιν ἀντιθέτως ἑκάτεραι αἱ ἀπὸ δεκάδος προχωρήσεις εἰς ἑκατοντάδα.

(19) καὶ οἱ μὲν διαγώνιοι οἱ ἀπὸ μονάδος εἰς ἑκατοντάδα τετράγωνοι πάντως ἀριθμοὶ ἰσάκις ἶσοι μηκυνθέντες, οἱ δὲ ἑκατέρωθεν παρασπίζοντες αὐτοὺς ἑτερομήκεις πάντως ἄνισοι καὶ μονάδι μείζοσιν ἀλλήλων πλευραῖς μηκυνθέντες· ὥστε ἐξ ἅπαξ δύο ἐφεξῆς τετραγώνων καὶ δὶς τοῦ ἀνὰ μέσον αὐτῶν ἑτερομήκους τετράγωνον πάντως ἀποτελεῖσθαι καὶ ἀνάπαλιν ἐξ ἅπαξ δύο παρακειμένων ἑτερομηκῶν καὶ δὶς τοῦ ἀνὰ μέσον αὐτῶν τετραγώνου τετράγωνον πάντως ἀποτελεῖσθαι.

[55] (20) καὶ ἕτερα πολλὰ τοιαῦτα φιλοτιμούμενος εὕροι τις ἂν τερπνὰ ἐμφαινόμενα τῷδε τῷ διαγράμματι, περὶ ὧν οὐ καιρὸς νῦν μηκύνειν· οὔπω γὰρ τὴν ἐπίγνωσιν αὐτῶν ἐκ τῆς εἰσαγωγῆς

unserer Konvention oder Vereinbarung, später entstanden als die Vielfachen. Etwa ist 3 der *hemi-olios* von 2, 6 von 4, 9 von 6, 12 von 8, 15 von 10, und so durchgehend. Sie haben als Differenz die aufeinanderfolgenden Zahlen, von 1 beginnend, wie die vor ihnen.
(15) Die *epi-tritoi* (1⅓), die zweite Erscheinungsform des *epi-morios*, schreiten in einer gewissen gleichen und regelmäßigen Reihe fort, so von 4 zu 3, 8 zu 6, 12 zu 9, 16 zu 12 und so weiter; sie haben auch eine gleiche Zunahme ihrer Differenzen.
(16) Und bei den anderen Vielfach- und *epi-morios*-Beziehungen werdet ihr sehen, dass die Ergebnisse harmonisch und niemals widersprüchlich sind, wenn ihr unendlich weit geht.
(17) Die folgende Eigenschaft des Diagramms ist im Übrigen nicht weniger genau. Die Werte an den Eckpunkten sind Monaden; die am Anfang eine einfache Monade (1), die am Ende die Monade des dritten Durchgangs (100); die beiden anderen Monaden des zweiten Durchgangs (10) kommen zweimal vor, so dass das Produkt (von 1 und 100) gleich dem Quadrat (von 10) ist.
(18) Außerdem gibt es beim Lesen in beiden Richtungen einen gleichmäßigen Fortschritt von den Einern beginnend bis zu den Zehnern und auf den gegenüberliegenden Seiten wieder zwei andere Progressionen von den Zehnern zu den Hundertern.
(19) Die Zahlen auf der Diagonale von 1 bis 100 sind stets Quadratzahlen, multipliziert aus zwei gleichen Zahlen; diejenigen, die sie auf beiden Seiten flankieren, sind stets *hetero-mekes*-Zahlen, multipliziert aus zwei ungleichen Seiten, von denen eine um eine Monade größer als die andere ist. So ergibt sich aus einmal zwei aufeinanderfolgenden Quadraten plus zweimal der *hetero-mekes*-Zahl dazwischen stets ein Quadrat, und auch umgekehrt ergibt sich aus einmal zwei nebeneinanderliegenden *hetero-mekes*-Zahlen plus zweimal dem Quadrat dazwischen stets ein Quadrat.
(20) Ein ehrgeiziger Mensch könnte viele andere hübsche Dinge in diesem Diagramm dargestellt finden, auf die wir jetzt nicht näher eingehen sollten, denn wir haben ihre Erkenntnis in unserer

εἰλήφαμεν, ὥστε ἐπὶ τὰ ἑξῆς τρεπτέον· μετὰ γὰρ τὰς δύο ταύτας γενικὰς σχέσεις πολλαπλασίου καὶ ἐπιμορίου καὶ τὰς ἀντιθέτους αὐταῖς σὺν τῇ ὑπὸ προθέσει ἐκφερομένας ἄλλας δύο ὑποπολλαπλάσιόν τε καὶ ὑπεπιμόριον εἰσὶν ἐν μὲν τῷ μείζονι τοῦ ἀνίσου μέρει ἡ ἐπιμερής, ἐν δὲ τῷ ἐλάττονι ἡ ἀντικειμένη αὐτῇ ἡ ὑπεπιμερής.

κ.

(1) ἔστι δὲ ἐπιμερὴς μὲν σχέσις, ὅταν ἀριθμὸς τὸν συγκρινόμενον ἔχῃ ἐν ἑαυτῷ ὅλον καὶ προσέτι μέρη αὐτοῦ πλείονα ἑνός· τὸ δὲ πλείονα ἑνὸς ἄρχεται πάλιν ἀπὸ τοῦ β καὶ πρόεισιν ἐπὶ πάντας τοὺς ἐφεξῆς ἀριθμούς· ὥστε τοῦ ἐπιμεροῦς πυθμήν ἐστιν εἰκότως ὁ πρὸς τῷ ὅλῳ δύο μέρη τοῦ ἀντισυγκρινομένου ἔχων καὶ κληθήσεται ἐπιδιμερὴς εἰδικῶς, μετὰ δὲ τοῦτον ὁ τρία πρὸς τῷ ὅλῳ ἔχων κληθήσεται ἐπιτριμερὴς εἰδικῶς, καὶ μετὰ τοῦτον ἐπιτετραμερής, εἶτα ἐπιπενταμερής, καὶ οὕτως ἀεί.

(2) τὰ δέ μέρη ῥίζαν ἔχει καὶ ἀρχὴν ἀπὸ τοῦ τρίτου· [56] ἀδύνατον γὰρ ἐνθάδε ἀπὸ τοῦ ἥμισυ ἄρχεσθαι· ἂν γὰρ καί τινα ὑποθώμεθα β ἡμίση ἔχειν τοῦ ἀντιθέτου πρὸς τῷ ὅλῳ, λήσομεν ἑαυτοὺς πολλαπλάσιον ἀντὶ ἐπιμεροῦς τιθέντες· ἕκαστον γὰρ ὅλον καὶ β ἡμίση αὐτοῦ συντιθέμενα διπλάσιον γίνεται τοῦ ἐξ ἀρχῆς· ὥστε ἀναγκαιότατον ἀπὸ β τρίτων ἄρχεσθαι, εἶτα β πέμπτων, εἶτα β ἑβδόμων, καὶ ἐπὶ τούτοις β ἐνάτων κατὰ τὴν τῶν περισσῶν πρόβασιν· τὰ γὰρ β τέταρτα λόγου χάριν πάλιν ἥμισύ ἐστι καὶ τὰ β ἕκτα τρίτον καὶ οὕτω πάλιν ἐπιμόριοι ἀντὶ ἐπιμερῶν γενήσονται, ὅπερ οὐ πρόκειται οὔτε ἡμῖν οὔτε τῇ τῆς τεχνολογίας καταλληλίᾳ.

Einführung noch nicht behandelt, und so müssen wir uns dem nächsten Thema zuwenden, denn nach diesen beiden generellen Beziehungen des Vielfachen und des *epi-morios* und den beiden anderen ihnen entgegengesetzten mit der Vorsilbe »kehr-« (*hypo*), dem Kehr-Vielfachen und dem Kehr-*epi-morios*, gibt es beim »Mehr« der Ungleichheit den *epi-meres* und beim »Weniger« den ihm entgegengesetzten Kehr-*epi-meres*.

20. *epi-meres*-Beziehung

(1) Es handelt sich um eine *epi-meres*-Beziehung, wenn eine Zahl in sich die ganze verglichene Zahl plus zusätzlich mehr als einen Teil davon enthält; »mehr als eins« beginnt mit 2 und geht weiter zu allen aufeinanderfolgenden Zahlen. Die Grundzahl des *epi-meres* ist also folgerichtig diejenige, die neben dem Ganzen zwei Teile der verglichenen Zahl enthält, und wird speziell *epi-di-meres* ($1\frac{2}{n}$) genannt; danach wird diejenige, die drei Teile neben dem Ganzen enthält, speziell *epi-tri-meres* ($1\frac{3}{n}$) genannt; danach kommen *epi-tetra-meres* ($1\frac{4}{n}$), *epi-penta-meres* ($1\frac{5}{n}$) und immer so weiter.

(2) Die Teile haben ihre Pflanzenwurzel (s. o. I 2,5) und ihren Anfang im Drittel, denn es ist in diesem Fall unmöglich, mit der Hälfte zu beginnen, denn wenn wir davon ausgehen, dass eine Zahl zwei Hälften der verglichenen Zahl neben dem Ganzen enthält, dann setzen wir versehentlich ein Vielfaches statt eines *epi-meres* ein – jedes Ganze plus zwei Hälften ergibt ja zusammen das Doppelte der ursprünglichen Zahl. Deshalb ist es am notwendigsten, mit 2 Dritteln zu beginnen, dann 2 Fünftel, dann 2 Siebtel und nach diesen 2 Neuntel gemäß dem Vorrücken der ungeraden Zahlen; denn 2 Viertel sind wiederum eine Hälfte und 2 Sechstel ein Drittel, und so werden wiederum *epi-morioi* anstelle von *epi-mereis* gebildet, was nicht das Problem ist, das uns gestellt wird, und auch nicht der fachlichen Erörterung entspricht.

(3) μετὰ δὲ τὸν ἐπιμερῆ εὐθὺς συνυφίσταται ὁ ὑπεπιμερής, ὅταν ἀριθμὸς ἐν τῷ συγκρινομένῳ ὅλος ἔχηται αὐτός τε καὶ προσέτι πλείονα αὐτοῦ μέρη ἢ β ἢ γ ἢ δ ἢ ε καὶ ἐφεξῆς.

κα.

(1) τάξις δὲ ἀμφοτέρων καὶ ἀκόλουθος γένεσις εὑρίσκεται, ὅταν ἐκθέμενοι τοὺς ἀπὸ τριάδος ἑξῆς ἀρτίους καὶ περιττοὺς ἀριθμοὺς πρὸς τούτους συγκρίνωμεν τοὺς ἀπὸ πεντάδος καθαροὺς συνεχεῖς [57] περισσοὺς μόνους, πρῶτον πρὸς πρῶτον, οἷον τὸν ε πρὸς τὸν γ, καὶ δεύτερον πρὸς δεύτερον, οἷον τὸν ζ πρὸς τὸν δ, καὶ τρίτον πρὸς τρίτον, οἷον τὸν θ πρὸς τὸν ε, καὶ τέταρτον πρὸς τέταρτον, οἷον τὸν ια πρὸς τὸν ς, καὶ ἐφεξῆς τῇ αὐτῇ τάξει ἐφ᾽ ὁσονοῦν· οὕτως γὰρ εὔτακτα τὰ τοῦ ἐπιμεροῦς τε καὶ ὑπεπιμεροῦς εἴδη κατὰ τοὺς ἑκάστου πυθμένας δηλωθήσεται, ἐπιδιμερὲς πρῶτον, εἶτα ἐπιτριμερὲς καὶ ἐπιτετραμερὲς καὶ ἐπιπενταμερὲς καὶ ἐφεξῆς ἐπὶ πλέον παραπλησίως· μετὰ γὰρ τοὺς πυθμένας ἑκάστου γενήσονται οἱ συνεχεῖς διπλασιαζομένων ἀμφοτέρων τῶν ὅρων ἢ τριπλασιαζομένων καὶ ὅλως κατὰ τὰ τοῦ πολλαπλασίου εὔτακτα εἴδη μεγεθυνομένων.

(3) Nach dem *epi-meres* wird sogleich der Kehr-*epi-meres* erzeugt, immer dann, wenn eine Zahl vollständig in der mit ihr verglichenen enthalten ist, und zusätzlich mehrere Teile davon, 2, 3, 4 oder 5 und so weiter.

21. Hervorbringung des *epi-meres*

(1) Die Ordnung und die folgerichtige Hervorbringung beider Arten werden gefunden, wenn wir die aufeinanderfolgenden geraden und ungeraden Zahlen, beginnend von 3, aufführen und nacheinander die puren benachbarten nur ungeraden Zahlen, beginnend von 5, mit ihnen vergleichen: die erste mit der ersten, also 5 mit 3, die zweite mit der zweiten, also 7 mit 4, die dritte mit der dritten, also 9 mit 5, die vierte mit der vierten, also 11 mit 6 und so weiter, in der gleichen Ordnung, so weit man will. Auf diese Weise werden die Erscheinungsformen des *epi-meres* und des Kehr-*epi-meres* geordnet durch die jeweiligen Grundzahlen offenbart, zuerst ein *epi-dimeres* ($1\,{}^{2}/_{n}$), dann ein *epi-tri-meres* ($1\,{}^{3}/_{n}$), ein *epi-tetra-meres* ($1\,{}^{4}/_{n}$), ein *epi-penta-meres* ($1\,{}^{5}/_{n}$) und weiter nacheinander entsprechend, denn nach den jeweiligen Grundzahlen werden die benachbarten durch Verdoppelung oder Verdreifachung der beiden Erscheinungsformen und im allgemeinen durch Multiplikation geordnet vergrößert.

οἱ πυθμένες

ε	γ	ζ	δ	θ	ε	ια	ς	ιγ	ζ
ι	ς	ιδ	η	ιη	ι	κβ	ιβ	κς	ιβ
ιε	θ	κα	ιβ	κζ	ιε	λγ	ιη	λθ	κα
κ	ιβ	κη	ις	λς	κ	μδ	κδ	νβ	κη
κε	ιε	λε	κ	με	κε	νε	λ	ξε	λε
λ	ιη	μβ	κδ	νδ	λ	ξς	λς	οη	μβ
λε	κα	μθ	κη	ξγ	λε	οζ	μβ	ϙα	μθ
μ	κδ	νς	λβ	οβ	μ	πη	μη	ρδ	νς
με	κζ	ξγ	λς	κα	με	ϙθ	νθ	ριζ	εγ
ἐπιδίτριτοι		ἐπιτριτέταρτοι		ἐπιτετράπεμπτοι		ἐπιπένθεκτοι		ἐφεκτέβδομοι	

[58] (2) προσεκτέον δέ, ὅτι ἐκ μὲν τῶν δύο μερῶν τῶν πρὸς τῷ ὅλῳ ἐνόντων τῷ μείζονι τὸ τρίτον ὑπακούεται, ἐπὶ δὲ τῶν τριῶν τὸ τέταρτον, ἐπὶ δὲ τῶν τεσσάρων τὸ πέμπτον, ἐπὶ δὲ τῶν πέντε τὸ ἕκτον καὶ ἀεὶ οὕτως, ἵνα ἡ πρόβασις κατὰ τὴν ὀνομασίαν τοιαύτη τις ᾖ· ἐπιδίτριτος, ἐπιτριτέταρτος, ἐπιτετράπεμπτος, εἶτα ἐπιπένθεκτος καὶ παραπλησίως ἐπὶ τῶν λοιπῶν.

(3) αἱ μὲν οὖν τοῦ πρός τι ποσοῦ ἁπλαῖ καὶ ἀσύνθετοι σχέσεις αἵδε εἰσὶν αἱ προλεχθεῖσαι,

αἱ δὲ σύνθετοι ἐξ αὐτῶν καὶ οἷον συμπλακεῖσαι ἐκ δυοῖν εἰς μίαν εἰσὶν αἵδε, ὧν πρόλογοι μὲν πολλαπλασιεπιμόριος καὶ πολλαπλασιεπιμερής, ὑπόλογοι δὲ αἱ εὐθὺς ἑκατέρᾳ τούτων συνυφιστάμεναι, σὺν τῇ [59] ὑπὸ προθέσει ὀνομαζόμεναι, πολλαπλασιεπιμορίῳ μὲν ἡ ὑποπολλαπλασιεπιμόριος, πολλαπλασιεπιμερεῖ δὲ ἡ ὑποπολλαπλασιεπιμερής, καὶ καθ᾽ ὑποδιαίρεσιν τῶν γενῶν αἱ εἰδικαὶ ταῖς εἰδικαῖς ἀνθυπακούσονται, μετὰ τῆς ὑπ᾽ ὑπὸ προθέσεως καὶ αὗται ὀνομαζόμεναι.

Die Grundzahlen

5	3	7	4	9	5	11	6	13	7
10	6	14	8	18	10	22	12	26	14
15	9	21	12	27	15	33	18	39	21
20	12	28	16	36	20	44	24	52	28
25	15	35	20	45	25	55	30	65	35
30	18	42	24	54	30	66	36	78	42
35	21	49	28	63	35	77	42	91	49
40	24	56	32	72	40	88	48	104	56
45	27	63	36	81	45	99	54	117	63
epi-di-tritoi		*epi-tri-tetartoi*		*epi-tetra-pemptoi*		*epi-pent-hektoi*		*ep-hekt-hebdomoi*	

(2) Es ist zu beachten, dass bei zwei Teilen, die neben dem Ganzen im größeren Wert enthalten sind, das Drittel antwortet, bei drei Teilen das Viertel, bei vier das Fünftel, bei fünf das Sechstel und so weiter, so dass die Reihenfolge der Benennungen wie folgt ist: *epi-di-tritos* ($1\frac{2}{3}$), *epi-tri-tetartos* ($1\frac{3}{4}$), *epi-tetra-pemptos* ($1\frac{4}{5}$), dann *epi-pent-hektos* ($1\frac{5}{6}$) und entsprechend mit den übrigen.

(3) Die einfachen, nicht zusammengesetzten Beziehungen des relativen »Wie viel?« sind diese, die aufgezählt wurden.

Die aus ihnen zusammengesetzten und sozusagen aus zweien in eins verwobenen sind die folgenden, von denen einerseits die im Verhältnis oben (*prologoi*) der Vielfach-*epi-morios* und der Vielfach-*epi-meres* sind, andererseits die im Verhältnis unten (*hypologoi*) die, welche sogleich im Zusammenhang mit jedem der ersteren entstehen, benannt mit der Vorsilbe »kehr-« (*hypo-*); zusammen mit dem Vielfach-*epi-morios* der Kehr-Vielfach-*epi-morios* und mit dem Vielfach-*epi-meres* der Kehr-Vielfach-*epi-meres*. In der Unterteilung der Arten werden die Erscheinungsformen mit den anderen Erscheinungsformen korrespondieren und haben auch selbst Namen mit der Vorsilbe »kehr-«.

κβ.

(1) πολλαπλασιεπιμόριος μὲν οὖν ἐστι σχέσις, ὅταν τῶν συγκρινομένων ὁ μείζων πλεονάκις ἢ ἅπαξ ἔχῃ ἐν ἑαυτῷ τὸν ἐλάσσονα καὶ πρὸς τούτῳ μοριόν τι ἓν αὐτοῦ οἷον δήποτε.
(2) διττῶς δὲ ὡς ἂν δὴ σύνθετος ὁ τοιοῦτος ποικίλλεται κατὰ τὴν τῶν συμπλεκομένων ὀνομάτων καθ' ἑκάτερον ἰδιότητα· ἐπεὶ γὰρ ὁ πολλαπλασιεπιμόριος ἔκ τε τοῦ πολλαπλασίου καὶ τοῦ ἐπιμορίου γενικῶς σύγκειται, ἕξει ἐν ταῖς εἰδικαῖς ὑποδιαιρέσεσι ποικιλίαν τινὰ καὶ ἐξαλλαγήν, ἰδίᾳ μὲν κατὰ τὸ πρότερον μέρος τοῦ ὀνόματος, ἰδέα δὲ κατὰ τὸ δεύτερον, οἷον κατὰ μὲν τὸ πρότερον τὸ τοῦ πολλαπλασίου τὸ διπλάσιον ἢ τριπλάσιον ἢ τετραπλάσιον ἢ πενταπλάσιον καὶ ἑφεξῆς, κατὰ δὲ τὸ δεύτερον ἀπὸ τοῦ ἐπιμορίου γενικῶς τὰ εἰδικὰ [60] αὐτοῦ εὔτακτα τὸ ἐφημιόλιον, τὸ ἐπίτριτον, τὸ ἐπιτέταρτον, τὸ ἐπίπεμπτον καὶ ἑφεξῆς, ὥστε τὴν σύνθεσιν τοιαύτῃ τινὶ τάξει προχωρεῖν· διπλασιεφήμισυς, διπλασιεπίτριτος, διπλασιεπιτέταρτος, διπλασιεπίπεμπτος, διπλασιεπίεκτος καὶ ἀνάλογον, καὶ ἀπ' ἄλλης ἀρχῆς τριπλασιεφήμισυς, τριπλασιεπίτριτος, τριπλασιεπιτέταρτος, τριπλασιεπίπεμπτος, καὶ πάλιν ἄνωθεν τετραπλασιεφήμισυς, τετραπλασιεπίτριτος, τετραπλασιεπιτέταρτος, τετραπλασιεπίπεμπτος, καὶ πάλιν ἄνωθεν πενταπλασιεφήμισυς, πενταπλασιεπίτιτρος, πενταπλασιεπιτέταρτος, πενταπλασιεπίπεμπτος καὶ τὰ τούτοις ἐπ' ἄπειρον ἀναλογοῦντα·

ὁσάκις μὲν γὰρ ὁ μείζων τὸν ἐλάττονα ὅλον ἐν ἑαυτῷ ἔχει, παρὰ τὴν τοσαύτην ποσότητα παρονομασθήσεται τὸ πρότερον μέρος τοῦ λόγου τῶν συμπλεκομένων ἐν τῷ πολλαπλασιεπιμορίῳ, οἷον δ' ἂν τὸ μόριον τὸ πρὸς τῷ πολλάκις ὅλῳ ἐνυπάρχον ἐν τῷ μείζονι ᾖ, πρὸς ἐκεῖνο παρώνυμον ἔσται τὸ δεύτερον εἶδος του λόγου, ἀφ' οὗ σύνθετον τὸ πολλαπλασιεπιμόριον.

22. Vielfach-*epi-morios*-Beziehung

(1) Eine Beziehung ist vielfach-*epi-morios*, wenn der größere der verglichenen Werte den kleineren mehr als einmal in sich enthält und dazu noch einen einzigen Teil davon, welcher auch immer das sein mag.
(2) Gewissermaßen zweifach zusammengesetzt ist diese Beziehung mannigfaltig gemäß der Eigenheit der verwobenen Benennungen, denn insofern der Vielfach-*epi-morios* generell aus dem Vielfachen und dem *epi-morios* zusammengesetzt ist, wird er in den Unterteilungen (*hypo-dihaireseis*; s. o. Einleitung S. 11) nach Erscheinungsformen eine Mannigfaltigkeit und Namensänderung eigens im ersten Namensteil und eigens im zweiten aufweisen – zum Beispiel im ersten, also dem Vielfachen, heißt er doppelt, dreifach, vierfach, fünffach und so weiter; im zweiten, also dem *epi-morios* generell, sind seine Erscheinungsformen geordnet, *hemi-olios* (*ephemiolios*, 1½), *epi-tritos* (1⅓), *epi-tetartos* (1¼), *epi-pemptos* (1⅕) und so weiter, so dass die Zusammensetzung in dieser gewissen Ordnung fortschreiten wird: Doppel-*hemi-olios* (-*ephemisys*, 2½), Doppel-*epi-tritos* (2⅓), Doppel-*epi-tetartos* (2¼), Doppel-*epi-pemptos* (2⅕), Doppel-*epi-hektos* (2⅙) und analog; von einem anderen Anfang aus: Dreifach-*hemi-olios* (-*ephemisys*, 3½), Dreifach-*epi-tritos* (3⅓), Dreifach-*epi-tetartos* (3¼), Dreifach-*epi-pemptos* (3⅕); wiederum nochmals: Vierfach-*hemi-olios* (-*ephemisys*, 4½), Vierfach-*epi-tritos* (4⅓), Vierfach-*epi-tetartos* (4¼), Vierfach-*epi-pemptos* (4⅕); wiederum nochmals: Fünffach-*hemi-olios* (-*ephemisys*, 5½), Fünffach-*epi-tritos* (5⅓), Fünffach-*epi-tetartos* (5¼), Fünffach-*epi-pemptos* (5⅕) und die Formen analog zu diesen unendlich weit.
Wie oft auch immer die größere Zahl das Ganze der kleineren in sich enthält: Durch dieses »Wie viel?« wird der erste Teil des Verhältnisses der im Vielfach-*epi-morios* verwobenen Werte genannt; was auch immer der Bruchteil sein mag, der – neben dem mehrfachen Ganzen – im größeren Wert enthalten ist, dazu gleichnamig ist die zweite Erscheinungsform des Verhältnisses, aus dem sich der Vielfach-*epi-morios* zusammensetzt.

(3) ὑποδείγματα δὲ αὐτοῦ· ὁ μὲν ε τοῦ β διπλασιεφημιόλιος, ὁ δὲ ζ τοῦ γ διπλασιεπίτριτος, [61] ὁ δὲ θ τοῦ δ διπλασιεπιτέταρτος, ὁ δὲ ια τοῦ ε διπλασιεπίπεμπτος·
καὶ αἰεὶ οὕτως εὐτάκτους αὐτοὺς γεννήσεις συγκρίνων τοῖς ἀπὸ δυάδος ἑξῆς ἀρτίοις καὶ περισσοῖς τοὺς ἀπὸ πεντάδος καθαροὺς περισσούς, πρῶτον πρώτῳ, δεύτερον δευτέρῳ, τρίτον τρίτῳ καὶ τοὺς ἄλλους ὁμοταγεῖς τοῖς ὁμοταγέσιν,

ἀπὸ δυάδος δὲ τῶν ἐφεξῆς πάντων ἀρτίων οἱ ἀπὸ πεντάδος συνεχεῖς πεντάδι διαφέροντες διπλασιεφημιόλιοι καθαροὶ ἔσονται ὁμοταγεῖς ὁμοταγῶν,

ἀπὸ δὲ τοῦ τρίτου πάντων τῶν τριάδι διαφερόντων ἐκτεθέντων, οἷον γ, ϛ, θ, ιβ, ιε, ιη, κα, καὶ ἐν ἄλλῳ στίχῳ τῶν ἀπὸ ἑβδομάδος ἑβδομάδι διαφερόντων ἐπ' ἄπειρον ἐκτεθέντων, οἷον ζ, ιδ, κα, κη, λε, μβ, μθ, καὶ συγκρινομένων μειζόνων ἐλάττοσι, πρώτου πρώτῳ, δευτέρου δευτέρῳ, τρίτου τρίτῳ, τετάρτου τετάρτῳ, καὶ ἐφεξῆς, τὸ δεύτερον εἶδος ἀναφαίνεται τὸ τῶν διπλασιεπιτρίτων μετὰ τῆς οἰκείας εὐταξίας ἐκκείμενον.

(4) εἶτα πάλιν ἀπ' ἄλλης ἀρχῆς ἂν ἐκτεθῇ ὁ τῶν τετραπλασίων καθαρὸς στίχος, δ, η, ιβ, ιϛ, κ, κδ, κη, λβ, εἶτα παρεκτεθῇ αὐτῷ ἐν ἄλλῳ στίχῳ ὁ ἀπὸ τῆς ἑνάδος ἀρχόμενος κατὰ ἑνάδος προκοπὴν συνεχὴς ἀριθμός, οἷον θ, ιη. κζ, λϛ, με, νδ, ἕξομεν ἀναφαινόμενον πάλιν τὸν εἰδικὸν πολλαπλασιεπιμόριον, [62] τουτέστι τὸν διπλασιεπιτέταρτον εὔτακτον· καὶ τοῦτο ἐπινοεῖν πάρεστι τῷ βουλομένῳ μέχρις ἀπείρου.
(5) τὸ δὲ ἕτερον εἶδος ἄρχεται ἀπὸ τοῦ τριπλασιεφημίσους, οἷον ὁ ζ πρὸς τὸν β καὶ ὁ ιδ πρὸς τὸν δ καὶ ἁπλῶς οἱ καθ' ἑβδομάδα προχωροῦντες πρὸς τοὺς ἀπὸ δυάδος εὐτάκτους ἀρτίους.

(3) Beispiele dafür: 5 ist von 2 der Doppel-*hemi-olios* (*-ephemiolios*, $2\frac{1}{2}$), 7 von 3 der Doppel-*epi-tritos* ($2\frac{1}{3}$), 9 von 4 der Doppel-*epi-tetartos* ($2\frac{1}{4}$) und 11 von 5 der Doppel-*epi-pemptos* ($2\frac{1}{5}$).
Man wird sie (die Vielfach-*epi-morioi*) auf diese Weise immer geordnet erzeugen, indem man mit den aufeinanderfolgenden geraden und ungeraden Zahlen, von 2 beginnend, die puren ungeraden Zahlen, von 5 beginnend, vergleicht – die erste mit der ersten, die zweite mit der zweiten, die dritte mit der dritten und die anderen gleichplatzierten mit den gleichplatzierten.
Wenn mit allen aufeinanderfolgenden geraden Zahlen, von 2 beginnend, die um fünf verschiedenen benachbarten Zahlen, von 5 beginnend, verglichen werden – gleichplatzierte mit gleichplatzierten –, dann werden es die puren Doppel-*hemi-olioi* (*-ephemiolioi*, $2\frac{1}{2}$) sein.
Wenn von 3 beginnend alle Zahlen, die sich um 3 unterscheiden, aufgestellt werden, etwa 3, 6, 9, 12, 15, 18, 21, und in einer anderen Reihe von 7 beginnend diejenigen, die sich um 7 unterscheiden, unendlich weit aufgestellt werden, etwa 7, 14, 21, 28, 35, 42, 49, und die größeren mit den kleineren verglichen werden, die erste mit der ersten, die zweite mit der zweiten, die dritte mit der dritten, die vierte mit der vierten und so weiter, dann wird die zweite Erscheinungsform, der Doppel-*epi-tritos* ($2\frac{1}{3}$), in der richtigen Reihenfolge angeordnet sichtbar werden.
(4) Dann wiederum von einem anderen Anfang aus, wenn die pure Reihe der Vierfachen aufgestellt wird – also 4, 8, 12, 16, 20, 24, 28, 32 –, und daneben in einer anderen Reihe die benachbarten Zahlen von 9 beginnend und um 9 ansteigend, etwa 9, 18, 27, 36, 45, 54 gestellt werden, dann wird wiederum ein spezifischer Vielfach-*epimorios*, nämlich der Doppel-*epi-tetartos* ($2\frac{1}{4}$), geordnet sichtbar; und jeder, der will, kann sich dies bis ins Unendliche ausdenken.
(5) Die nächste Erscheinungsform beginnt mit dem Dreifach-*hemiolios* (*-ephemisys*, $3\frac{1}{2}$) wie etwa 7 zu 2, 14 zu 4 und schlicht die Zahlen, die in Schritten von 7 fortschreiten gegenüber den geordneten geraden Zahlen, von 2 beginnend.

(6) εἶτα πάλιν ἐξ ὑπαρχῆς ὁ ι πρὸς τὸν γ τριπλασιεπίτριτός ἐστι πρῶτος, ὁ δὲ κ πρὸς τὸν ς τριπλασιεπίτριτος δεύτερος, καὶ ἁπλῶς οἱ δεκαπλάσιοι ἐφεξῆς πρὸς τοὺς ἐφεξῆς τριπλασίους·

ἃ δὴ ἀκριβέστερον κατιδεῖν δυνάμεθα καὶ τρανότερον ἐν τῷ προεπιγνωσθέντι διαγράμματι· πρὸς μὲν γὰρ τὸν πρῶτον στίχον οἱ ἐφεξῆς τάξει συγκείμενοι ὅλοι πρὸς ὅλον [63] τὰ τοῦ πολλαπλασίου εὔτακτα εἴδη ἐπ' ἄπειρον ὑποδεικνύουσι πρὸς τὸν αὐτὸν ἀεὶ πρῶτον ἅπαντες συγκρινόμενοι, πρὸς δὲ τοὺς ὑπεράνω πάντας ἐφεξῆς εἷς ἕκαστος πρὸς τὸν γείτονα·

τῆς ἀρχῆς ἡμῖν ἀπὸ τοῦ δευτέρου γινομένης στίχου πάντα τὰ τοῦ ἐπιμορίου εἴδη κατὰ τὴν οἰκείαν εὐταξίαν γεννᾶται, ἀπὸ δὲ τοῦ τρίτου στίχου πρὸς αὐτόν τε πρῶτον καὶ τοὺς συνεχεῖς αὐτῷ καθ' ἕκαστον οἱ ἀπὸ τοῦ πέμπτου περισσοταγεῖς πάντες ἀντεξεταζόμενοι τὰ τοῦ ἐπιμεροῦς πάντα εἴδη εὔτακτα ὑποδείξουσι·

τοῦ δὲ πολλαπλασιεπιμορίου αἱ συγκρίσεις τάξιν φυσικὴν καὶ ἰδίαν ἕξουσιν, ἐὰν ἀπὸ τοῦ δευτέρου στίχου ἀρχόμενοι τοὺς ἀπὸ τοῦ πέμπτου συγκρίνωμεν ἀριθμούς, πρῶτον πρὸς πρῶτον καὶ δεύτερον πρὸς δεύτερον καὶ τρίτον πρὸς τρίτον καὶ οὕτως ἑξῆς, πρὸς δὲ τὸν τρίτον τοὺς ἀπὸ τοῦ ἑβδόμου, πρὸς δὲ τὸν τέταρτον τοὺς ἀπὸ τοῦ ἐνάτου, καὶ κατὰ τὴν ἁρμόζουσαν εὐταξίαν, μέχρις ἂν εὐτονῇ τις παρέπεσθαι.

(7) δῆλον δέ, ὅτι οἱ ἐλάττονες σὺν τῇ ὑπὸ προθέσει ἀντονομάζονται καὶ ἐνθάδε πρὸς τοὺς μείζονας κατὰ τὰς ἐγκειμένας πᾶσι προσηγορίας.

(6) Dann wiederum von vorne: 10 zu 3 ist der erste Dreifach-*epi-tritos* ($3\frac{1}{3}$), 20 zu 6 der zweite Dreifach-*epi-tritos* und schlicht die aufeinanderfolgenden Zehnfachen zu den aufeinanderfolgenden Dreifachen.

Dies können wir in der Tat mit größerer Genauigkeit und Klarheit in der oben untersuchten Tabelle beobachten. Gegenüber der ersten Zeile zeigen die aufeinanderfolgend in der Ordnung darunterliegenden Ganzen gegenüber dem Ganzen (der ersten Zeile) alle Erscheinungsformen des Vielfachen geordnet unendlich weit, wenn sie alle immer mit derselben ersten Reihe verglichen werden; gegenüber allen darüber hinaus aufeinanderfolgenden zeigt jede einzelne Zahl ein Verhältnis zu ihrer Umgebung.

Wenn wir den Anfang von der zweiten Zeile nehmen, dann entstehen alle Erscheinungsformen des *epi-morios* in der richtigen Reihenfolge (15 zu 10 ergibt $1\frac{1}{2}$, 20 zu 15 ergibt $1\frac{1}{3}$, 25 zu 20 ergibt $1\frac{1}{4}$ usw.); und wenn von der dritten Zeile, dann zeigen die Zahlen ab der fünften, die alle ungerade platziert sind, in der Gegenüberstellung zuerst mit ihr und mit den jeweils benachbarten alle Erscheinungsformen der *epi-meres* geordnet (25 zu 15 ergibt $1\frac{2}{3}$, 35 zu 25 ergibt $1\frac{2}{5}$, 54 zu 35 ergibt $1\frac{2}{7}$ usw.).

Im Fall des Vielfach-*epi-morios* werden die Vergleiche eine eigene natürliche Ordnung haben, wenn wir bei der zweiten Zeile anfangen und mit den Zahlen der fünften vergleichen, die erste mit der ersten (25 zu 10 ergibt $2\frac{1}{2}$), die zweite mit der zweiten, die dritte mit der dritten und so weiter; mit der dritten Zeile die Zahlen der siebten (35 zu 15 ergibt $2\frac{1}{3}$); mit der vierten die der neunten (45 zu 20 ergibt $2\frac{1}{4}$), und gemäß der passenden Reihenfolge, so weit wir gehen können.

(7) Es ist klar, dass die »Weniger«-Werte mit der Vorsilbe »kehr-« (*hypo-*) Namen haben, die auch hier den »Mehr«-Werten entsprechen, gemäß der Namensgebung, die ihnen allen gegeben wurde.

κγ.

(1) πολλαπλασιεπιμερὴς δέ ἐστιν ἡ λοιπὴ σχέσις [64] τοῦ ἀριθμοῦ· αὕτη τε καὶ ἡ σὺν τῇ ὑπὸ προθέσει ἀντονομαζομένη αὐτῇ ἔστιν, ὅταν ἀριθμὸς τὸν συγκρινόμενον ἀριθμὸν ὅλον τε ἔχῃ ἐν ἑαυτῷ πλεονάκις ἢ ἅπαξ – τουτέστι δὶς ἢ τρὶς ἢ ὁσακισοῦν – καὶ πρὸς τούτῳ μέρη τινὰ αὐτοῦ πλείονα ἑνὸς ἢ β ἢ γ ἢ δ ἢ ε καὶ ἐφεξῆς.
(2) ταῦτα δὲ οὐκ ἔστι μὲν ἡμίση διὰ τὰ προλεχθέντα ἤτοι δὲ τρίτα ἢ τέταρτα ἢ πέμπτα καὶ κατὰ τὴν ὁμοίαν ἀκολουθίαν.

(3) οὐ χαλεπὸν δὲ ἐκ τῶν προφρασθέντων νοῆσαι καὶ τὰ τούτου εἴδη, ὡς ὁμοίως καὶ ἀπαραλλάκτως τοῖς πρὸ αὐτοῦ ποικίλλεται, διπλασιεπιδιμερής, εἶτα διπλασιεπιτριμερής, εἶτα διπλασιεπιτετραμερής, καὶ ἀνάλογον· οἷον ὁ μὲν η τοῦ γ διπλασιεπιδιμερὴς καὶ ὁ ις τοῦ ς διπλασιεπιδιμερὴς καὶ καθόλου οἱ ἀπὸ ὀγδοάδος ὀγδοάδι διαφέροντες τῶν ἀπὸ τριάδος τριάδι διαφερόντων, ὁμοταγεῖς ὁμοταγῶν, καὶ ἐπὶ τῶν λοιπῶν εἰδῶν δύναιτ' ἄν τις ἀκολουθῶν τοῖς προειρημένοις εὑρίσκειν τὴν εὐταξίαν· κἀνταῦθα δὲ σὺν τῇ ὑπὸ προθέσει νοητέον προιοῦσαν καὶ συμμεταβαλλομένην τὴν τοῦ συγκρινομένου ἀντονομασίαν.

(4) καὶ οὕτως αἱ δέκα ἀριθμητικαὶ σχέσεις πέρας ἡμῖν τῆς θεωρίας, ὡς ἐν πρώτῃ λαμβάνουσιν εἰσαγωγῇ· ἔστι δέ τις γλαφυρωτέρα ἔφοδος καὶ ἀναγκαιοτάτη πρὸς πᾶσαν τὴν τῶν ὅλων φυσιολογίαν, ἥτις ἡμῖν σαφέστατα καὶ ἀναμφιλέκτως παρίστησιν,

23. Vielfach-*epi-meres*-Beziehung und Hervorbringung der Zahlenverhältnisse aus der Gleichheit

(1) Vielfach-*epi-meres* ist die verbleibende Zahlenbeziehung. Diese – und die mit der Vorsilbe »kehr-« (*hypo-*) umgekehrt benannte – Beziehung liegt vor, wenn eine Zahl in sich die ganze verglichene Zahl mehr als einmal – also zweimal, dreimal oder beliebig oft – plus außerdem mehr als einen gewissen Teil davon enthält, entweder 2 oder 3 oder 4 oder 5 und so weiter.
(2) Diese Teile sind wegen des zuvor Gesagten (I 20,2) keine Hälften, sondern Drittel, Viertel oder Fünftel und weiter nach der gleichen Reihenfolge.
(3) Aus dem, was bereits gesagt wurde, ist es nicht schwer, sich die Erscheinungsformen dieser Beziehung vorzustellen, denn sie sind in gleicher Weise und in Übereinstimmung mit denen, die vorausgehen, mannigfaltig: Doppel-*epi-dimeres* ($2\frac{2}{n}$), dann Doppel-*epi-tri-meres* ($2\frac{3}{n}$), Doppel-*epi-tetrameres* ($2\frac{4}{n}$) und analog. Zum Beispiel ist 8 von 3 ein Doppel-*epi-dimeres* (und zwar der Doppel-*epi-di-tritos* $2\frac{2}{3}$) und 16 von 6 ein Doppel-*epi-dimeres*, und im Allgemeinen sind die Zahlen, die von 8 beginnen und sich um 8 unterscheiden, Doppel-*epi-dimereis* von denen, die von 3 beginnen und sich um 3 unterscheiden, wenn man gleichplatzierte Werte mit gleichplatzierten vergleicht; auch bei den anderen Erscheinungsformen könnte man ihre richtige Reihenfolge finden, indem man das bereits Gesagte befolgt. Auch in diesem Fall muss man sich vorstellen, dass mit der Vorsilbe »kehr-« (*hypo-*) die umgekehrte Benennung der verglichenen Zahl erfolgt und entsprechende Änderungen erfährt.
(4) Und so kommen wir zum Ende unserer Betrachtungen über die zehn arithmetischen Beziehungen für eine erste Einführung. Es gibt jedoch eine sehr raffinierte und für die gesamte Naturphilosophie notwendige Methode, die uns sehr klar und unbestreitbar die Tatsache vor Augen führt, dass das, was gerecht und begrenzt ist und sich dem Verstehen unterwirft, natürlich vor dem Unbegrenzten,

[65] ὅτι πρῶτον μὲν τὸ καλὸν καὶ ὡρισμένον καὶ ὑπὸ ἐπιστήμην πῖπτον φύσει προγενέστερον τοῦ ἀορίστου καὶ ἀπεριλήπτου καὶ αἰσχροῦ, εἶτα ὅτι καὶ τὰ τοῦ ἀπείρου καὶ ἀορίστου μέρη καὶ εἴδη ὑπ' ἐκείνου μορφοῦται καὶ περαίνεται καὶ τοῦ προσήκοντος κόσμου καὶ εὐταξίας τυγχάνει καὶ ὥσπερ ὑπὸ σφραγιστῆρός τινος ἢ μέτρου πάντα τὰ ἐμπίπτοντα μεταλαμβάνει τῆς ὁμοιότητος καὶ ὁμωνυμίας· οὕτω γὰρ εὐλόγως καὶ τὸ τῆς ψυχῆς λογικὸν τοῦ ἀλόγου κοσμητικὸν ἔσται καὶ ὁ θυμὸς καὶ ἡ ἐπιθυμία ἐν τοῖς τῆς ἀνισότητος δυσὶν εἴδεσι τεταγμένα ὑπὸ τοῦ διανοητικοῦ εὐτακτηθήσονται ὡς ὑπό τινος ἰσότητος καὶ ταυτότητος.

(5) ἐκ δὲ τῆς ἀπισώσεως ταύτης ὀρθῶς ἡμῖν ἀποβήσονται αἱ λεγόμεναι ἠθικαὶ ἀρεταί, σωφροσύνη, ἀνδρεία, πρᾳότης, ἐγκράτεια, καρτερία καὶ αἱ ὅμοιαι.
(6) φέρε οὖν ἐπισκεψώμεθα, ποταπὸν τὸ εἰς τὰ φυσικὰ ταῦτα συντεῖνον θεώρημα· ἔστι δὲ ἀποδεικτικὸν τοῦ ἀπ' ἰσότητος μονωτάτης καὶ πρωτίστης οἷον μητρός τινος καὶ ῥίζης γεννᾶσθαι πάντα τὰ τῆς ἀνισότητος ποικίλα εἴδη καὶ εἰδῶν διαφοράς.

(7) προκείσθωσαν γὰρ ἡμῖν ἐν τρισὶν ὅροις ἶσοί τινες ἀριθμοί, πρῶτον μὲν μονάδες, εἶτα δυάδες ἐν ἄλλοις τρισίν, εἶτα τριάδες, καὶ ἑξῆς τετράδες, ἔπειτα πεντάδες, καὶ τοῦτο μέχρις οὗ βούλει· οὕτω γὰρ τῆς [66] τούτων ἐκθέσεως θείῳ τινὶ καὶ οὐκ ἀνθρωπίνῳ λόγῳ, ἀλλ' ἀπὸ φύσεως αὐτῆς γεγονυίας πρῶτοι μὲν γενήσονται πολλαπλάσιοι, καὶ τούτων αὐτῶν ἡγήσεται μὲν διπλάσιος, μετ' αὐτὸν δὲ τριπλάσιος, ἐπὶ δὲ τούτῳ τετραπλάσιος, εἶτα πενταπλάσιος, καὶ κατὰ τὴν προεπιγνωσθεῖσαν ἡμῖν τάξιν ἐπ' ἄπειρον· δεύτερος δὲ ἐπιμόριος, καὶ τούτου πάλιν ἡγήσεται τὸ πρώτιστον εἶδος ἡμιόλιος, ἐπὶ τούτῳ δὲ τὸ μετ' αὐτὸ ἐπίτριτος,

Unbegreiflichen und Hässlichen liegt, und darüber hinaus, dass die Teile und Erscheinungsformen des Unendlichen und Unbegrenzten durch das Erstere Erscheinungsform und Grenzen erhalten und dadurch zu ihrer angemessenen Ordnung und Reihenfolge gelangen, und wie Gegenstände, die unter irgendein Siegel oder Teiler gebracht werden, alle eine gewisse Ähnlichkeit mit ihm und Ähnlichkeit des Namens gewinnen, wenn sie unter seinen Einfluss geraten, denn so ist es vernünftig, dass der rationale Teil der Seele der Agent sein wird, der den irrationalen Teil in Ordnung bringt, und Leidenschaft und Appetit, die in den beiden Erscheinungsformen der Ungleichheit platziert sind, werden vom Denkvermögen wie durch eine Art Gleichheit und Identität reguliert werden.

(5) Und aus diesem Ausgleichsvorgang werden für uns die sogenannten ethischen Tugenden, Nüchternheit, Mut, Sanftmut, Selbstbeherrschung, Tapferkeit und dergleichen, richtig resultieren.

(6) Auf, lasst uns nun die Natur des Prinzips betrachten, das sich auf diese universellen Angelegenheiten bezieht. Es ist in der Lage zu beweisen, dass aus der Gleichheit als alleiniger und allererster, wie aus einer Mutter und einer Pflanzenwurzel (s. o. I 2,5), alle mannigfaltigen Erscheinungsformen der Ungleichheit und die Unterschiede dieser Erscheinungsformen entstehen.

(7) Gegeben seien uns in drei Werten bestimmte gleiche Zahlen, zuerst Monaden (1, 1, 1), dann Dyaden (2, 2, 2) in drei anderen, dann 3, als nächstes 4, danach 5 und so weiter, so weit man will. Da die Reihe dieser Werte durch eine göttliche und nicht menschliche Erfindung, nein, durch die Natur selbst zustande gekommen ist, werden (gemäß der später angegebenen Regel, s. u. I 23,8) als erste die Vielfachen entstehen, und unter diesen wird das Doppelte an der Spitze stehen, danach das Dreifache, als nächstes das Vierfache, dann das Fünffache, und nach der Ordnung, die wir vorher erkannt haben, unendlich weit; als zweites der *epi-morios*, und bei diesem wiederum wird als allererste Erscheinungsform der *hemi-olios* (1½) an der Spitze stehen, und der nächste danach ist der *epi-tritos* (1⅓), und nach ihnen

ἐπὶ δὲ τούτοις ὁ τάξει ἑξῆς ἐπιτέταρτος καὶ ἐπίπεμπτος καὶ ἔφεκτος καὶ ἀνάλογον ἐπ' ἄπειρον· τρίτον δὲ τὸ ἐπιμερές, καὶ πάλιν αὐτοῦ τούτου ἐπιδιμερὲς μὲν ἡγήσεται, ἕπεται δ' εὐθὺς ἐπὶ τούτῳ τὸ ἐπιτριμερές, εἶτα τὸ ἐπιτετραμερές, καὶ εὐθὺς τὸ ἐπιπενταμερές, καὶ μέχρις ἂν προχωρῇ τις ἀκολούθως τοῖς ἔμπροσθεν.

(8) προστάγματα οὖν τινα δεῖ ἔχειν οἷον νόμους φυσικοὺς ἀπαρεγκλίτους καὶ ἀπαραβάτους, οἷς πᾶσα ἡ προλεχθεῖσα πρόβασις καὶ προχώρησις ἀπὸ τῆς ἰσότητος εὐοδώσει μὴ λειποτακτουμένη· τὰ δὲ προστάγματα ταῦτά ἐστι, πρῶτον πρώτῳ ἴσον ποιῆσαι, δεύτερον δὲ πρώτῳ ἅμα καὶ δευτέρῳ, τρίτον δὲ πρώτῳ καὶ δυσὶ δευτέροις ἅμα καὶ τρίτῳ· γένοιτο γὰρ μετὰ τούτων τῶν νόμων πλάσσοντί σοι εὐθὺς μὲν τὰ τοῦ πολλαπλασίου ἅπαντα εἴδη τάξει ἐκ τῶν τῆς ἰσότητος [67] τριῶν ἐκκειμένων ὅρων οἷον βλαστάνοντα καὶ ἐκφυόμενα, σοῦ μηδὲν ἐπιτηδεύοντος μηδὲ συλλαμβάνοντος·

καὶ ἐκ μὲν ἰσότητος εὐθὺς τὸ διπλάσιον, ἐκ δὲ διπλασίου εὐθὺς τὸ τριπλάσιον, ἐκ δὲ τριπλασίου ἑξῆς τὸ τετραπλάσιον καὶ ἐκ τούτου τὸ πενταπλάσιον εὐτάκτως καὶ τοῦτο μέχρις ἀεί.

(9) ἐκ δὲ αὐτῶν τούτων τῶν εὐτάκτως πολλαπλασίων ἀναστραφέντων εὐθὺς γεννῶνται φύσει τινὶ ἀναγκαίᾳ διὰ τῶν αὐτῶν τριῶν προσταγμάτων οἱ ἐπιμόριοι, καὶ οὗτοι οὐχ ὡς ἔτυχεν οὐδὲ ἀτάκτως, ἀλλὰ τῇ προσηκούσῃ ἀκολουθίᾳ· ἐκ μὲν τοῦ πρώτου διπλασίου ἀναστραφέντος ὁ πρῶτος ἡμιόλιος, ἐκ δὲ τοῦ δευτέρου τριπλασίου ὁ ἐν ἐκείνοις δεύτερος ἐπίτριτος, εἶτα ἐπιτέταρτος ἐκ τετραπλασίου, καὶ ἁπλῶς ἕκαστος ἀπ' ἐκείνου, ᾧ παρώνυμός ἐστιν.

(10) ἀπὸ δὲ ἄλλης ἀρχῆς αὐτῶν τῶν ἐπιμορίων ἐκκειμένων, ὥσπερ καὶ ἀνεφύησαν, ἀναστρόφως μέντοι, γεννῶνται οἱ φύσει

als nächster in der Ordnung der *epi-tetartos* ($1\frac{1}{4}$), der *epi-pemptos* ($1\frac{1}{5}$), der *ep-hektos* ($1\frac{1}{6}$) und analog unendlich weit; als drittes der *epi-meres*, und wiederum bei diesem wird ein *epi-di-meres* ($1\frac{2}{n}$) an der Spitze stehen, sogleich darauf wird ein *epi-tri-meres* ($1\frac{3}{n}$) folgen, dann ein *epi-tetra-meres* ($1\frac{4}{n}$), dann sogleich ein *epi-penta-meres* ($1\frac{5}{n}$) – und so weit man gehen kann, folgt es dem Vorangegangenen.

(8) Nun muss man bestimmte Regeln wie unveränderliche und unübertretbare Naturgesetze haben, nach denen das Gesamte voranschreiten und von der Gleichheit fortschreiten kann, ohne zu scheitern. Dies sind folgende Regeln: Man mache das Erste gleich dem Ersten, das Zweite gleich dem Ersten plus dem Zweiten und das Dritte gleich dem Ersten plus dem Doppelten des Zweiten plus dem Dritten (aus a, b, c wird x, y, z mit $x = a$, $y = a + b$, $z = a + 2b + c$); denn wenn man nach diesen Gesetzen vorgeht, wird man sogleich alle Erscheinungsformen des Vielfachen aus den drei aufgeführten Werten der Gleichheit in Ordnung bringen, sozusagen sprießen und wachsen, ohne dass man darauf achtet oder irgendeine Hilfe anbietet.

Aus der Gleichheit wird man sogleich das Doppelte bekommen (aus 1, 1, 1 wird 1, 2, 4; aus 2, 2, 2 wird 2, 4, 8 usw.); aus dem Doppelten sogleich das Dreifache (aus 1, 2, 4 wird 1, 3, 9; aus 2, 4, 8 wird 2, 6, 18 usw.), aus dem Dreifachen dann das Vierfache und aus diesem das Fünffache und so weiter geordnet.

(9) Aus diesen geordneten Vielfachen entstehen in umgedrehter Reihenfolge sogleich durch eine Art natürlicher Notwendigkeit durch die Vermittlung der gleichen drei Regeln der *epi-morios*, und diese nicht wie es der Zufall will und unregelmäßig, sondern in ihrer richtigen Reihenfolge; denn aus dem umgedrehten ersten, dem Doppelten (4, 2, 1), entsteht der erste (4, 6, 9), der *hemi-olios* ($1\frac{1}{2}$), und aus dem zweiten, dem Dreifachen (9, 3, 1), der zweite von jenen (9 12, 16), der *epi-tritos* ($1\frac{1}{3}$), dann der *epi-tetartos* ($1\frac{1}{4}$) aus dem Vierfachen und schlicht jedes aus dem, das ihm gleichnamig ist.

(10) Und wieder von einem anderen Anfang aus, wenn die *epi-morioi* aufgeführt werden, wie sie entstanden sind, allerdings umgedreht,

μετ᾽ αὐτοὺς ἐπιμερεῖς· ἀπὸ μὲν τοῦ ἡμιολίου ἐπιδιμερής, ἀπὸ δὲ τοῦ ἐπιτρίτου ἐπιτριμερὴς καὶ ἐπιτετραμερὴς ἐκ τοῦ ἐπιτετάρτου καὶ ἐπ᾽ ἄπειρον τῇ αὐτῇ ἀναλογίᾳ.

(11) μὴ ἀναστρεφομένων δέ, ἀλλ᾽ ὀρθῶς ἐκκειμένων τῶν εὐτάκτων ἐπιμορίων γεννῶνται διὰ τῶν αὐτῶν προσταγμάτων οἱ πολλαπλασιεπιμόριοι· διπλασιεφήμισυς μὲν ἐκ τοῦ πρώτου ἡμιολίου, διπλασιεπίτριτος δὲ ἐκ τοῦ δευτέρου ἐπιτρίτου, διπλασιεπιτέταρτος δὲ ἐκ τοῦ τρίτου ἐπιτετάρτου, [68] καὶ ἀεὶ οὕτως.

(12) ἐκ δὲ τῶν ἐξ ἀναστροφῆς τῶν ἐπιμορίων γεννηθέντων, τουτέστι τῶν ἐπιμερῶν, καὶ τῶν μὴ ἐξ ἀναστροφῆς, τουτέστι πολλαπλασιεπιμορίων, πάλιν τῷ αὐτῷ τρόπῳ διὰ τῶν αὐτῶν προσταγμάτων ἀπογεννῶνται ὀρθῶς τε κειμένων καὶ ἀναστρεφομένων οἱ τὰς λοιπὰς σχέσεις ἐμφαίνοντες ἀριθμοί.

(13) πάντων δὲ τῶν προειρημένων, γενέσεώς τε αὐτῶν καὶ τάξεως, ὀρθότητός τε καὶ ἀναστροφῆς ὑποδείγματα ἀρκείτω ἡμῖν πρὸς ὑπόμνησιν τὰ τοσαῦτα.
(14) ἐκ μὲν τῆς ἐν ἡμιολίοις σχέσεως καὶ ἀναλογίας ἀνεστραμμένης ἐκ τοῦ μείζονος ὅρου συνίσταται σχέσις ἐν ἐπιμερέσι λόγοις ἐπιδίτριτος, ἀπὸ δὲ τοῦ ἐλάττονος κειμένης ὀρθῶς πολλαπλασιεπιμόριος ἤτοι διπλασιεφήμισυς, ὡς ἀπὸ τοῦ θ, ς, δ ἤτοι θ, ιε, κε ἢ δ, ι, κε·

ἐκ δὲ τῆς ἐν ἐπιτρίτοις ἀπὸ μὲν τοῦ μείζονος ἐπιμερὴς ἤτοι τρισεπιτέταρτος, ἀπὸ δὲ τοῦ ἐλάσσονος διπλασιεπίτριτος, ὡς ἐκ τοῦ

werden die *epi-mereis*, die ihnen von Natur aus folgen, entstehen: aus dem *hemi-olios* (9, 6, 4) ein *epi-di-meres* (9, 15, 25, also der *epi-di-tritos* 1⅔), aus dem *epi-tritos* (16, 12, 9) ein *epi-tri-meres* (16, 28, 49, also der *epi-tri-tetartos* 1¾), aus dem *epi-tetartos* ein *epi-tetra-meres* und unendlich in dieser Proportionen weiter.

(11) Wenn jedoch die *epi-morioi* nicht umgedreht, sondern direkt geordnet aufgeführt werden, entstehen durch dieselben Regeln die Vielfach-*epi-morioi*: der Doppel-*hemi-olios* (-*ephemisys*, 2½) aus dem ersten, dem *hemi-olios* (aus 4, 6, 9 wird 4, 10, 25), der Doppel-*epi-tritos* (2⅓) aus dem zweiten, dem *epi-tritos* (aus 9, 12, 16 wird 9, 21, 49), der Doppel-*epi-tetartos* (2¼) aus dem dritten, dem *epi-tetartos*, und so weiter.

(12) Von denjenigen, die durch die Umdrehung der *epi-morioi* erzeugt werden, das sind die *epi-mereis*, und von denjenigen ohne Umdrehung, das sind die Vielfach-*epi-morioi*, werden wiederum auf die gleiche Weise und nach den gleichen Regeln, sowohl in direkter als auch in umgedrehter Reihenfolge, die Zahlen erzeugt, welche die restlichen Zahlenbeziehungen zeigen.

(13) Von allem bisher Besprochenen – Entstehung der Zahlen, Ordnung, direkte und umgedrehte Reihenfolge – sollen uns die folgenden Beispiele zur Veranschaulichung genügen.

(14) Aus der Beziehung im *hemi-olios*-Verhältnis (1½) und aus der umgedrehten Proportion ergibt sich bei Beginn mit dem größten Wert eine Beziehung in *epi-meres*-Verhältnissen, der *epi-di-tritos* (1⅔); bei Beginn mit dem kleinsten Wert, also in direkter Reihenfolge, ein Vielfach-*epi-morios*, nämlich der Doppel-*hemi-olios* (-*ephemisys*, 2½); zum Beispiel: Aus 9, 6, 4 wird entweder 9, 15, 25 oder 4, 10, 25.

Aus der *epi-tritos*-Beziehung (1⅓) wird bei Beginn mit dem größten Wert ein *epi-meres*, nämlich der *epi-tri-tetartos* (*trisepitetartos*, 1¾);* bei

---

* Die in I 23,13–17 in der Edition von HOCHE 1866 aufgrund der handschriftlichen Überlieferung verwendeten und hier transkribierten Begriffe entsprechen nicht immer denen, die NIKOMACHOS sonst nutzt (s. o. I 21,2) und die hier der *Codex Cizensis* (s. o. S. 15) bietet.

ις, ιβ, θ ἤτοι ις, κη, μθ ἢ θ, κα, μθ· [69] ἐκ δὲ τῆς ἐν ἐπιτετάρτοις ἀπὸ μὲν τοῦ ὑπερέχοντος ἐπιμερὴς ἤτοι τετρακισεπίπεμπτος, ἐκ δὲ τοῦ ἐλάττονος πολλαπλασιεπιμόριος ἤτοι διπλασιεπιτέταρτος, ὡς ἐκ τοῦ κε, κ, ις ἤτοι κε, μδ, πα ἢ ις, λς, πα.

(15) ἐπὶ πασῶν δὲ τῶν διαζευχθεισῶν καὶ ἀφ' ἧς ἀμφότεραι, ὁ μὲν ἔσχατος τετράγωνος ὁ αὐτὸς μένει, ὁ δὲ πρῶτος εἰς τὸν ἐλάττονα μεταβαίνει, πάντως δὲ οἱ ἄκροι τετράγωνοι.

(16) ἀλλὰ μὴν καὶ ἑτέρως ἐκ τῶν ἐπιμερῶν οἱ πολλαπλασιεπιμερεῖς καὶ ἑτερογενεῖς ἐπιμερεῖς ἀναφαίνονται, οἷον ἐκ μὲν τῆς δισεπιτρίτου ἀπὸ μὲν τοῦ ἐλάττονος ὅρου ἡ διπλασία καὶ δισεπίτριτος· ἐκ δὲ τοῦ μείζονος ἡ τρισεπίπεμπτος, ὡς ἐκ τοῦ θ, ιε, κε ἤτοι θ, κδ, ξδ ἢ κε, μ, ξδ· ἐκ δὲ τῆς τρισεπιτετάρτου ἐκ μὲν τοῦ μικροτέρου ἡ διπλασία καὶ τρισεπιτέταρτος, ἐκ δὲ τοῦ μείζονος ἡ τετρακισεφέβδομος, ὡς ἐπὶ τοῦ [70] ις, κη, μθ ἤτοι ις, μδ, ρκα ἢ μθ, οζ, ρκα.

(17) πάλιν δὲ ἐκ τῆς τετρακισεπιπέμπτου, οἷον τῆς κε, μδ, πς, ἀπὸ μὲν τοῦ ἐλάσσονος ἡ διπλασία καὶ τετρακισεπίπεμπτος ἐν τοῖς, κε, ο, ρϛ, ἀπὸ δὲ τοῦ μείζονος πάλιν ἐπιμερὴς ἢ πεντακισεπένατος ὡς ἐν τοῖς πα, ρκς, ρϛ, καὶ κατὰ τὰ ἑξῆς ἐπ' ἄπειρον ἀνάλογα καὶ εὐάρμοστα εὑρήσεις.

Beginn mit dem kleinsten Wert der Doppel-*epi-tritos* ($2\frac{1}{3}$); zum Beispiel: Aus 16, 12, 9 wird entweder 16, 28, 49 oder 9, 21, 49. Aus der *epi-tetartos*-Beziehung ($1\frac{1}{4}$) wird bei Beginn mit dem größten Wert ein *epi-meres*, nämlich der *epi-tetra-pemptos* (*tretrakisepipemptos*, $1\frac{4}{5}$); bei Beginn mit dem kleinsten Wert ein Vielfach-*epi-morios*, nämlich der Doppel-*epi-tetartos* ($2\frac{1}{4}$); zum Beispiel: Aus 25, 20, 16 wird entweder 25, 45, 81 oder 16, 36, 81.

(15) Bei all diesen Verbindungen und bei Beginn mit beiden Werten bleibt der letzte, quadratische Wert unverändert und der erste verwandelt sich in den kleinsten; die Randwerte sind stets Quadrate.

(16) Außerdem werden auch anders aus den *epi-meres* die Vielfach-*epi-mereis* und andersartige *epi-mereis* sichtbar; zum Beispiel aus dem *epi-di-tritos* (*disepitritos*, $1\frac{2}{3}$) bei Beginn mit dem kleinsten Wert der Doppel-*epi-di-tritos* (Doppel-und-*disepitritos*, $2\frac{2}{3}$), bei Beginn mit dem größten Wert der *epi-tri-pemptos* (*trisepipemptos*, $1\ \frac{3}{5}$): aus 9, 15, 25 also entweder 9, 24, 64 oder 25, 40, 64; zum Beispiel aus dem *epi-tri-tetartos* (*trisepitetartos*, $1\frac{3}{4}$) bei Beginn mit dem kleinsten Wert der Doppel-*epi-tri-tetartos* (Doppel-*trisepitetartos*, $2\frac{3}{4}$) darin, bei Beginn mit dem größten Wert den *epi-tetra-hebdomos* (*tetrakisephebdomos*, $1\frac{4}{7}$) aus 16, 28, 49 also entweder 16, 44, 121 oder 49, 77, 121;

(17) wiederum zum Beispiel aus dem *epi-tetra-pemptos* (*tetrakisepipemptos*, $1\frac{4}{5}$) – etwa 25, 45, 81 – bei Beginn mit dem kleinsten Wert der Doppel-*epi-tetra-pemptos* (Doppel-und-*tetrakisepipemptos*, $2\frac{4}{5}$) daraus – 25, 70, 196 –, bei Beginn mit dem größten Wert wiederum ein *epi-meres*, nämlich der *epi-pent-enatos* (*pentakisepenatos*, $1\frac{5}{9}$) – 81, 126, 196. Und das Folgende wird man unendlich weit analog und in Übereinstimmung finden.

[73]

ΝΙΚΟΜΑΧΟΥ ΓΕΡΑΣΗΝΟΥ ΠΥΘΑΓΟΡΙΚΟΥ ΑΡΙΘΜΗΤΙΚΗΣ ΕΙΣΑΓΩΓΗΣ ΤΩΝ ΕΙΣ ΔΥΟ ΤΟ ΔΕΥΤΕΡΟΝ

α.

(1) ἐπειδὴ στοιχεῖον λέγεται καὶ ἔστιν, ἐξ οὗ ἐλαχίστου συνίσταται τι καὶ εἰς ὃ ἐλάχιστον ἀναλύεται – οἷον γράμματα μὲν τῆς ἐγγραμμάτου φωνῆς στοιχεῖα λέγεται, ἐξ αὐτῶν τε γὰρ ἡ σύστασις τῆς συμπάσης ἐνάρθρου φωνῆς καὶ εἰς αὐτὰ ἔσχατα ἀναλύεται· φθόγγοι δὲ μελῳδίας ἁπάσης, ἀφ᾽ ὧν ἄρχεται συγκρίνεσθαι καὶ εἰς οὓς ἀναλύεται· κοινῇ δὲ τοῦ κόσμου τὰ λεγόμενα τέσσαρα στοιχεῖα ἁπλᾶ ὑπάρχει [74] σώματα, πῦρ, ὕδωρ, ἀήρ, γῆ· ἐκ γὰρ πρωτίστων αὐτῶν ἡ σύστασις τοῦ παντὸς φυσιολογεῖται καὶ εἰς αὐτὰ ἔσχατα ἐπινοεῖται ἡ ἀνάλυσις –, ἀποδεῖξαι δὲ βουλόμεθα, ὅτι καὶ ἡ ἰσότης στοιχεῖόν ἐστι τοῦ πρός τι ποσοῦ· τοῦ γὰρ ἁπλῶς καὶ καθ᾽ αὑτὸ ποσοῦ μονὰς ἦν καὶ δυὰς τὰ ἀρχικώτατα στοιχεῖα, ἐξ ὧν ἐλαχίστων καὶ ἐπ᾽ ἄπειρον ἀεὶ συνίσταται καὶ αὔξεται καὶ ἐπὶ τὸ μεῖον ἀναλυόμενον ἵσταται.

(2) ἀλλὰ τὴν μὲν ἐπὶ τῆς ἀνισότητος προκοπὴν καὶ ἐπαύξησιν ἀπεδείξαμεν ἀπὸ ἰσότητος γινομένην ἐπὶ πάσας ἁπλῶς τὰς σχέσεις μετά τινος εὐταξίας διὰ τριῶν προσταγμάτων· λοιπὸν δ᾽, ἵν᾽ ὡς ἀληθῶς στοιχεῖον ᾖ, ἀποδεικνύειν, ὅτι καὶ αἱ ἀναλύσεις ἐπ᾽ αὐτὴν ἐσχάτην περαιοῦνται· ἔφοδον ἰστέον τοιαύτην καθολικήν.

NIKOMACHOS VON GERASA, PYTHAGOREER: EINFÜHRUNG IN DIE ARITHMETIK IN ZWEI BÜCHERN, BUCH II

1. Elemente und Gleichheit

(1) Da, wie man sagt und wie es ist, ein Element das kleinste Ding ist, aus dem etwas entspringt und in das etwas zerlegt wird – Buchstaben sind, wie man sagt, die Elemente der aufgeschriebenen Stimme, aus denen alles artikulierte Sprechen zusammengesetzt ist und in die es zerlegt wird; Laute sind die Elemente jeder Melodie, denn mit ihnen beginnt ihre Zusammensetzung und in sie wird sie zerlegt; allgemein sind die vier Elemente des Kosmos einfache Körper, nämlich Feuer, Wasser, Luft und Erde; aus diesen als allerersten wird die Zusammensetzung des Alls naturphilosophisch erklärt und in diese stellt man sich ihre Zerlegung vor –, wollen wir auch beweisen, dass die Gleichheit das elementare Prinzip des relativen »Wie viel?« ist. Von dem schlichten »Wie viel?« sind die Monade (1) und die Dyade (2) die ganz am Anfang stehenden Elemente, aus denen als kleinsten Dingen sie unendlich weit entspringt und wächst und mit deren Zerlegung in das Kleinste sie endet.
(2) Wir haben jedoch gezeigt, dass bei der Ungleichheit Fortschritt und Wachstum ihren Ursprung in der Gleichheit haben und durch die Anwendung der drei Regeln (s.o. I 23,8) zu schlicht allen Beziehungen mit einer gewissen Regelmäßigkeit übergehen. Um zu zeigen, dass es wahrhaft ein Element ist, bleibt zu beweisen, dass auch die Zerlegungen schließlich in der Gleichheit enden. Dieses Verfahren also wollen wir universell betrachten.

β.

(1) δοθέντων σοι τριῶν ὅρων ἐν ᾑτινιοῦν σχέσει καὶ ἀναλογίᾳ, εἴτε πολλαπλασίῳ εἴτε ἐπιμορίῳ εἴτε ἐπιμερεῖ εἴτε συνθέτῳ ἀπὸ τούτων πολλαπλασιεπιμορίῳ ἤτοι πολλαπλασιεπιμερεῖ, μόνον ἵνα ἐν τῷ αὐτῷ λόγῳ ὁ μέσος πρὸς τὸν ἐλάττονα θεωρῆται, ἐν ᾧ ὁ μείζων πρὸς τὸν μέσον ἢ ἀνάπαλιν, αἰεὶ τὸν ἐλάττονα ἀφαίρει ἀπὸ τοῦ μέσου, ἐάν τε πρῶτος ᾖ κείμενος ἐάν τε ἔσχατος, καὶ τίθει αὐτὸν μὲν τὸν [75] ἐλάσσονα πρῶτον ὅρον, τὸ δὲ λειφθὲν ἀπὸ τοῦ δευτέρου μετὰ τὴν ἀφαίρεσιν δεύτερον τάσσε ὅρον, ἑνὸς δὲ τοιούτου πρώτου καὶ δύο τοιούτων δεύτερων ἀφαιρεθέντων ἀπὸ τοῦ λοιποῦ, τουτέστιν ἀπὸ τοῦ μείζονος τῶν δοθέντων σοι, τὸ λειπόμενον ποίει τρίτον ὅρον καὶ ἔσονται αἱ γινόμεναι ἐν ἄλλῃ τινὶ σχέσει προγενεστέρᾳ κατὰ φύσιν.

(2) πάλιν δὲ ἀπ᾽ αὐτῶν τούτων τῷ αὐτῷ τρόπῳ ἂν ἀφέλῃς ὅρον τὸ λειπόμενον, οἱ τρεῖς ὅροι ἀναπεποδισμένοι σοι εὑρεθήσονται εἰς πυθμενικωτέρους ἄλλους τρεῖς, καὶ τοῦτο ἀεὶ ἀκόλουθον εὑρήσεις γινόμενον, μέχρις ἂν εἰς ἰσότητα ἀναχθῶσιν· ἐξ οὗ πᾶσα ἀνάγκη δηλονότι ἀποφαίνεσθαι, τῆν ἰσότητα τοῦ πρός τι ποσοῦ στοιχεῖον πάντως εἶναι.

(3) παρέπεται δὲ τῇ τοιαύτῃ θεωρίᾳ ἐμμουσότατόν τι θεώρημα καὶ χρησιμώτατον εἴς τε τὴν Πλατωνικὴν ψυχογονίαν καὶ εἰς τὰ ἁρμονικὰ διαστήματα πάντα· κελευόμεθα γὰρ ἐκεῖ πυκνῶς λόγου χάριν ἀποστῆσαι ἐφεξῆς δύο ἡμιολίους λόγους ἢ τρεῖς ἢ τέσσαρας ἢ πέντε ἢ ἐπ᾽ ἄπειρον ἢ δύο ἐπιτρίτους ἢ ἐπιτετάρτους ἢ ἐπογδόους ἢ οἵους δήποτε ἐπιμορίους καὶ καθ᾽ ἕκαστον αὐτῶν ἢ τρεῖς ἢ τέσσαρας ἢ πέντε ἢ μέχρις ὅσων τις προστάσσει.

2. Rückführung der Zahlenverhältnisse auf die Gleichheit

(1) Angenommen, man gibt dir drei Werte von beliebiger Beziehung und Proportion, gleich ob vielfach, *epi-morios*, *epi-meres* oder daraus verbunden Vielfach-*epi-morios* oder Vielfach-*epi-meres* (s. o. I 18–23), vorausgesetzt nur, dass der Mittelwert als in dem gleichen Verhältnis zum kleineren wie der größere zum Mittelwert und umgekehrt betrachtet wird. Nun subtrahiere immer den kleinsten Wert vom Mittelwert, sei er der erste, sei er der letzte in der Reihenfolge; setze den kleinsten Wert selbst als den ersten Wert; das, was vom zweiten nach der Subtraktion übrig bleibt, setze als zweiten Wert; nachdem du einmal diesen ersten Wert und zweimal diesen zweiten Wert von der verbleibenden Zahl subtrahiert hast – also von der größten der dir gegebenen Zahlen – mache den Rest zum dritten Wert (aus x, y, z wird a, b, c mit $a = x$, $b = y - x$, $c = z - x - 2(y - x)$; s. o. I 23,8). Die resultierenden Zahlen werden in einer anderen Beziehung stehen, die von Natur aus vorherging.

(2) Und wenn du wiederum auf die gleiche Weise den Rest von denselben Werten abziehst, wird man feststellen, dass deine drei Werte wieder in drei grundlegendere andere übergegangen sind, und du wirst feststellen, dass dies immer folgerichtig geschieht, bis sie zur Gleichheit reduziert werden, woraus durch jede Notwendigkeit erkannt wird, dass die Gleichheit stets das elementare Prinzip des relativen »Wie viel?« ist.

(3) Es folgt auf diese Betrachtung ein sehr elegantes Theorem, sehr nützlich in seiner Anwendung auf die Psychogonie bei PLATON und das Problem aller harmonischen Intervalle. Dort nämlich werden wir häufig aufgefordert, um des Arguments willen Reihen von Intervallen zu bilden, aus zwei *hemi-olios*-Verhältnissen ($1\frac{1}{2}$) oder drei, vier, fünf oder einer unendlichen Anzahl, oder aus zwei *epi-tritoi* ($1\frac{1}{3}$), *epi-tetartoi* ($1\frac{1}{4}$), *ep-ogdooi* ($1\frac{1}{8}$) oder *epi-morioi* aller Art oder drei, vier, fünf oder so vielen, wie man anordnen kann.

(4) εὔλογον δέ ἐστι, μὴ ἰδιωτικῶς καὶ ἀνεπιστημόνως, ἔστι δὲ ὅτε καὶ διημαρτημένως τὸ τοιοῦτον ποιεῖν, ἀλλ' ἐντέχνως τε καὶ ἀπταίστως καὶ τάχιστα ἐφόδῳ τοιαύτῃ.

[76] γ.

(1) ἅπας πολλαπλάσιος τοσούτων ἐπιμορίων ἡγήσεται λόγων ἀντιπαρωνύμων αὐτῷ, ὁπόστος ἂν αὐτὸς ὢν τυγχάνῃ ἀπὸ μονάδος, οὔτε δὲ πλειόνων οὔτε ἐλαττόνων οὐδεμιᾷ μηχανῇ.

(2) διπλάσιοι μὲν οὖν ἡμιολίους φύσουσιν, ὁ πρῶτος ἕνα, ὁ δεύτερος δύο, ὁ τρίτος τρεῖς, ὁ τέταρτος τέσσαρας, ὁ πέμπτος πέντε, ὁ ἕκτος ἓξ καὶ οὔτε πλείονας οὔτε ἐλάττονας, ἀλλ' ἐξ ἀνάγκης πάσης, ὅταν τὴν σύμμετρον ποσότητα ἀπολάβωσιν οἱ γεννηθέντες ἐπιμόριοι ἰσάριθμοι γενόμενοι τοῖς γεννήσασι πολλαπλασίοις, τότε δὴ ἔκ τινος δαιμονίας μηχανῆς εὑρίσκεται ὁ πάντας περαίνων ἀριθμὸς ἀνεπίδεκτος ὢν φύσει ἐκείνου τοῦ μορίου, καθ' ὃ προέκοπτον οἱ ἐπιμόριοι·

ἀπὸ δὲ τῶν τριπλασίων οἱ ἐπίτριτοι πάντες προκόψουσι καὶ αὐτοὶ ἰσάριθμοι τοῖς γεννῶσιν οἱ γεννώμενοι καὶ περαιούμενοί γε μετὰ τὴν αὐτάρκειαν τῆς προκοπῆς εἰς ἀριθμοὺς μὴ ἐπιδεκτικοὺς τρίτου· καὶ ἐπιτέταρτοι δὲ κατὰ ταὐτὸν ἐκ τετραπλασίων ἐπικορύφωσιν λαμβάνοντες ἀριθμὸν μετὰ τὴν αὐτάρκη πρόβασιν τετάρτου μὴ ἐπιδεκτικόν.

(3) οἷον διπλασίων μὲν ὑποδείγματος χάριν ἰσαρίθμους γεννώντων ἡμιολίους ὁ μὲν ἄνω στίχος ἔσται πολλαπλασίων ὁ πρῶτος [77] α, β, δ, η, ις, λβ, ξδ· ἐπεὶ δὲ πρῶτός ἐστιν ὁ β μετὰ τὴν μονάδα, ἑνὸς κατάρξει οὗτος ἡμιολίου μόνου τοῦ γ, ὅστις ἡμίσους ἐπιδεκτικὸς οὐκ ἔστιν, ἵνα καὶ ἄλλος αὐτοῦ γένηται ἡμιόλιος· ὁ

(4) Es ist vernünftig, dass wir dies nicht auf laienhafte und unverständige Art und Weise tun sollten, vielleicht sogar ungeschickt, sondern fachgerecht, sicher und schnell, und zwar durch das folgende Vorgehen.

3. Vielfache und abgeleitete *epi-morioi*: Doppelte

(1) Jedes Vielfache wird an der Spitze so vieler ihm gegen-gleichnamiger *epi-morios*-Verhältnisse stehen, wie es eben selbst (im Diagramm, s. u. II 3,4) von 1 entfernt ist, nicht mehr und nicht weniger, auch nicht durch irgendeinen Kunstgriff.
(2) Die Doppelten werden also *hemi-olioi* hervorbringen, das erste eins, das zweite zwei, das dritte drei, das vierte vier, das fünfte fünf, das sechste sechs und nicht mehr und nicht weniger. Notwendigerweise findet sich jedes Mal, wenn die erzeugten *epi-morioi* das ihnen angemessene »Wie viel?« annehmen, indem sie dieselbe Zahl wie die erzeugenden Vielfachen erreichen, dann sozusagen durch eine göttliche Vorrichtung die Zahl, die sie alle beendet, weil sie nicht von Natur aus den Bruchteil birgt, durch den die *epi-morios*-Verhältnisse entwickelt wurden.
Von den Dreifachen entwickeln sich alle *epi-tritoi*, auch sie, bis sie dieselbe Zahl wie die erzeugenden Vielfachen erreichen, und kommen zum Ende, nachdem die Unabhängigkeit ihrer Entwicklung verloren ist in Zahlen, die kein Drittel bergen. Ebenso kommen die *epi-tetartoi* von den Vierfachen und erreichen einen Höhepunkt nach ihrem unabhängigen Fortschreiten in einer Zahl, die kein Viertel birgt.
(3) Wenn zum Beispiel die Doppelten die gleiche Zahl *hemi-olios*-Verhältnisse erzeugen, wird die obere, erste Zeile der Vielfachen 1, 2, 4, 8, 16, 32, 64 sein (s. u. im Diagramm). Da nun 2 die erste nach der Monade ist, wird sie der Ursprung nur eines einzigen *hemi-olios* sein, nämlich der 3, die keine Hälfte birgt, so dass kein weiterer

πρῶτος ἄρα διπλάσιος ἑνὸς μόνου γεννητικός ἐστιν ἡμιολίου, ὁ δὲ δεύτερος ὁ δ δυεῖν γεννητικὸς ἡμιολίων, αὐτοῦ μὲν γὰρ ὁ ς, τοῦ δὲ ς ὁ θ, τοῦ δὲ θ οὐκ ἔστιν ἄλλος, ἥμισυ γὰρ οὐκ ἔχει· ὁ δὲ η τρίτος ὢν διπλάσιος τριῶν ἡμιολίων ἔσται πατήρ, ἑνὸς μὲν τοῦ ιβ πρὸς αὐτόν, ἑτέρου δὲ τοῦ ιη πρὸς τὸν ιβ, τρίτου δὲ τοῦ κζ πρὸς τὸν ιη, τετάρτου δὲ οὐκέτι διὰ τὸ καθολικόν, ὁ γὰρ κζ ἥμισυ οὐκέτι ἐπιδέχεται· ὁ δὲ ις τέταρτος ὢν διπλάσιος τεσσάρων ἡγήσεται ἡμιολίων, τοῦ τε κδ, τοῦ λς, τοῦ νδ καὶ τοῦ πα τελευταίου, ἵνα ἰσάριθμοι ἀναγκαίως ὦσι τοῖς γεννήσασιν, ὁ γὰρ πα οὐκέτι ἥμισυ φύσει ἐπιδέχεται· καὶ τοῦτο μέχρις ἀπείρου προιών ἀνάλογον εὑρήσεις.

(4) οἷον ὑποδείξεως ἕνεκα γεγράφθω οὕτως διπλασίου διάγραμμα·

διπλασίων διάγραμμα

κατὰ τὸ πλάτος διπλάσιον

α	β	δ	η	ις	λβ	ξδ
	γ	ς	ιβ	κδ	μη	ϙς
		θ	ιη	λς	οβ	ρμδ
			κζ	νδ	ρη	σις
				πα	ρξβ	τκδ
					σμγ	υπς
						ψκθ

κατὰ τὴν ὑποτείνουσαν τριπλάσιον

κατὰ τὸ βάθος ἡμιόλιον

hemi-olios daraus entstehen könnte. Das erste Doppelte erzeugt also nur einen einzigen *hemi-olios*, aber das zweite, 4, erzeugt zwei *hemi-olioi*, nämlich seinen eigenen, 6, und den von 6, 9, aber von der 9 gibt es keinen weiteren, weil sie keine Hälfte hat. Die 8, das dritte Doppelte, ist der Vater von drei *hemi-olioi*, der eine sein eigener, 12, der zweite, 18, der von 12, und der dritte, 27, der von 18; einen vierten gibt es aber nicht wegen der universellen Regel, weil 27 keine Hälfte birgt. Die 16, das vierte Doppelte, wird an der Spitze von vier *hemi-olioi* stehen, 24, 36, 54 und schließlich 81, so dass sie notwendigerweise dieselbe Zahl erreichen wie die erzeugenden Vielfachen, denn 81 birgt nicht von Natur eine Hälfte. Und dies wird man analog weiter bis ins Unendliche finden.

(4) Um der Veranschaulichung willen soll die Tabelle der Doppelten aufgezeichnet werden:

Diagramm der Doppelten

Das doppelte Verhältnis in der Breite

1	2	4	8	16	32	64
	3	6	12	24	48	96
		9	18	36	72	144
			27	54	108	216
				81	162	324
					243	486
						729

Das dreifache Verhältnis entlang der Hypotenuse

Das *hemi-olios*-Verhältnis entlang der Tiefe

[78] δ.

τριπλασίου δὲ ὑπόδειγμα παραπλήσιον διαγράφειν δεῖ·

τριπλασίων διάγραμμα

κατὰ μὲν τὸ πλάτος τριπλάσιον

α	γ	θ	κζ	πα	σμγ	ψκθ
	δ	ιβ	λς	ρη	τκδ	ϡοβ
		ις	μη	ρμδ	υλβ	,ασϙς
			ξδ	ρϙβ	φος	,αψκη
				σνς	ψξη	,βτδ
					,ακδ	,γοβ
						,δϙς

κατὰ δὲ τὴν ὑποτείνουσαν τετραπλάσιον

κατὰ δὲ τὸ βάθος ἐπίτριτον

ἐν ᾧ κατὰ ταὐτὰ ὀψόμεθα τὸν μὲν πρῶτον τὸν γ ἑνὸς μόνου ἐπιτρίτου ἡγούμενον λόγου τοῦ δ πρὸς αὐτόν, ὅστις ἀποκλείει εὐθὺς ἑτέρου γένεσιν ὁμοίου· τρίτον γὰρ οὐκ ἐπιδέχεται ὁ δ, οὐκ ἄρα οὐδ' ἐπίτριτον ἕξει·

δεύτερος δὲ τριπλάσιός ἐστιν ὁ θ, διὰ τοῦτο δυεῖν μόνων ἐπιτρίτων κατάρξει λόγων τοῦ τε ιβ πρὸς αὐτὸν καὶ τοῦ ις πρὸς τὸν ιβ· ὁ δὲ ις ἀνακόπτει τὴν πρόβασιν λοιπόν, τρίτου γὰρ οὐκ ἔστιν ἐπιδεκτικός, διόπερ οὐδὲ ἐπίτριτόν τινα ἔχει ἐν ἑαυτῷ.
(2) ἑξῆς δὲ τέτακται τριπλάσιος ὁ κζ ἐν τρίτῃ ἀπὸ μονάδος χώρᾳ τριπλασίων προχωρούντων [79] α, γ, θ, κζ· διὰ τοῦτο τριῶν μόνων κατάρξει καὶ αὐτὸς ἐπιτρίτων λόγων, πλειόνων δὲ οὐδαμῶς· αὐτοῦ μὲν γὰρ πρῶτος ὁ λς, τούτου δὲ δεύτερος ὁ μη, τρίτος δὲ τούτου ὁ ξδ, ὃς οὐκέτι τρίτον μέρος ἔχει, διὸ οὐδ' ἐπιτρίτου δεκτικός, καὶ ὁ τέταρτος τεσσάρων ἡγεμών ἐστι λόγων καὶ ὁ πέμπτος δηλονότι πέντε.

4. Dreifache

(1) Wir müssen ein ähnliches Diagramm für das Dreifache erstellen:

Diagramm der Dreifachen

Das dreifache Verhältnis in der Breite

1	3	9	27	81	243	729
	4	12	36	108	324	972
		16	48	144	432	1296
			64	192	576	1728
				256	768	2304
					1024	3072
						4096

Das vierfache Verhältnis entlang der Hypotenuse

Das *epi-tritos*-Verhältnis ($1\frac{1}{3}$) entlang der Tiefe

Darin werden wir beobachten, dass das erste Dreifache, 3, an der Spitze von nur einem einzigen *epi-tritos*-Verhältnis steht, nämlich von 4, seinem eigenen, was sogleich die Entstehung von anderen gleichartigen unterbindet, denn 4 birgt kein Drittel und wird daher keinen *epi-tritos* haben.

Das zweite Dreifache ist 9 und wird daher der Ursprung von nur zwei *epi-tritos*-Verhältnissen sein, von 12, seinem eigenen, und 16, dem von 12; aber 16 schneidet den weiteren Fortschritt ab, denn es birgt kein Drittel und wird deshalb keinen *epi-tritos* in sich haben.

(2) Als nächstes kommt das Dreifache 27, im dritten Schritt von 1 beginnend, denn die Dreifachen schreiten so fort: 1, 3, 9, 27; daher wird auch dieses der Ursprung von nur drei *epi-tritos*-Verhältnissen sein und niemals mehr. Das erste ist sein eigenes, 36, davon das zweite, 48, das dritte davon 64, und dieses hat keinen dritten Teil und birgt daher keinen *epi-tritos*. Das vierte steht an der Spitze von vier Verhältnissen und das fünfte offenbar von fünf.

(3) τὸ δὲ ὑπόδειγμα τοιοῦτον· καὶ ἐπὶ τῶν λοιπῶν δὲ πολυπλασίων ὁ αὐτὸς τῶν διαγραμμάτων ἔστω σοι τρόπος παρατηροῦντι, ὅτι καὶ ἐνταῦθα ἡ φύσις, ὥσπερ καὶ ἐν τοῖς προτεχνολογηθεῖσιν εὕρομεν, προγενεστέρους ἡμῖν παρεμφαίνει διπλασίους μὲν τριπλασίων, τριπλασίους δὲ τετραπλασίων, τούτους δὲ πενταπλασίων, καὶ ἀεὶ οὕτως μέχρι παντός·
οἱ μὲν γὰρ ἐπὶ πλάτος στίχοι οἱ ἀνωτάτω, ἐὰν ὦσι διπλάσιοι, ὁμοίως ἕξουσι τοὺς ὑπ᾽ αὐτοὺς παραλλήλους κειμένους, τοὺς δὲ ὑποτείνοντας διαγωνίους τοῦ αὐτοῦ γένους τὸ συνεχὲς καὶ μονάδι μεῖζον εἶδος, ὅ ἐστι τριπλασίους, ἐν παραλλήλῳ ἐξετάσει θεωρουμένους· εἰ δ᾽ οἱ ἐπὶ πλάτος εἶεν τριπλάσιοι, πάντως οἱ διαγώνιοι ἔσονται τετραπλάσιοι, εἰ δὲ ἐκεῖνοι τετραπλάσιοι, εὐθὺς οὗτοι πενταπλάσιοι, καὶ τοῦτο μέχρις ἀεί.

[80] ε.

(1) λοιπὸν δεῖ, σαφηνίσαντας τὰς τῶν λόγων συνθέσεις, τίνων ἑτέρων ἀποδοτικαί εἰσι, μεταβῆναι ἐπὶ τὰ τῆς εἰσαγωγῆς ἀκόλουθα.
(2) οἱ πρῶτοι τοίνυν τοῦ ἐπιμορίου δύο λόγοι συλληφθέντες εἰς τὸ αὐτὸ γεννῶσι τὸν τοῦ πολλαπλασίου πρῶτον λόγον, τουτέστι τὸν διπλάσιον· πᾶς γὰρ διπλάσιος σύστημα ἔσται ἡμιολίου καὶ ἐπιτρίτου καὶ πᾶς ἡμιόλιος καὶ ἐπίτριτος συντεθέντες ἀποδοτικοὶ ἑνὸς διπλασίου πάντως ἔσονται·

οἷον ἐπεὶ ὁ γ ἡμιόλιος τοῦ β, ὁ δὲ δ ἐπίτριτος τοῦ γ, ἔσται τοῦ β ὁ δ διπλάσιος σύνθετος ὢν ἐξ ἡμιολίου καὶ ἐπιτρίτου· πάλιν ἐπεὶ ὁ ς διπλάσιός ἐστι τοῦ γ, εὑρήσομεν ἀνὰ μέσον αὐτῶν ἀριθμόν τινα τεταγμένον, ὃς ἐξ ἀνάγκης πρὸς μὲν τὸν ἕτερον τὸν ἐπίτριτον σώζει λόγον, πρὸς δὲ τὸν λοιπὸν τὸν ἡμιόλιον· ὁ γοῦν δ ἀνὰ

(3) So ist also das Beispiel; für die übrigen Vielfachen sei die Art eurer Diagramme die gleiche. Beachte, dass auch hier, wie wir in unserer vorhergehenden fachlichen Erörterung festgestellt haben, die Natur uns zeigt, dass die Doppelten ursprünglicher sind als die Dreifachen, die Dreifachen als die Vierfachen, diese als die Fünffachen und immer so weiter durchgehend.
Die obersten Zeilen in der Breite werden ja – wenn es (zum Beispiel) Doppelte sind – die parallel unter ihnen liegenden gleich (ebenfalls doppelt) haben; die diagonal auf der Hypotenuse derselben Art werden von der benachbarten, um 1 größeren Erscheinungsform sein – das sind Dreifache –, in einer Reihe von parallelen Linien betrachtet. Wenn es in der Breite Dreifache sind, werden die Diagonalen stets Vierfache sein; falls die ersteren Vierfache sind, dann sind die letzteren sogleich Fünffache und so weiter.

5. Zusammenfügung von Verhältnissen

(1) Es bleibt, nachdem wir erklärt haben, welche anderen Verhältnisse sich durch die Kombination von Verhältnissen ergeben, zu den folgenden Themen der Einführung überzugehen.
(2) Nun ergeben die ersten beiden Verhältnisse des *epi-morios* zusammengenommen das erste Verhältnis des Vielfachen, nämlich das Doppelte; denn jedes Doppelte ist eine Kombination von *hemi-olios* (1½) und *epi-tritos* (1⅓); jeder *hemi-olios* und *epi-tritos* zusammengefügt werden stets Hersteller eines einzigen Doppelten sein.
Zum Beispiel: Da 3 der *hemi-olios* von 2 ist und 4 der *epi-tritos* von 3, wird 4 das Doppelte von 2 sein, zusammengesetzt aus *hemi-olios* und *epi-tritos*. Wiederum, da 6 das Doppelte von 3 ist, werden wir dazwischen eine gewisse Zahl platziert finden, die notwendigerweise zur einen das *epi-tritos*-Verhältnis und zur anderen das *hemi-olios*-Verhältnis bewahrt; in der Tat kommt 4

μέσον κείμενος τοῦ ς καὶ τοῦ γ πρὸς μὲν τὸν γ ἀποδίδωσι λόγον ἐπίτριτον, πρὸς δὲ τὸν ς τὸν ἡμιόλιον.
(3) ὀρθῶς ἄρα ἐλέχθη διαλυόμενον μὲν τὸν διπλάσιον εἰς ἡμιόλιον καὶ ἐπίτριτον διαλύεσθαι, συντιθεμένων δὲ πάντως ἡμιολίου καὶ ἐπιτρίτου μόνον συνίστασθαι διπλάσιον καὶ τὰ τοῦ ἐπιμορίου δύο πρώτιστα εἴδη συντεθέντα ποιητικὰ εἶναι τοῦ τῶν πολλαπλασίων πρωτίστου εἴδους.

(4) πάλιν δὲ ἐξ ἄλλης ἀρχῆς τὸ γεννηθὲν τοῦτο τοῦ πολλαπλασίου πρώτιστον εἶδος μετὰ τοῦ πρώτου τῶν ἐπιμορίων εἴδους ἀποδοτικὸν [81] γίνεται τοῦ ὁμογενοῦς αὐτῶν συνεχοῦς εἴδους, τουτέστι τοῦ δευτέρου πολλαπλασίου, ὅπερ ἐστὶ τριπλασίου· ἐκ γὰρ παντὸς διπλασίου καὶ ἡμιολίου συντεθέντων τριπλάσιον ἐξ ἀνάγκης φύεται· οἷον ἐπεὶ τοῦ ς διπλάσιος ὁ ιβ, αὐτοῦ δὲ τούτου ἡμιόλιος ὁ ιη, εὐθὺς καὶ τριπλάσιος ὁ ιη τοῦ ς· καὶ ἑτέρῳ τρόπῳ ἐὰν μὴ τὸν ιβ θέλω μέσον ποιεῖν, ἀλλὰ μᾶλλον τὸν τοῦ ς ἡμιόλιον τὸν θ, τὸ αὐτό μοι ἀπαράλλακτον καὶ σύμφωνον συμβήσεται· τοῦ γὰρ θ ὁ ιη διπλάσιος ὢν τὸν τριπλάσιον λόγον σώσει πρὸς τὸν ς· ἐξ ἡμιολίου ἄρα καὶ διπλασίου πρώτων εἰδῶν ἐπιμορίου καὶ πολλαπλασίου συνίσταται μιγέντων τὸ δεύτερον εἶδος τοῦ πολλαπλασίου τὸ τριπλάσιον καὶ εἰς αὐτὰ δὲ πάντως ἀναλύεται.

(5) ἰδοὺ γὰρ ὁ ς τοῦ β τριπλάσιος ὢν ἕξει μέσον τὸν γ, ὃς δύο λόγους παραδείξει, τὸν μὲν ἡμιόλιον πρὸς τὸν β, πρὸς ἑαυτὸν δὲ διπλάσιον τὸν τοῦ ς·
ἐὰν δὲ καὶ ὁ τριπλάσιος οὗτος δεύτερον εἶδος ὢν τοῦ πολλαπλασίου συντεθῇ ἐπιτρίτῳ δευτέρῳ εἴδει ὄντι τοῦ ἐπιμορίου γένοιτ' ἂν ἐξ ἀμφοτέρων τὸ συνεχὲς τοῦ πολλαπλασίου εἶδος,

heraus, das zwischen 6 und 3 liegt und einerseits zu 3 das *epi-tritos*-Verhältnis zeigt, andererseits zu 6 das *hemi-olios*-Verhältnis. (3) Man hat also zu Recht gesagt, dass das Doppelte, wenn es zerlegt wird, sich in *hemi-olios* und *epi-tritos* zerlegt, dass stets, wenn *hemi-olios* und *epi-tritos* zusammengefügt werden, nur das Doppelte entspringt, und dass die beiden allerersten Erscheinungsformen des *epi-morios* zusammengefügt die allererste Erscheinungsform der Vielfachen bilden.

(4) Wiederum von einem anderen Anfang aus: Diese so entstandene allererste Erscheinungsform des Vielfachen wird zusammen mit der ersten Erscheinungsform der *epi-morioi* zum Hersteller der benachbarten gleichartigen Erscheinungsform der Vielfachen werden, nämlich des zweiten Vielfachen, welches das Dreifache ist. Aus dem Doppelten und dem *hemi-olios* (1½), die zusammengefügt werden, entsteht ja notwendigerweise das Dreifache. So ist etwa von 6 das Doppelte ja 12 und davon der *hemi-olios* 18; sogleich ist 18 das Dreifache von 6. Um eine andere Methode zu nehmen, wenn ich nicht 12 zum Mittelwert machen will, sondern vielmehr von 6 den *hemi-olios*, also 9, dann wird sich das gleiche Ergebnis ergeben, ohne Abweichung und harmonisch; denn während 18 das Doppelte von 9 ist, wird es das Dreifachverhältnis zu 6 bewahren. Aus dem *hemi-olios* und dem Doppelten, also den ersten Erscheinungsformen des *epi-morios* und des Vielfachen, entspringt durch Mischung die zweite Erscheinungsform des Vielfachen, das Dreifache, und in sie wird es stets zerlegt.

(5) Siehe: 6, das Dreifache von 2, wird den Mittelwert 3 haben, der zwei Verhältnisse aufweist, *hemi-olios* (1½) in Bezug auf 2 und Doppeltes in Bezug von 6 auf sich selbst.

Wenn dieses Dreifache, die zweite Erscheinungsform des Vielfachen, zusammengefügt wird mit dem *epi-tritos* (1⅓), der die zweite Erscheinungsform des *epi-morios* ist, dann ergibt sich aus den beiden die benachbarte Erscheinungsform des Vielfachen, nämlich das Vierfache, welches auch notwendigerweise in sie zer-

τουτέστι τὸ τετραπλάσιον, ὃ καὶ ἀναγκαίως εἰς ἀμφότερα ἀναλυθήσεται κατὰ τὴν αὐτὴν τοῖς προδεδηλωμένοις φύσιν·
τὸ δὲ τετραπλάσιον προσλαβὸν τὸ ἐπιτέταρτον ποιητικὸν ἔσται τοῦ πενταπλασίου καὶ πάλιν ἐκεῖνο σὺν τῷ [82] ἐπιπέμπτῳ τοῦ ἑξαπλασίου, καὶ τοῦτο μέχρι παντός, ἵνα εὔτακτοι οἱ ἐξ ἀρχῆς πολλαπλάσιοι μετὰ εὐτάκτων τῶν ἐξ ἀρχῆς ἐπιμορίων ἀποδοτικοὶ εὑρίσκωνται τῶν ἐπὶ τὸ μεῖζον συνεχῶν πολλαπλασίων·
διπλάσιος μὲν γὰρ μεθ' ἡμιολίου τριπλασιότητος ποιητικός, τριπλάσιος δὲ μετ' ἐπιτρίτου τετραπλασιότητος, τετραπλάσιος δὲ μετ' ἐπιτετάρτου πενταπλασιότητος καί, ἕως προχωρεῖν θέλεις, οὐδὲν ὑπεναντίον σοι συμβαῖνον φανεῖται.

ς.

(1) μέχρι μὲν οὖν τοῦδε ἱκανῶς περὶ τοῦ πρὸς ἕτερόν πως ἔχοντος ποσοῦ διειλέγμεθα συμμετρησάμενοι κατ' ἐκλογὴν τὰ προσήκοντα καὶ εὐπερίληπτα τῇ τῶν ἄρτι εἰσαγομένων ἕξει·
τὰ γὰρ εἰς τὸν τόπον τοῦτον ὑπόλοιπα προσπληρωθήσεται διαλιπόντων πάλιν ἡμῶν καὶ προτεχνολογησάντων ἕτερά τινα προὐργιατέραν τὴν σκέψιν ἔχοντα ἐκ τῶν συμβεβηκότων τῷ καθ' αὑτὸ ποσῷ καὶ μὴ τῷ πρὸς, ἕτερόν πως ἔχοντι, αἰεὶ γὰρ δι' ἀλλήλων φιλεῖ πως διαρθροῦσθαι καὶ σαφηνίζεσθαι τὰ ἐν τοῖς μαθήμασι θεωρήματα·

ἃ δὲ χρὴ προεπισκοπῆσαι καὶ προθεάσασθαι, ἔστι περί τε γραμμικῶν ἀριθμῶν καὶ [83] ἐπιπέδων καὶ στερεῶν, κυβικῶν τε καὶ σφαιρικῶν, καὶ ἰσοπλεύρων καὶ σκαληνῶν, πλινθίδων τε καὶ δοκίδων καὶ σφηνίσκων καὶ τῶν ὁμοίων, ἃ δὴ ἰδίως μὲν ἐν τῇ

legt werden wird, und zwar auf die gleiche Natur wie die zuvor beschriebenen Fälle.

Das Vierfache zum *epi-tetartos* ($1\frac{1}{4}$) genommen wird das Fünffache bilden, und letzteres wiederum mit dem *epi-pemptos* ($1\frac{1}{5}$) das Sechsfache und so weiter durchgehend. So wird man finden, dass die vom Anfang her geordneten Vielfachen mit den vom Anfang her geordneten *epi-morioi* die Hersteller der benachbarten größeren Vielfachen werden, denn das Doppelte mit dem *hemi-olios* bildet die Dreifachheit, das Dreifache mit dem *epi-tritos* die Vierfachheit, das Vierfache mit dem *epi-tetartos* die Fünffachheit, und so weit man weitergehen will, wird kein gegensätzliches Ergebnis erscheinen.

6. Dimensionen

(1) Bis zu diesem Punkt haben wir also das »Wie viel?«, das im Verhältnis zu einem anderen steht, angemessen diskutiert, indem wir dargelegt haben, was leicht verständlich ist und der Natur der bisher eingeführten Angelegenheiten entspricht. Was auch immer zu diesem Thema noch zu sagen ist, wird ausgefüllt werden, nachdem wir es beiseite gelegt haben und zuerst gewisse andere Themen fachlich erörtert haben, die eine brauchbarere Untersuchung erfordern, die mit den Eigenschaften des absoluten »Wie viel?« zu tun hat, nicht des relativen. Mathematische Betrachtungen sind ja immer miteinander zu verzahnen und durch eine andere zu erklären.

Die Themen, die wir zuerst untersuchen und beobachten müssen, betreffen Linienzahlen (s. u. II 7), Flächenzahlen (s. u. II 7–12), Körperzahlen (s. u. II 13–17), Würfelzahlen (s. u. II 15), kugelförmige (s. u. II 17,7), gleichseitige (s. u. II 13) und *skalenoi* (s. u. II 16,2) Zahlen, »Ziegelsteine« (s. u. II 17,6), »Balken« (s. u. II 17,6), »Keile« (s. u. II 16,2) und ähnliches, wobei die Tradition

γεωμετρικῇ παραδίδοται εἰσαγωγῇ τοῦ πηλίκου οἰκειότερα ὄντα, σπερματικώτερον δὲ προσπαραλαμβάνεται ἐν τῇ ἀριθμητικῇ ὡσὰν μητρὶ καὶ ἀρχεγονωτέρᾳ ἐκείνης· μεμνήμεθα γάρ, ὅτι πρὸ βραχέος τοιαύτη ἡμῖν ἐφάνη συναναιροῦσα μὲν τὰς ἄλλας ἐπιστήμας ἑαυτῇ, οὐ συναναιρουμένη δὲ ἐκείναις, καὶ ἔμπαλιν συνεπιφερομένη μὲν ἐκείναις ἀναγκαίως, οὐ συνεπιφέρουσα δὲ αὐτὰς ἑαυτῇ.

(2) πρότερον δὲ ἐπιγνωστέον, ὅτι ἕκαστον γράμμα, ᾧ σημειούμεθα ἀριθμόν, οἷον τὸ ι, ᾧ τὰ δέκα, τὸ κ, τὰ εἴκοσι, τὸ ω, ᾧ τὰ ὀκτακόσια, νόμῳ καὶ συνθήματι ἀνθρωπίνῳ, ἀλλ᾽ οὐ φύσει σημαντικόν ἐστι τοῦ ἀριθμοῦ,

ἡ δὲ φυσικὴ καὶ ἀμέθοδος καὶ διὰ τοῦτο ἁπλουστάτη σημείωσις τῶν ἀριθμῶν εἴη ἂν ἡ τῶν μονάδων τῶν ἐν ἑκάστῳ οὐσῶν παράλληλος ἔκθεσις· οἷον μιᾶς μὲν μονάδος γραφὴ διὰ τοῦ ἑνὸς ἄλφα σημεῖον ἔσται τοῦ ἑνός, δυεῖν δὲ μονάδων παραλλήλων, τουτέστι δυεῖν ἄλφα ἔκθεσις σημεῖον ἔσται τῆς δυάδος, τριῶν δὲ ἐπ᾽ εὐθείας ἀλλήλοις κειμένων τριάδος ἔσται χαρακτὴρ καὶ τεσσάρων ἐπ᾽ εὐθὺ τεταγμένων τετράδος καὶ πέντε πεντάδος καὶ ἀεὶ οὕτως· διὰ γὰρ τῆς τοιαύτης γραφῆς καὶ σημάνσεως ἡ τῶν φρασθησομένων ἐπιπέδων τε καὶ [84] στερεῶν σχηματογραφία τρανωθῆναι δύναιτ᾽ ἂν μόνως καὶ σαφηνισθῆναι, οἷον

μονὰς μὲν	α,
δυὰς δὲ	α α,
τριὰς δὲ	α α α,
τετρὰς δὲ	α α α α,
πεντὰς δὲ	α α α α α

καὶ εἰς πλείονα ἀεὶ ἀναλόγως.

darüber, da sie enger mit dem »Wie groß?« verbunden sind, in der *Einführung in die Geometrie* (s. o. Einleitung S. 9) behandelt ist. Doch die Samen dieser Ideen werden in die Arithmetik übernommen, welche die Mutter der Geometrie und ursprünglicher als jene ist; denn wir erinnern uns daran, dass wir vor kurzem (in I 4,4–5) gesehen haben, dass die Arithmetik die anderen Verstehensmethoden mit sich selbst aufhebt, aber von ihnen nicht aufgehoben wird, und umgekehrt von ihnen notwendigerweise impliziert wird, aber selbst sie nicht impliziert.

(2) Zuerst müssen wir jedoch erkennen, dass jeder Buchstabe, mit dem wir eine Zahl bezeichnen, wie etwa ι für 10, κ für 20 und ω für 800, durch menschliches Gesetz und Übereinkunft diese Zahl bezeichnet, nicht durch die Natur (s. o. Einleitung S. 11).

Die natürliche, unkünstliche und daher einfachste Bezeichnung von Zahlen wäre die Auflistung der darin enthaltenen Monaden nebeneinander. Zum Beispiel wird die Schreibweise einer einzigen Monade mittels eines einzigen Alpha das Zeichen für 1 sein; zwei Monaden nebeneinander, also eine Reihe von zwei Alpha, wird das Zeichen für 2 sein; wenn drei nebeneinander in einer Geraden liegen, wird es das Zeichen für 3 sein, vier in einer Linie platziert für 4, fünf für 5 und so weiter, denn allein durch eine solche Notation und Angabe könnte die graphische Darstellung der genannten Flächen- und Körperzahlen klar und deutlich gemacht werden, etwa so:

eins	α,
zwei	α α,
drei	α α α,
vier	α α α α,
fünf	α α α α α

und analog immer weiter.

(3) ἔσται οὖν ἡ μὲν μονὰς σημείου τόπον ἐπέχουσα καὶ τρόπον ἀρχή μὲν διαστημάτων καὶ ἀριθμῶν, οὔπω δὲ διάστημα οὐδὲ ἀριθμός, ὡς τὸ σημεῖον ἀρχὴ μὲν γραμμῆς καὶ διαστήματος, οὔπω δὲ γραμμὴ οὐδὲ διάστημα· ἀμέλει οὔτε σημείῳ σημεῖον συντεθὲν πλεῖόν τι ποιεῖ, ἀδιάστατον γὰρ ἀδιαστάτῳ συντεθὲν διάστημα οὐχ ἕξει, ὥσπερ εἴ τις τὸ οὐδὲν οὐδενὶ συντεθὲν σκέπτοιτο, οὐδὲν γὰρ ποιεῖ· κατὰ ταὐτὰ γὰρ ἐφαίνετο καὶ ἐπὶ τῆς ἰσότητος ἡμῖν ἐν ταῖς σχέσεσι, σώζεται μὲν γὰρ ἀναλογία, ὡς ὁ πρῶτος πρὸς τὸν δεύτερον, οὕτως ὁ δεύτερος πρὸς τὸν τρίτον, οὐ μὴν διάστημα γεννᾶταί τι τοῖς ἄκροις πρὸς ἀλλήλους, ὥσπερ ἐπὶ τῶν ἄλλων τῶν χωρὶς ἰσότητος σχέσεων πασῶν· τὸν αὐτὸν δὴ τρόπον καὶ μονὰς ἐκ παντὸς μόνη τοῦ ἀριθμοῦ ἑαυτὴν πολλαπλασιάσασα οὐδὲν πλέον ἑαυτῆς γεννᾷ· ἀδιάστατος ἄρα ἡ μονὰς καὶ ἀρχοειδής, πρῶτον δὲ διάστημα εὑρίσκεται καὶ φαίνεται [85] ἐν δυάδι, εἶτ᾽ ἐν τριάδι, εἶτα ἐν τετράδι καὶ ἑξῆς ἐν τοῖς ἀκολούθοις· διάστημα γάρ ἐστι δυεῖν ὅρων τὸ μεταξὺ θεωρούμενον.

(4) πρῶτον δὲ διάστημα γραμμὴ λέγεται, γραμμὴ γάρ ἐστι τὸ ἐφ᾽ ἓν διαστατόν· δύο δὲ διαστήματα ἐπιφάνεια, ἐπιφάνεια γάρ ἐστι τὸ διχῆ διαστατόν· τρία δὲ διαστήματα στερεόν, στερεὸν γάρ ἐστι τὸ τριχῆ διαστατὸν καὶ οὐκ ἔστιν οὐδαμῶς ἐπινοεῖν στερεόν, ὃ πλεόνων τέτευχε διαστημάτων ἢ τριῶν, βάθους, πλάτους, μήκους·

τούτοις γὰρ αἱ λεγόμεναι περὶ πᾶν σῶμα ὑπάρχειν ἓξ περιστάσεις ὁρίζονται, καθ᾽ ἃς αἱ κατὰ τόπον κινήσεις διακρίνονται, πρόσω, ὀπίσω, ἄνω, κάτω, δεξιά, ἀριστερά· ἑκάστῳ γὰρ διαστήματι δύο ἐξ ἀνάγκης περιστάσεις παρέπονται ἀλλήλαις ἀντίθετοι, ἑνὶ μὲν

(3) Die Monade, die den Platz und den Charakter eines Punktes einnimmt, wird also der Anfang von Intervallen und von Zahlen sein, aber nicht selbst ein Intervall oder eine Zahl, so wie der Punkt der Anfang einer Linie oder eines Intervalls ist, aber nicht selbst eine Linie oder ein Intervall. In der Tat, wenn ein Punkt mit einem Punkt zusammengefügt wird, erhöht er ihn nicht, denn wenn etwas Dimensionsloses mit etwas Dimensionslosem zusammengefügt wird, so wird es keine Dimension haben; genauso, wie wenn man die Summe von nichts und nichts betrachtet, was nichts ergibt. Ähnliches sahen wir auch bei der Gleichheit unter den Beziehungen, denn es bleibt die Proportion bewahrt – wie das erste zum zweiten, so das zweite zum dritten –, aber es entsteht kein Intervall in der Beziehung der Randwerte zueinander, wie es in allen anderen Beziehungen mit Ausnahme der Gleichheit besteht. Genauso erzeugt die Monade allein aus jeder Zahl, wenn sie sich multipliziert, nichts Größeres als sich selbst. Die Monade ist also dimensionslos und ursprünglich, und die Dimension wird zuerst in der 2, dann in der 3, dann in der 4 und nacheinander in den folgenden Zahlen gefunden und erkannt, denn »Dimension« ist das, was man zwischen zwei Werten betrachtet.

(4) Die erste Dimension wird »Linie« (Gerade) genannt, denn »Linie« ist das, was sich in eine Richtung erstreckt. Zwei Dimensionen werden »Fläche« (Ebene) genannt, denn eine »Fläche« ist das, was sich in zwei Richtungen erstreckt. Drei Dimensionen werden »Körper« (Raum) genannt, denn ein »Körper« ist das, was sich in drei Richtungen ausdehnt, und es ist niemals möglich, sich einen Körper vorzustellen, der mehr als die drei Dimensionen Tiefe (heute meist »Höhe«, s. u. II 13,1), Breite und Länge hat. Damit sind die sechs Richtungen definiert, die in Verbindung mit jedem Körper existieren sollen und nach denen die Bewegungen im Raum separiert werden: vorwärts, rückwärts, nach oben, nach unten, nach rechts und nach links. Notwendigerweise folgen ja jeder Dimension zwei entgegengesetzte Richtungen, auf die erste

αἱ ἄνω καὶ κάτω, ἑτέρῳ δὲ αἱ πρόσω καὶ ὀπίσω, τῷ τρίτῳ δὲ αἱ ἐπὶ δεξιὰ καὶ ἀριστερά.
(5) καὶ συμβαίνει πως οὕτως ἀναστρέφειν τὸν λόγον· εἴ τι γὰρ στερεόν ἐστιν, ἐκεῖνο τὰς τρεῖς διαστάσεις πάντως ἔχει, μῆκος, βάθος, πλάτος καὶ ἔμπαλιν, εἴ τι ἔχει τὰς τρεῖς διαστάσεις, ἐκεῖνο πάντως στερεόν ἔστιν, ἄλλο δ' οὐδέν.
(6) οὐκ ἄρα τὸ δύο μόνον ἔχον διαστάσεις ἔσται στερεόν, ἀλλ' ἐπιφάνεια, αὕτη γὰρ διαστημάτων ἐπιδεκτικὴ δυεῖν ἐστι μόνων· καὶ ἐπ' αὐτῆς δυνατὸν ὁμοιοτρόπως ἀντιστρέφειν τὸν λόγον, ἐπιφάνειά τε γὰρ ὀρθῶς τὸ διχῇ διαστατὸν καὶ πάλιν [86] τὸ διχῇ διαστατὸν πάντως ἐπιφάνεια ἔσται.
(7) ἑνὶ ἄρα διαστήματι ἡλάττωται ἐπιφάνεια στερεοῦ, ἑνὶ δὲ καὶ γραμμὴ ἐπιφανείας οὖσα τὸ ἐφ' ἓν διαστατὸν καὶ ἑνὸς μόνου τετευχυῖα διαστήματος, λειπομένη δὲ στερεοῦ δυσὶ διαστήμασι· ταύτης δ' αὐτῆς λείπεται ἑνὶ διαστήματι τὸ σημεῖον· διὰ τοῦτο προελέχθη εἶναι ἀδιάστατον στερεοῦ μὲν τρισὶ διαστήμασι λειπόμενον, ἐπιφανείας δὲ δυσί, γραμμῆς δὲ ἑνί.

ζ.

(1) ἔστιν οὖν σημεῖον ἀρχὴ διαστήματος, οὐ διάστημα δέ, τὸ δ' αὐτὸ καὶ ἀρχὴ γραμμῆς, οὐ γραμμὴ δέ· καὶ γραμμὴ ἀρχὴ ἐπιφανείας, οὐκ ἐπιφάνεια δέ, καὶ ἀρχὴ τοῦ διχῇ διαστατοῦ, οὐ διχῇ δὲ διαστατόν.

(2) καὶ εἰκότως ἡ ἐπιφάνεια ἀρχὴ μὲν σώματος, οὐ σῶμα δέ, καὶ ἡ αὐτὴ ἀρχὴ μὲν τοῦ τριχῇ διαστατοῦ, οὐ τριχῇ δὲ διαστατόν.

(3) οὕτως δὴ καὶ ἐν τοῖς ἀριθμοῖς ἡ μὲν μονὰς ἀρχὴ παντὸς ἀριθμοῦ ἐφ' ἓν διάστημα κατὰ μονάδα προβιβαζομένου, ὁ δὲ

die nach oben und nach unten, auf die zweite die nach vorne und nach hinten und auf die dritte die nach rechts und nach links.
(5) Es trifft sich, dass die Aussage auch umgedreht so gemacht werden kann: Wenn etwas ein Körper ist, hat es stets die drei Dimensionen Länge, Tiefe und Breite; und umgekehrt, wenn es die drei Dimensionen hat, ist es stets ein Körper und nichts anderes.
(6) Was also nur zwei Dimensionen hat, wird kein Körper sein, sondern eine Fläche, denn letztere birgt nur zwei Dimensionen. Auch hier ist es ähnlich möglich, die Aussage umzukehren; direkt gesagt, eine Fläche ist das, was zwei Dimensionen hat, und umgekehrt, das, was zwei Dimensionen hat, ist stets eine Fläche.
(7) Die Fläche wird also vom Körper um eine Dimension überschritten, und die Linie wird von der Fläche um eine Dimension überschritten, denn die Linie ist die, welche nur in eine Richtung ausgedehnt ist und nur eine Dimension hat, und sie bleibt um zwei Dimensionen hinter der Linie zurück. Der Punkt bleibt eine Dimension hinter dem Körper zurück, deshalb wurde schon gesagt, dass er dimensionslos ist, weil er den Körper um drei Dimensionen unterschreitet, die Fläche um zwei und die Linie um eine.

7. Linienzahl und Flächenzahl

(1) Der Punkt ist also der Anfang des Raumes, aber nicht selbst ein Raum, und ebenso der Anfang der Linie, aber nicht selbst eine Linie; die Linie ist der Anfang der Fläche, aber nicht eine Fläche, und der Anfang des Zweidimensionalen, aber nicht selbst zweidimensional.
(2) Folgerichtig ist auch die Fläche der Anfang des Körpers, aber nicht selbst ein Körper, und ebenso der Anfang des Dreidimensionalen, aber nicht selbst dreidimensional.
(3) Genau so ist bei den Zahlen die Monade der Anfang jeder Zahl, die sich Monade für Monade in eine Richtung ausbreitet;

γραμμικὸς ἀριθμὸς ἀρχὴ ἐπιπέδου ἀριθμοῦ ἐφ᾽ ἕτερον διάστημα ἐπιπέδως πλατυνομένου, ὁ δὲ ἐπίπεδος ἀριθμὸς ἀρχὴ στερεοῦ ἀριθμοῦ ἐπὶ τρίτον διάστημα πρὸς τὰ ἐξ ἀρχῆς βάθος τι προσκτωμένου·
οἷον καθ᾽ ὑποδιαίρεσιν γραμμικοὶ μέν εἰσιν ἀριθμοὶ ἁπλῶς ἅπαντες οἱ ἀπὸ δυάδος ἀρχόμενοι καὶ κατὰ μονάδος πρόσθεσιν ἐπὶ ἓν καὶ τὸ αὐτὸ προχωροῦντες διάστημα, ἐπίπεδοι δὲ οἱ ἀπὸ τριάδος ἀρχόμενοι ἀρχικωτάτης [87] ῥίζης καὶ διὰ τῶν ἑξῆς συνεχῶν ἀριθμῶν προιόντες, λαμβάνοντες καὶ τὴν ἐπωνυμίαν κατὰ τὴν αὐτὴν τάξιν· πρώτιστοι γὰρ τρίγωνοι, εἶτα μετ᾽ αὐτοὺς τετράγωνοι, εἶτα μετ᾽ αὐτοὺς πεντάγωνοι, εἶτα ἐπὶ τούτοις ἑξάγωνοι καὶ ἑπτάγωνοι καὶ ἐπ᾽ ἄπειρον· προσαγορεύονται δέ, ὡς ἔφαμεν, ἀπὸ τῶν ἀπὸ τριάδος ἐφεξῆς κειμένων ἀριθμῶν.

α α α α α α α α

		α		α
α	α α	α α	*oder*	α α
α α	α α	α α		α α

(4) ἀρχικώτατον ἄρα σχῆμα ἐπιπέδων καὶ στοιχειωδέστατον τὸ τρίγωνον εὑρίσκεται· καὶ γὰρ ἐν τοῖς γραμμικοῖς ἐπιπέδοις ἐὰν ἀπὸ τῶν γωνιῶν ἐπὶ τὰ μέσα εὐθεῖαι ἀχθῶσι, λυθήσεται ἕκαστον εὐθύγραμμον σχῆμα πάντως εἰς τρίγωνα τοσαῦτα, ὅσαιπερ ἂν αὐτοῦ τυγχάνωσιν αἱ πλευραί, αὐτὸ δὲ τὸ τρίγωνον τὸ αὐτὸ τοῖς ἄλλοις παθὸν εἰς ἕτερόν τι οὐ μεταπεσεῖται, ἀλλ᾽ εἰς ἑαυτό· στοιχεῖον ἄρα καὶ ἐν ἐκείνοις τὸ τρίγωνον· εἰς αὐτὸ γὰρ τὰ ἄλλα πάντα ἀναλύεται ἀναγκαίως, αὐτὸ δὲ οὐκ εἰς ἕτερον· ἐκ τούτου ἂν καὶ συσταίη τὰ λοιπά, αὐτὸ δὲ ἐξ οὐδενός· στοιχεῖον ἄρα τοῦτο τῶν ἄλλων, αὐτοῦ δὲ οὐδέν.
(5) κἂν τοῖς ἀριθμητικοῖς δὲ ἐπιπέδοις προιὼν ὁ λόγος βεβαιώσει τὸ λεγόμενον.

die Linienzahl ist der Anfang der Flächenzahl, die sich wie eine Fläche in einer weiteren Dimension ausbreitet; und die Flächenzahl ist der Anfang der Körperzahl, die neben den ursprünglichen eine Tiefe in der dritten Dimension besitzt.
Gemäß der Unterteilung (*hypo-dihaireseis*; s. o. Einleitung S. 11) sind Linienzahlen schlicht all jene, die von 2 beginnend durch die Addition von 1 in ein und derselben Dimension fortschreiten. Flächenzahlen sind jene, die von 3 als ihrer ursprünglichsten Pflanzenwurzel (s. o. I 2,5) beginnend sich durch die benachbarten Zahlen fortsetzen. Sie erhalten ihre Namen auch in der gleichen Ordnung, denn es gibt als allererste die Dreiecke, danach die Vierecke, danach die Fünfecke, dann die Sechsecke, die Siebenecke und unendlich weiter, und, wie wir gesagt haben, werden sie nach den aufeinanderfolgenden Zahlen benannt, von 3 beginnend.

α α α α α α α α

		α	α
α	α α	α α	*oder* α α
α α	α α	α α	α α

(4) Als ursprünglichste und elementarste Form der Flächenzahlen findet man also das Dreieck. Wenn in den Figuren von den Ecken zu den Mittelpunkten Strecken gezogen werden, wird jede geradlinige Form stets in so viele Dreiecke zerlegt, wie sie Seiten hat; aber das Dreieck selbst, wenn es wie der Rest behandelt wird, wird sich in nichts anderes als in sich selbst verwandeln. Daher ist das Dreieck unter diesen Figuren elementar, denn alles andere wird notwendig in es zerlegt, aber es in nichts anderes. Aus ihm würden auch die anderen konstituiert werden, aber es aus keinem anderen. Es ist also das Element der anderen, hat aber selbst keines.
(5) Ebenso wird das Argument, wenn es im Bereich der Flächenzahlen voranschreitet, diese Aussage bestätigen.

η.

(1) τρίγωνος μὲν οὖν ἐστιν ἀριθμὸς ὁ διαλυόμενος [88] εἰς μονάδας καὶ τὴν κατ᾽ ἐπίπεδον θέσιν τῶν μορίων ἰσόπλευρον σχηματογραφῶν εἰς τριγωνισμόν, οὗ ὑποδείγματα ὁ γ, ς, ι, ιε, κα, κη καὶ οἱ ἐφεξῆς· σχηματογραφίαι γὰρ αὐτῶν εὔτακτοι ἔσονται τρίγωνοί τε ἅμα καὶ ἰσόπλευροι, καὶ τὸ τοιοῦτον, μέχρις οὗ βούλει, προκόπτων τριγωνιζόμενον εὑρήσεις πρὸ πάντων στοιχειωδέστατον τάττων τὸ ἐκ μονάδος γινόμενον, ἵνα καὶ τρίγωνος δυνάμει φαίνηται ἡ μονάς, ἐνεργείᾳ δὲ πρῶτος ὁ γ.

(2) πλευραὶ δὲ παραυξηθήσονται τῷ συνεχεῖ ἀριθμῷ, τοῦ μὲν γὰρ δυνάμει πρώτου πλευρὰ μονάς, τοῦ δὲ ἐνεργείᾳ πρώτου πλευρὰ δυάς, τουτέστι τοῦ γ, τοῦ δὲ ἐνεργείᾳ δευτέρου πλευρὰ τριάς, τουτέστι τοῦ ς, τοῦ δὲ τρίτου πλευρὰ τετρὰς καὶ τοῦ τετάρτου πεντὰς καὶ τοῦ πέμπτου ἑξὰς καὶ ἀεὶ οὕτως.
(3) γεννᾶται δὲ τοῦ φυσικοῦ ἀριθμοῦ στοιχηδὸν ἐκτεθέντος καὶ ἀεὶ ἀπ᾽ ἀρχῆς τῶν συνεχῶν κατὰ ἕνα συντιθεμένων, κατὰ γὰρ ἑκάστην σύνθεσιν καὶ προσσώρευσιν οἱ εὔτακτοι τρίγωνοι συντελοῦνται· οἷον ἐκ μὲν τοῦ φυσικοῦ στίχου τούτου α, β, γ, δ, ε, ς, ζ, η, θ, ι, ια, ιβ, ιγ, ιδ, ιε τὸν μὲν πρώτιστον λαβὼν ἔχω τὸν δυνάμει πρῶτον [89] τρίγωνον, τὴν μονάδα,

α

εἶτα τὸν συνεχῆ αὐτῷ ἐπισωρεύσας ἔχω τὸν ἐνεργείᾳ πρῶτον τρίγωνον, β γὰρ καὶ α ὁ γ ἐστί, καὶ τῇ γε σχηματογραφίᾳ οὕτως συνίσταται· ἐπὶ μιᾷ μονάδι δύο μονάδες παράλληλοι ὑποτίθενται καὶ τριγωνίζεται ὁ γ ἀριθμός·

8. Dreieckzahl

(1) Eine Dreieckzahl ist eine, die, in Monaden zerlegt, bei gleichseitiger Platzierung ihrer graphisch dargestellten Teile in einer Fläche Dreieckform hat, zum Beispiel 3, 6, 10, 15, 21, 28 und so weiter, denn ihre graphischen Darstellungen (s. u.) werden geordnet gleichzeitig dreieckig und gleichseitig sein. Im Laufe des Fortschreitens wird man feststellen, dass eine solche Zahlenreihe, so weit man will, die Dreieckform annimmt, wenn man als elementarste Form diejenige annimmt, die aus der Monade entsteht, so dass die Monade potentiell (nach der *dynamis*) als eine Dreieckzahl erscheinen kann, und 3 als die erste tatsächliche (nach der *energeia*; s. o. I 16,8).
(2) Ihre Seiten nehmen um die benachbarten Zahlen zu, denn die Seite der potentiell ersten ist die Monade; die Seite der ersten tatsächlichen ist zwei, nämlich von 3; die Seite der zweiten tatsächlichen ist drei, nämlich von 6; die Seite der dritten (10) ist vier; die der vierten (15) ist fünf; die der fünften (21) sechs und so weiter.
(3) Die Dreieckzahl entsteht, indem die natürlichen Zahlen elementar aufgestellt werden; durch die kontinuierliche Addition benachbarter Werte, einer nach dem anderen von Anfang an, werden durch jede Addition und Anhäufung die geordneten Dreieckzahlen vervollständigt. Zum Beispiel nehme ich aus dieser natürlichen Reihe – 1, 2, 3, 4, 5, 6, 7, 8, 9, 10, 11, 12, 13, 14, 15 – den allerersten Wert und habe die potentiell erste Dreieckzahl, die Monade:

α

Dann häufe ich den benachbarten Wert an und erhalte das erste tatsächliche Dreieck, denn 2 plus 1 ist 3. In der graphischen Darstellung entspringt es wie folgt: Unter die eine Monade werden zwei Monaden nebeneinander gesetzt, und die Zahl 3 wird zum Dreieck gemacht:

α
α α

εἶτα ἑξῆς ἐπὶ τούτοις ὁ γ συνεχὴς προσσωρευθεὶς καὶ ἐξαπλωθείς γε εἰς μονάδα καὶ συντεθεὶς τὸν ϛ ἀποδίδωσι δεύτερον ἐνεργείᾳ τρίγωνον καὶ προσέτι σχηματογραφεῖ·

α
α α
α α α

καὶ πάλιν ὁ φύσει ἀκόλουθος ὁ δ ἐπὶ τούτοις σωρευθεὶς καὶ μοναδιστὶ ὑπογραφεὶς τὸν εὔτακτον μετὰ τοὺς εἰρημένους ἀποδίδωσι τὸν ι καὶ τριγωνιστί γε σχηματίζεται·

α
α α
α α α
α α α α

καὶ ὁ ε ἐπὶ τούτῳ, εἶτα ὁ ϛ, εἶτα ὁ ζ καὶ οἱ ἑξῆς ἅπαντες, ὥστ' ἐμμελῶς καὶ τὰς πλευρὰς ἑκάστου τοσούτων εἶναι μονάδων, ὁπόσοιπερ ἀριθμοὶ συνετέθησαν ἐκ τοῦ φυσικοῦ στίχου εἰς τὴν αὐτοῦ σύστασιν·

α
α α
α α α
α α α α
α α α α α

α
α α

Wenn dann nach diesen die benachbarte Zahl, 3, dazu angehäuft, zu Monaden vereinfacht und mit der ersteren addiert wird, kommt 6 heraus, das zweite tatsächliche Dreieck, und außerdem stellt es diese Zahl graphisch dar:

α
α α
α α α

Wird wiederum die natürlich folgende Zahl, 4, angehäuft und unter die erstere gesetzt, zu Monaden reduziert, kommt die nach der vorgenannten angeordnete 10 heraus und nimmt eine Dreieckform an:

α
α α
α α α
α α α α

Danach werden 5, dann 6, dann 7 und alle Zahlen in der Reihenfolge addiert, so dass regelmäßig die Seiten jedes Dreiecks aus so vielen Monaden bestehen, wie Zahlen aus der natürlichen Reihe addiert wurden, um es zu erzeugen:

α
α α
α α α
α α α α
α α α α α

α

α α

α α α

α α α α

α α α α α

α α α α α α

α

α α

α α α

α α α α

α α α α α

α α α α α α

α α α α α α α

(s. auch Graphik S. 146 links)

[90] θ.

(1) τετράγωνος δέ ἐστιν ἀριθμὸς ὁ συνεχὴς τούτῳ καὶ μηκέτι τρεῖς, ὡς ὁ πρόσθεν, ἀλλὰ τέσσαρας ἐν τῇ καταγραφῇ γωνίας ἀποδιδούς, ἐν ἰσοπλεύρῳ μέντοι καὶ αὐτὸς σχηματισμῷ, οἷον α, δ, θ, ις, κε, λς, μθ, ξδ, πα, ρ· τούτων γὰρ αἱ καταγραφαὶ ἰσόπλευροι τετραγωνισμοὶ οὕτω πως γίνονται·

				α α α α α
			α α α α	α α α α α
		α α α	α α α α	α α α α α
	α α	α α α	α α α α	α α α α α
α	α α	α α α	α α α α	α α α α α

[91] καὶ ἐφεξῆς οὕτως, μέχρις οὗ βούλει.

α
α α
α α α
α α α α
α α α α α
α α α α α α

α
α α
α α α
α α α α
α α α α α
α α α α α α
α α α α α α α

(s. auch Graphik S. 147 links)

9. Viereckzahl (Quadratzahl, s. u. II 19)

(1) Eine Viereckzahl ist die benachbarte Zahl nach dieser, die nicht mehr 3, wie die vorige, sondern 4 Ecken in ihrer graphischen Darstellung zeigt, allerdings in gleichseitiger Form, wie 1, 4, 9, 16, 25, 36, 49, 64, 81, 100, denn die Darstellungen dieser Zahlen sind gleichseitige Viereckfiguren, wie hier gezeigt:

				α α α α α
			α α α α	α α α α α
		α α α	α α α α	α α α α α
	α α	α α α	α α α α	α α α α α
α	α α	α α α	α α α α	α α α α α

und so weiter, bis wohin du willst.

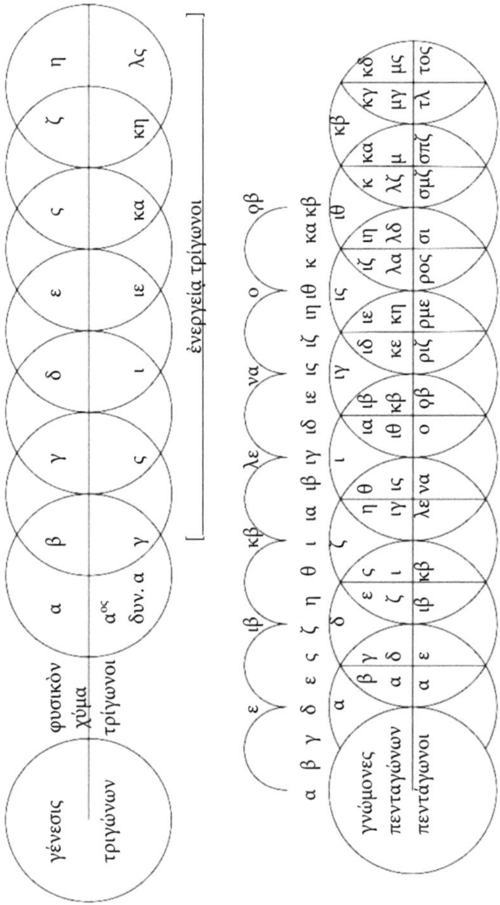
γένεσις
τριγώνων
φυσικὸν
χῦμα
τρίγωνοι
ἐνεργείᾳ τρίγωνοι
γνώμονες
πενταγώνων
πεντάγωνοι

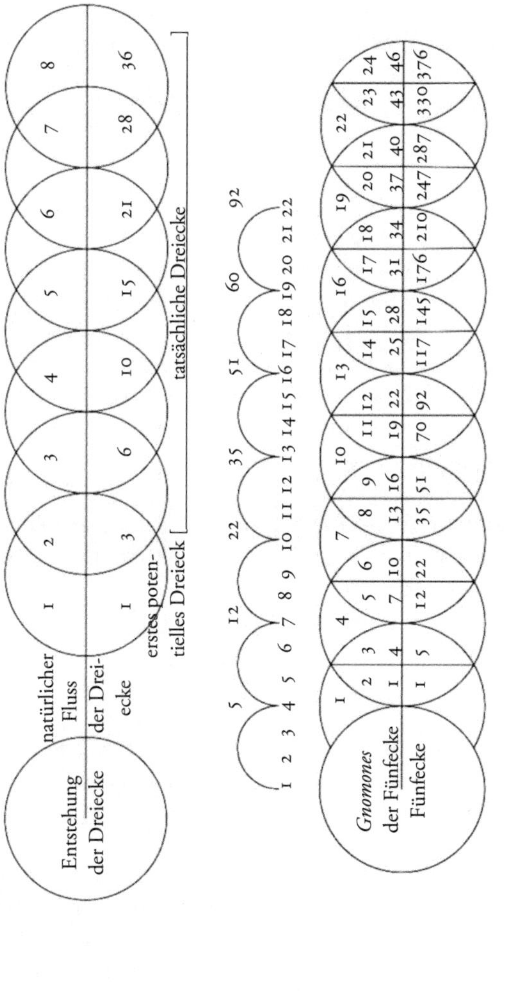
Entstehung
der Dreiecke
natürlicher Fluss der Dreiecke
1 2 3 4 5 6 7 8
1 3 6 10 15 21 28 36
erstes potentielles Dreieck
tatsächliche Dreiecke
5 12 22 35 51 60 92
1 2 3 4 5 6 7 8 9 10 11 12 13 14 15 16 17 18 19 20 21 22
Gnomones
der Fünfecke
Fünfecke
1 4 7 10 13 16 19 22
2 3 5 6 8 9 11 12 14 15 17 18 20 21 23 24
1 4 7 10 13 16 19 22 25 28 31 34 37 40 43 46
1 5 12 22 35 51 70 92 117 145 176 210 247 287 330 376

(2) καὶ τούτοις δὲ συμβέβηκεν, ὥσπερ καὶ τοῖς πρὸ αὐτῶν, τὴν τῶν πλευρῶν πρόβασιν κατὰ τὸν φυσικὸν ἀριθμὸν προκόπτειν· τῷ μὲν γὰρ δυνάμει πρώτῳ τῷ ἑνὶ πλευρὰ μονάς, τῷ δὲ ἐνεργείᾳ πρώτῳ τῷ δ πλευρὰ δυάς, τῷ δὲ ἐνεργείᾳ δευτέρῳ τῷ θ πλευρὰ τριάς, τῷ δὲ μετ' αὐτὸν ἐνεργείᾳ τρίτῳ τῷ ις πλευρὰ τετρὰς καὶ τῷ τετάρτῳ πεντὰς καὶ τῷ πέμπτῳ ἑξὰς καὶ καθόλου ἑξῆς τοῖς ἐφεξῆς.

(3) γεννᾶται δὲ καὶ οὗτος στοιχηδὸν ἐκτεθέντος φυσικοῦ ἀριθμοῦ τῇ μονάδι ἐπισωρευθέντων οὐκέτι τῶν ἐφεξῆς τοῖς ἐφεξῆς, ὡς δέδεικται, ἀλλὰ τῶν παρ' ἕνα κειμένων πάντων, τουτέστι τῶν περισσῶν· πρῶτος γὰρ ὁ α δυνάμει πρῶτος τετράγωνος, δεύτερος ὁ α καὶ γ ἐνεργείᾳ πρῶτος τετράγωνος, τρίτος δὲ ὁ α καὶ γ καὶ ε ἐνεργείᾳ δεύτερος τετράγωνος, τέταρτος δὲ ὁ α καὶ γ καὶ ε καὶ ζ ἐνεργείᾳ τρίτος τετράγωνος καὶ ὁ ἑξῆς τοῖς προτέροις προσσωρευθέντος τοῦ θ γίνεται καὶ ὁ μετ' αὐτόν τοῦ ια προστεθέντος καὶ οὕτως ἀεί.

(4) καὶ ἐπὶ τούτων δὲ συμβέβηκε τοσούτων μονάδων τὴν ἑκάστου πλευρὰν εἶναι, ὁπόσοιπερ ἂν ὦσιν οἱ εἰς τὴν αὐτοῦ γένεσιν ἐπισωρευθέντες ἀριθμοί.

[92] ι.

(1) πεντάγωνος δέ ἐστιν ἀριθμὸς ὁ καὶ αὐτὸς κατὰ τὴν ἐξάπλωσιν τὴν εἰς μονάδα σχηματογραφούμενος ἐπιπέδως εἰς πενταγωνικὸν σχῆμα πάντῃ ἰσόπλευρον, οἷον α, ε, ιβ, κβ, λε, να, ο καὶ οἱ ἀνάλογοι.
(2) ἀλλ' ἔστι τοῦ μὲν πρώτου κατ' ἐνέργειαν, τουτέστι τοῦ ε ἑκάστη πλευρὰ δυάς, μονὰς μὲν γὰρ τοῦ δυνάμει πρωτίστου πενταγώνου ὑπάρχει τοῦ ἑνός, τοῦ δὲ τῶν ἐκκειμένων δευτέρου τοῦ ιβ πλευρὰ τριὰς καὶ τοῦ μετ' αὐτὸν τοῦ κβ τετρὰς καὶ τοῦ ἑξῆς τοῦ

(2) Es trifft sich für diese Zahlen, wie auch für die vorhergehenden, dass der Fortschritt in ihren Seiten (heute »Quadratwurzeln« genannt, s. o. I 2,5) nach den natürlichen Zahlen fortschreitet. Die Seite des potentiell ersten Vierecks, von 1, ist 1; die Seite des ersten tatsächlichen, von 4, ist 2; die Seite des zweiten tatsächlichen, von 9, ist 3; die Seite des nächsten, dritten tatsächlichen, von 16, ist 4; die des vierten ist 5, die des fünften ist 6 und so weiter im Allgemeinen mit allem, was folgt.
(3) Die Viereckzahl entsteht ebenfalls, indem die natürlichen Zahlen elementar aufgestellt und von 1 an angehäuft werden, aber nicht mehr in der Reihenfolge eine nach der anderen, wie vorher gezeigt wurde, sondern aller Zahlen, die als übernächste stehen, also der ungeraden; denn die erste, 1, ist potentiell das erste Viereck; die zweite, 1 plus 3, ist das erste tatsächliche Viereck; die dritte, 1 plus 3 plus 5, ist das zweite tatsächliche Viereck; die vierte, 1 plus 3 plus 5 plus 7, ist das dritte tatsächliche Viereck; die nächste ergibt sich durch Dazu-Anhäufung von 9 zu den vorigen Zahlen, die nächste durch Addition von 11 und so weiter.
(4) Auch in diesen Fällen trifft es sich, dass die Seite eines jeden aus so vielen Monaden besteht, wie es Zahlen gibt, die dazu angehäuft werden, um sie zu bilden.

10. Fünfeckzahl

(1) Eine Fünfeckzahl ist eine, die bei ihrer Auflösung in Monaden und graphischer Darstellung in der Fläche die Form eines gleichseitigen Fünfecks annimmt, etwa 1, 5, 12, 22, 35, 51, 70 und analoge Zahlen.
(2) Von dem ersten tatsächlichen Fünfeck, das ist 5, ist jede Seite 2, denn 1 ist die Seite des potentiell allerersten Fünfecks, 1; von dem zweiten der aufgeführten, 12, ist die Seite 3; vom nächsten, 22, ist sie 4; vom nächsten in der Reihenfolge, 35, ist sie 5; und 6 des fol-

λε πεντὰς καὶ ἑξὰς τοῦ ἐπὶ τούτῳ τοῦ να καὶ ἀεὶ οὕτως· καθόλου γὰρ τοσούτων μονάδων ἡ πλευρά ἐστιν, ὅσοιπερ εἰς τὴν αὐτοῦ σύστασιν συνεσωρεύθησαν ἀριθμοὶ ἐκλεγέντες ἐκ τοῦ κατὰ φύσιν στοιχηδὸν ἐκκειμένου ἀριθμητικοῦ χύματος· παραπλησίως γὰρ καὶ ὁμοιοτρόπως ἐπισωρεύονται ἀλλήλοις εἰς πενταγώνου γένεσιν οἱ ἀπὸ μονάδος δύο διαλείποντες ἐφ᾽ ὁσονοῦν, τουτέστιν οἱ τριάδι ἀλλήλων ὑπερέχοντες· ἡ μὲν μονὰς δυνάμει πρῶτος καὶ σχηματογραφεῖται οὕτως

α

ὁ δὲ ε δεύτερος ἐκ τοῦ α καὶ δ συντεθέντων σχηματογραφούμενος καὶ αὐτὸς οὕτως

α
α α
α α

ὁ δὲ ιβ ὁ τρίτος [93] ἔκ τε τῶν δύο προτέρων καὶ τοῦ ζ ἐπισωρευθέντος αὐτοῖς, ἵνα καὶ αὐτὸς τριάδα πλευρὰν σχῇ, ὡς τριῶν συντεθέντων εἰς τὴν αὐτοῦ σύστασιν, ὡς καὶ ὁ πρὸ αὐτοῦ ὁ ε δυάδα πλευρὰν εἶχεν ἐκ δύο συντεθείς, ἡ δὲ σχηματογραφία αὐτοῦ τοιαύτη ἐστίν·

α
α α
α α α
α α α
α α α

genden, 51, und so weiter. Im Allgemeinen enthält die Seite so viele Monaden wie die Zahlen, die addiert wurden, um das Fünfeck zu bilden, ausgewählt aus der natürlichen arithmetischen Reihe, die elementar aufgeführt ist, denn entsprechend und ähnlich werden zur Bildung der Fünfeckzahlen die Werte von 1 beginnend immer zwei auslassend beliebig weit dazu angehäuft werden, also diejenigen, die eine Differenz von 3 haben. Die Monade ist das potentiell erste Fünfeck und wird graphisch so dargestellt:

α

Die 5 ist das zweite, addiert aus 1 und 4, und wird graphisch so dargestellt:

α
α α
α α

Die 12, das dritte, ist aus den beiden vorherigen Zahlen und 7 zusammen angehäuft, so dass es 3 als Seite haben kann, da drei Zahlen addiert wurden, um es zu bilden. In ähnlicher Weise hatte das vorhergehende Fünfeck, 5, 2 als Seite und war aus zwei Zahlen addiert. Die graphische Darstellung der 12 ist diese:

α
α α
α α α
α α α
α α α

οἱ δὲ ἐπὶ τούτοις γενήσονται καθεξῆς προσσωρευομένων τῶν κατὰ τριάδος ὑπεροχὴν εὐτάκτων μετὰ τὴν ἑβδομάδα ὄντων, οἷον τοῦ ι, ιγ, ις, ιθ, κβ, κε καὶ ἐπ' ἄπειρον· ἔσονται γὰρ κβ, λε, να, ο, ϙβ, ριζ καὶ τοῦτο μέχρι παντός *(s. Graphik S. 146 links).*

[94] ια.

(1) ἑξάγωνοι δὲ καὶ ἑπτάγωνοι καὶ οἱ ἑξῆς κατὰ τὴν αὐτὴν ἔφοδον προβιβασθήσονται ἀπὸ τοῦ φυσικοῦ χύματος τοῦ ἀριθμοῦ στοιχηδὸν ἐκτεθέντος αἰεὶ κατὰ μονάδος πρόσθεσιν τῶν ἀποστάσεων γινομένων· ὡς γὰρ ὁ μὲν τρίγωνος τοὺς μονάδι διαφέροντας, μηδὲν παραλείποντας εἰς τὴν σωρείαν δεχόμενος ἀπετελεῖτο, ὁ δὲ τετράγωνος τοὺς δυάδι μὲν διαφέροντας, ἕνα δὲ παραλείποντας, πεντάγωνος δὲ ἀκολούθως τοὺς τριάδι μὲν διαφέροντας, δύο δὲ παραλείποντας, οὓς καὶ ἀπεδείξαμεν ὑποδείγματα αὐτῶν τε καὶ τῶν ἀποτελουμένων ἐκθέμενοι ἐξ αὐτῶν, οὕτως καὶ ἑξάγωνοι γνώμονας ἕξουσι τοὺς τετράδι μὲν διαφέροντας, τρεῖς δὲ παραλείποντας, ἐξ ὧν συντεθέντων σωρηδὸν ἀποτελοῦνται, οἷον α, ε, θ, ιγ, ιζ, κα καὶ ἐφεξῆς, ἵνα οἱ ἀποτελούμενοι ἑξάγωνοι ὦσιν α, ς, ιε, κη, με, ξς καὶ ἀεί, μέχρις ἄν τις θέλῃ.

α
α α
α α α
α α α
α α α
α α
α

Die anderen Fünfeckzahlen ergeben sich, indem man nacheinander die Werte dazu anhäuft, die den Überschuss 3 haben und geordnet hinter der 7 sind, wie etwa 10, 13, 16, 19, 22, 25 und unendlich weiter. Die Fünfecke werden 22, 35, 51, 70, 92, 117 und so weiter durchgehend sein *(s. Graphik S. 147 links).*

11. Weitere Vieleckzahlen

(1) Die Sechseck-, Siebeneck- und nachfolgenden Zahlen werden nach dem gleichen Verfahren in ihrer Reihe aufgestellt, wenn aus der natürlichen Zahlenreihe elementar Reihen mit immer um 1 zunehmender Differenz aufgestellt werden. Wie nämlich die Dreieckzahl aus der Anhäufung der Werte entsteht, die sich um 1 unterscheiden und nichts auslassen, die Viereckzahl aus denen, die sich um 2 unterscheiden und eins auslassen, und die Fünfeckzahl aus denen, die sich um 3 unterscheiden und zwei auslassen – wir haben dies an Beispielen für sie und für sich die daraus ergebenden Vieleckzahlen gezeigt –, so werden auch die Sechseckzahlen Stammzahlen haben, die sich um 4 unterscheiden und drei auslassen, und aus denen sich, haufenweise addiert, die Sechseckzahlen ergeben. Etwa 1, 5, 9, 13, 17, 21 und so weiter, so dass die sich ergebenden Sechseckzahlen 1, 6, 15, 28, 45, 66 und so weiter sein werden, so weit man will.

α
α α
α α α
α α α
α α α
α α
α

(2) οἱ δὲ τούτοις ἀκόλουθοι ἑπτάγωνοι τοὺς μὲν γνώμονας ἔχουσι πεντάδι μὲν διαφέροντας, τετράδι δὲ διαλείποντας, οἷον α, ϛ, ια, ιϛ, κα, κϛ, λα, λϛ καὶ ἐφ' ὁσονοῦν, αὐτοὶ δὲ οἱ συνιστάμενοί εἰσιν [95] α, ζ, ιη, λδ, νε, πα, ριβ, ρμη καὶ τοῦτο μέχρι παντός. (3) ὀκτάγωνοι δὲ κατὰ τὴν αὐτὴν τάξιν τοῖς τε γνώμοσιν ἑξάδι διαφέροντες προκόπτουσι καὶ τοῖς συστήμασιν ἀναλόγως.

(4) ἵνα δὲ ἐπὶ πάντων παρατηροῦντι τοῦτο καθολικὸν σύμφωνον ᾖ, ἑκάστου πολυγώνου τοὺς γνώμονας διαφέρειν ἀλλήλων δυάδι ἐλαττόνως, ἢ κατὰ τὴν ἐν τῷ ὀνόματι ποσότητα τῶν γωνιῶν, τουτέστι μονάδι μὲν τὸν τρίγωνον, δυάδι δὲ τὸν τετράγωνον, τριάδι δὲ τὸν πεντάγωνον, τετράδι δὲ τὸν ἑξάγωνον καὶ πεντάδι τὸν ἑπτάγωνον καὶ ἀεὶ κατὰ παραύξησιν οὕτως.

ιβ.

(1) καὶ περὶ μὲν τῆς τῶν πολυγώνων φύσεως τῶν ἐπιπέδων ἱκανὰ ταῦτα ὡς ἐν πρώτῃ εἰσαγωγῇ· ὅτι δὲ συμφωνοτάτη διδασκαλία ἡ περὶ αὐτῶν τῇ γραμμικῇ καὶ οὐκ ἀπᾴδουσα, δῆλον ἂν εἴη οὐ μόνον [96] ἐκ τῆς σχηματογραφίας τῆς καθ' ἕκαστον, ἀλλὰ κἀκεῖθεν· πᾶν τετράγωνον σχῆμα διαγωνίως διαιρεθὲν εἰς δύο τρίγωνα λύεται καὶ πᾶς τετράγωνος ἀριθμὸς εἰς δύο τριγώνους συνεχεῖς λύεται καὶ ἐξ ἄρα δύο τριγώνων συνεχῶν συνέστηκεν· οἷον τρίγωνοι μέν εἰσιν α, γ, ϛ, ι, ιε, κα, κη, λϛ, με, νε καὶ οἱ ἑξῆς, τετράγωνοι δὲ α, δ, θ, ιϛ, κε, λϛ, μθ, ξδ, πα, ρ.

(2) Die Siebeneckzahlen, welche diesen folgen, haben Stammzahlen, die sich um 5 unterscheiden und vier auslassen, wie 1, 6, 11, 16, 21, 26, 31, 36 und so weiter. Die Siebenecke, die so entstehen, sind 1, 7, 18, 34, 55, 81, 112, 148 und so weiter durchgehend.
(3) Die Achteckzahlen erhöhen sich nach der gleichen Ordnung, mit Stammzahlen, die sich um 6 unterscheiden, und analoger Variation in ihrer Gesamtkonstitution.
(4) Damit man, wenn man alle Fälle überblickt, eine universelle Harmonie hat, beachte man, dass sich die Stammzahlen eines jeden Vielecks voneinander unterscheiden um 2 weniger als das »Wie viel?« der Ecken, das der Name des Vielecks angibt – also um 1 im Dreieck, 2 im Viereck, 3 im Fünfeck, 4 im Sechseck, 5 im Siebeneck und so weiter mit ähnlicher Zunahme.

12. Zusammenhang von Dreiecken und Vielecken

(1) Was die Natur der Vielecke unter den Flächen betrifft, reicht dies für eine erste Einführung aus. Dass die Lehre von diesen Zahlen jedoch in höchstem Maß mit ihrer graphischen Darstellung übereinstimmt und nicht außer Harmonie mit ihr steht, wäre klar nicht nur aus der jeweiligen graphischen Darstellung, sondern auch aus dem Folgenden: Jede diagonal geteilte Viereckform wird in zwei Dreiecke zerlegt und jede Viereckzahl wird in zwei benachbarte Dreieckzahlen zerlegt und setzt sich somit aus zwei benachbarten Dreieckzahlen zusammen. Zum Beispiel sind die Dreieckzahlen 1, 3, 6, 10, 15, 21, 28, 36, 45, 55 und so weiter, die Viereckzahlen 1, 4, 9, 16, 25, 36, 49, 64, 81, 100.

(2) δύο δή, οὓς ἂν θέλῃς, τριγώνους συνεχεῖς ἀλλήλοις συνθεὶς πάντως τετράγωνον ποιήσεις καὶ ὁντινοῦν τετράγωνον ἄρα διαλύσας δυνήσῃ δύο ἀπ᾽ αὐτῶν τριγώνους ποιῆσαι· καὶ πάλιν παντὶ τετραγώνῳ σχήματι τρίγωνον προσζευχθὲν ὁθενοῦν πεντάγωνον ποιεῖ, οἷον τῷ δ τετραγώνῳ ὁ α τρίγωνος προσζευχθεὶς τὸν ε πεντάγωνον ποιεῖ καὶ τῷ θ τῷ ἑξῆς ὁ ἑξῆς προστεθείς, δηλονότι ὁ γ, πεντάγωνον τὸν ιβ ποιεῖ, τῷ δὲ ις ὄντι ἀκολούθῳ ὁ ς ἀκόλουθος ἐπισυντεθεὶς τὸν κβ ἀκόλουθον ἀποδίδωσιν καὶ τῷ κε [97] ὁ ι τὸν λε καὶ ἀεὶ οὕτως.

(3) κατὰ δὲ τὰ αὐτὰ κἂν τοῖς πενταγώνοις οἱ τρίγωνοι προστιθοῖντο τῇ αὐτῇ τάξει, τοὺς εὐτάκτους γεννήσουσιν ἑξαγώνους καὶ πάλιν ἐκείνοις οἱ αὐτοὶ προσπλεκόμενοι τοὺς ἐν τάξει ἑπταγώνους ποιήσουσι καὶ μετ᾽ ἐκείνους τοὺς ὀκταγώνους καὶ τοῦτο ἐπ᾽ ἄπειρον.

(4) πρὸς δὲ ὑπόμνησιν ἐκκείσθωσαν ἡμῖν πολυγώνων στίχοι παραλλήλως γεγραμμένοι οἵδε, ὁ πρῶτος τριγώνων, ὁ μετ᾽ αὐτὸν τετραγώνων, μετὰ δὲ ἀμφοτέρους πενταγώνων, εἶτα ἑξαγώνων, εἶτα ἑπταγώνων, εἶτα, εἰ ἐθέλοι τις, καὶ τῶν ἑξῆς πολυγώνων·

μῆκος καὶ πλάτος

τρίγωνοι	α	γ	ς	ι	ιε	κα	κη	λς	με	νε
τετράγωνοι	α	δ	θ	ις	κε	λς	μθ	ξδ	πα	ρ
πεντάγωνοι	α	ε	ιβ	κβ	λε	να	ο	ϙβ	ριζ	ρμε
ἑξάγωνοι	α	ς	ιε	κη	με	ξς	ϙα	ρκ	ρνγ	ρϙ
ἑπτάγωνοι	α	ζ	ιη	λδ	νε	πα	ριβ	ρμη	ρπθ	σλε

ἔξεστι δὲ καὶ τῶν ἐφεξῆς πολυγώνων τὴν ἔκθεσιν ἐν παραλλήλοις οὕτω στίχοις ποιήσασθαι.

(5) καθολικῶς γὰρ εὑρήσεις τοὺς μὲν τετραγώνους τῶν ὑπὲρ αὐτοὺς σύστημα ὄντας ὁμοταγῶν τριγώνων καὶ ἔτι τῶν ὑπερκειμένων ἐκείνοις ὁμογενῶν, οἷον [98] τὸν δ τοῦ γ καὶ α, τὸν θ τοῦ ς

(2) Wenn man zwei beliebige benachbarte Dreieckzahlen addiert, die einem gefallen, wird man stets eine Viereckzahl bilden, und daher kann man, egal welche Viereckzahl man zerlegt, zwei Dreieckzahlen daraus bilden. Wiederum bildet jedes mit einer Viereckform verbundene Dreieck ein Fünfeck; etwa bildet das mit dem Viereck 4 verbundene Dreieck 1 das Fünfeck 5; das mit dem nächsten Viereck 9 verbundene nächste Dreieck, 3 natürlich, bildet das Fünfeck 12; aus dem mit dem folgenden Viereck 16 zusammengesetzten folgenden Dreieck 6 kommt das folgende Fünfeck 22 heraus; mit 25 ergibt 10 die 35 und so weiter.

(3) Werden die Dreiecke in der gleichen Ordnung mit den Fünfecken zusammengesetzt, so entstehen die geordneten Sechsecke; wiederum die gleichen Dreiecke mit diesen Sechsecken bilden die Siebenecke in der Ordnung, mit diesen die Achtecke und so unendlich weiter.

(4) Um uns daran zu erinnern, seien die Reihen der Vielecke, parallel aufgeschrieben, wie folgt gegeben: Die erste Reihe Dreiecke, die nächste Vierecke, nach beiden Fünfecke, dann Sechsecke, dann Siebenecke, dann, wenn man will, die folgenden Vielecke.

Länge und Breite

Dreiecke	1	3	6	10	15	21	28	36	45	55
Vierecke	1	4	9	16	25	36	49	64	81	100
Fünfecke	1	5	12	22	35	51	70	92	117	145
Sechsecke	1	6	15	28	45	66	91	120	153	190
Siebenecke	1	7	18	34	55	81	112	148	189	235

Man kann auch von den darauf folgenden Vielecken die Aufstellung in parallelen Reihen so machen.

(5) Universell wird man feststellen, dass die Vierecke die Kombination aus den gleichplatzierten Dreiecken über ihnen plus den davor liegenden gleichartigen sind, etwa 4 aus 3 plus 1, 9 aus 6

καὶ γ, τὸν ις τοῦ ι καὶ ϛ, τὸν κε τοῦ ιε καὶ ι, τὸν δὲ λϛ τοῦ κα καὶ ιε καὶ μέχρις ἀεὶ οὕτως· τοὺς δὲ πενταγώνους τῶν ὑπὲρ αὐτοὺς ὁμοταγῶν τετραγώνων σύστημα ὄντας καὶ προσέτι τῶν πρωτογενῶν τριγώνων, ὅσοι εἰσὶ μονάδι ἔλαττον ὁμοταγεῖς, οἷον ὁ μὲν ε τοῦ δ καὶ α, ὁ δὲ ιβ τοῦ θ καὶ γ, ὁ δὲ κβ τοῦ ις καὶ ϛ, ὁ δὲ λε τοῦ κε καὶ ι καὶ ἀεὶ οὕτως.

(6) πάλιν δὲ οἱ ἑξάγωνοι τῶν ὑπὲρ αὐτοὺς ὁμοταγῶν πενταγώνων καὶ τῶν προεκτεθέντων τριγώνων ὁμοίως, οἷον ὁ ϛ τοῦ ε καὶ α, ὁ ιε τοῦ ιβ καὶ γ, ὁ δὲ κη τοῦ κῆ καὶ ϛ, ὁ δὲ με τοῦ λε καὶ ι καὶ μέχρις οὗ βούλει.

(7) τῶν δὲ ἑπταγώνων ὁ αὐτὸς τρόπος· ὁ μὲν γὰρ ζ σύστημα τοῦ ϛ καὶ α, ὁ δὲ ιη τοῦ ιε καὶ γ, ὁ δὲ λδ τοῦ κη καὶ ϛ καὶ οἱ ἑξῆς ἀκολούθως, ἵνα ἕκαστος πολύγωνος σύστημα ᾖ τοῦ τε ὑπὲρ αὐτὸν ὁμοταγοῦς μονάδι ἐλάττονος [99] ὁμογωνίου καὶ τοῦ ἀνωτάτου τριγώνου τοῦ [μονάδι ἐλάττονος] ὁμοταγοῦς παρ' ἓν κειμένου.

(8) εἰκότως ἄρα στοιχεῖον πολυγώνων τὸ τρίγωνον καὶ ἐν γραμμαῖς καὶ ἐν ἀριθμοῖς· καὶ γὰρ καὶ κατὰ βάθος καὶ κατὰ πλάτος ἐν τῷ διαγράμματι εὑρίσκονται οἱ συνεχεῖς αἰεὶ ἀριθμοὶ κατὰ τοὺς στίχους αὐτοὺς ἔχοντες διαφορὰς τοὺς εὐτάκτους τριγώνους.

ιγ.

(1) ἐντεῦθεν ἤδη ῥᾴδιον συνιδεῖν, τίς τε ὁ στερεὸς ἀριθμὸς καὶ πῶς ἰσοπλεύρως ὁ τοιοῦτος προκόπτει· ὁ γὰρ πρὸς τοῖς δυσὶ διαστήμασι τοῖς ἐν τῇ ἐπιπέδῳ σχηματογραφίᾳ θεωρουμένοις ἐπὶ μῆκος καὶ ἐπὶ πλάτος τρίτον διάστημα προσειληφώς, ὅ τινες μὲν βάθος, τινὲς δὲ πάχος καλοῦσιν, ἔνιοι δὲ ὕψος, ἐκεῖνος ἂν εἴη στερεὸς ἀριθμὸς ὁ τριχῇ διαστατὸς καὶ ἔχων ἐν ἑαυτῷ μῆκος, βάθος, πλάτος.

plus 3, 16 aus 10 plus 6, 25 aus 15 plus 10, 36 aus 21 plus 15 und so weiter, und dass die Fünfecke die Kombination aus den gleichplatzierten Vierecken über ihnen plus den Dreiecken der vorigen Art sind, die eins weniger als gleichplatziert sind, etwa 5 aus 4 plus 1, 12 aus 9 plus 3, 22 aus 16 plus 6, 35 aus 25 plus 10 und so weiter.

(6) Die Sechsecke wiederum bestehen ebenso aus den über ihnen gleichplatzierten Fünfecken und den davor angeordneten Dreiecken, etwa 6 aus 5 plus 1, 15 aus 12 plus 3, 28 aus 22 plus 6, 45 aus 35 plus 10, und so weit ihr wollt.

(7) Dieselbe Weise gilt für die Siebenecke, denn 7 ist die Kombination aus 6 plus 1, 18 aus 15 plus 3, 34 aus 28 plus 6 und so weiter für die folgenden. Jedes Vieleck ist also die Kombination aus dem gleichplatzierten Vieleck mit einer Ecke weniger plus dem Dreieck ganz oben, das gleichplatziert ist mit dem eins davor liegenden.

(8) Folgerichtig ist also das Dreieck das Element der Vielecke sowohl in Linien als auch in Zahlen. In der Tabelle findet man nämlich sowohl in der Tiefe als auch in der Breite, dass immer die in ihren Reihen benachbarten Zahlen als Differenzen die geordneten Dreiecke haben.

13. Körperzahlen: Pyramiden

(1) Daraus lässt sich leicht ersehen, was die Körperzahl ist und wie sie gleichseitig voranschreitet, denn die Zahl, die zusätzlich zu den zwei Dimensionen, welche in der graphischen Darstellung in der Fläche als Länge und Breite betrachtet werden, eine dritte Dimension hat, welche die einen Tiefe, die anderen Dicke und wieder andere Höhe nennen, diese Zahl wäre eine Körperzahl, die sich in drei Richtungen erstreckt und in sich Länge, Tiefe und Breite hat.

(2) πρώτιστα δὲ οὗτος φαντάζεται ἐν ταῖς λεγομέναις πυραμίσιν. αὗται δὲ γίνονται ἐκ πλατυτέρων βάσεων μειουριζόμεναι εἰς ὀξεῖαν κορυφήν, πρῶτον μὲν κατὰ τριγωνισμὸν ἀπὸ τριγώνου βάσεως, δεύτερον δὲ κατὰ τετραγωνισμὸν ἀπὸ τετραγώνου βάσεως, ἑξῆς δὲ τούτοις κατὰ πενταγωνισμὸν ἀπὸ [100] πενταγώνου βάσεως, εἶτα ἀνάλογον ἀπὸ ἑξαγώνου καὶ ἑπταγώνου καὶ ὀκταγώνου καὶ ἀεὶ ἐπ' ἄπειρον.
(3) καθάπερ ἀμέλει καὶ ἐν τοῖς γεωμετρικοῖς στερεοῖς σχήμασιν ἀπὸ τριγώνου ἰσοπλεύρου ἐάν τις εὐθείας ἐννοήσῃ τρεῖς ἀπὸ τῶν γωνιῶν τῷ μήκει ἴσας ταῖς τοῦ τριγώνου πλευραῖς καθ' ὕψος συννευούσας εἰς ἓν καὶ τὸ αὐτὸ σημεῖον, πυραμὶς ἂν ἀποτελεσθείη ὑπὸ τεσσάρων περιεχομένη τριγώνων ἰσοπλεύρων τε καὶ ἴσων ἀλλήλοις, ἑνὸς μὲν τοῦ ἐξ ἀρχῆς τριγώνου, τριῶν δὲ τῶν περιγραφέντων ὑπὸ τῶν λεχθεισῶν τριῶν εὐθειῶν.

(4) καὶ πάλιν ἀπὸ τετραγώνου ἐπιπέδου ἐάν τις τέσσαρας εὐθείας λογίσηται τῷ μήκει ἴσας ταῖς τοῦ τετραγώνου πλευραῖς ἑκάστην ἑκάστῃ πάλιν κατὰ τὸ ὕφος συννευούσας εἰς ἓν καὶ τὸ αὐτὸ σημεῖον, πυραμὶς ἂν ἀποτελεσθείη ἀπὸ τετραγώνου βάσεως τετραγωνικῶς μειουριζομένη, περιεχομένη δὲ ὑπὸ τεσσάρων μὲν τριγώνων ἰσοπλεύρων, ἑνὸς δὲ τετραγώνου τοῦ ἐξ ἀρχῆς.

(5) καὶ ἀπὸ πενταγώνου δὲ καὶ ἑξαγώνου καὶ ἑπταγώνου καὶ μέχρις οὗ βούλεταί τις προχωρεῖν, τῷ αὐτῷ τρόπῳ εὐθεῖαι ἰσάριθμοι ταῖς γωνίαις ἀπ' αὐτῶν τῶν γωνιῶν ἀνεγειρόμεναι καὶ εἰς ἓν καὶ τὸ αὐτὸ συννεύουσαι σημεῖον πυραμίδα ἀποκορυφοῦσιν ὀνομαζομένην ἀπὸ πενταγώνου βάσεως ἢ ἑξαγώνου ἢ ἑπταγώνου [101] ἢ ἀνάλογον.

(6) οὕτω δὲ καὶ ἐν τοῖς ἀριθμοῖς ἀπὸ μὲν μονάδος ὡς ἀπὸ σημείου πᾶς γραμμικὸς ηὐξήθη ἀριθμός, οἷον α, β γ, δ, ε καὶ οἱ ἑξῆς ἐπ' ἄπειρον· ἀπ' αὐτῶν δὲ τούτων γραμμικῶν ὄντων

(2) Zuallererst erscheint diese in den sogenannten Pyramiden. Diese entstehen aus ziemlich breiten Basen, die sich zu einer scharfen Spitze verjüngen, erstens nach der Dreieckform mit einer dreieckigen Basis, zweitens nach der Viereckform mit einer viereckigen Basis, danach nach der Fünfeckform mit einer fünfeckigen Basis, dann analog mit dem Sechseck, Siebeneck, Achteck und immer unendlich so weiter.

(3) So verhält es sich bei den geometrischen Körperformen: Wenn man sich auf einem gleichseitigen Dreieck drei Strecken von den Ecken vorstellt, die gleich lang wie die Seiten des Dreiecks sind und in der Höhe zu ein und demselben Punkt zusammenlaufen, so würde sich eine Pyramide ergeben, die durch vier gleichseitige und untereinander gleiche Dreiecke begrenzt wird, von denen das eine das ursprüngliche Dreieck ist und die anderen drei von den vorgenannten drei Strecken begrenzt werden.

(4) Und wenn man sich wiederum auf einer Viereckfläche vier Strecken denkt, die gleich lang wie die Seiten des Vierecks sind, jede für sich, und wieder in der Höhe zu ein und demselben Punkt zusammenlaufen, so würde sich eine Pyramide mit viereckiger Basis ergeben, die sich viereckig verkleinert und begrenzt wird durch vier gleichseitige Dreiecke und ein Viereck, das ursprüngliche.

(5) Und auf einem Fünfeck, Sechseck, Siebeneck und wie weit man auch gehen möchte, werden in gleicher Weise die Strecken, die dieselbe Zahl wie die Ecken haben, die von diesen Ecken aus aufgerichtet werden (als Streckenlänge muss man hier die Anzahl der aufgehäuften Vielecke annehmen; s. u. II 13,7) und die zu ein und demselben Punkt zusammenlaufen, eine Pyramide vervollständigen, die nach ihrer fünfeckigen, sechseckigen oder siebeneckigen Basis benannt wird oder analog.

(6) So wächst auch bei den Zahlen jede Linienzahl von 1 beginnend wie von einem Punkt aus, etwa 1, 2, 3, 4, 5, und so weiter unendlich weit; und aus diesen, die Linienzahlen sind und sich in

καὶ ἐφ' ἓν διαστατῶν πως συντεθέντων καὶ οὐχ ὡς ἔτυχεν οἱ πολύγωνοι καὶ ἐπίπεδοι ἀριθμοὶ πλάσσονται, τρίγωνοι μὲν παρὰ μηδένα συντεθέντων τῶν γνωμόνων, τετράγωνοι δὲ παρὰ ἕνα, πεντάγωνοι δὲ παρὰ δύο καὶ ἀεὶ οὕτως.
(7) τὸν αὐτὸν δὴ τρόπον καὶ αὐτῶν τούτων τῶν ἐπιπέδων πολυγώνων ἀριθμῶν ἐπισωρευομένων ἀλλήλοις καὶ ὡσανεὶ ἐποικοδομουμένων αἱ ὁμογενεῖς ἑκάστῳ πυραμίδες γεννῶνται, ἡ μὲν ἀπὸ τριγώνου βάσεως ἀπ' αὐτῶν τῶν τριγώνων, ἡ δὲ ἀπὸ τετραγώνου βάσεως ἀπ' αὐτῶν τῶν τετραγώνων, ἡ δὲ ἀπὸ πενταγώνου ἀπὸ τῶν πενταγώνων καὶ ἡ ἀπὸ ἑξαγώνου ἀπὸ τῶν ἑξαγώνων καὶ τοῦτο δι' ὅλου.
(8) εἰσὶν οὖν αἱ μὲν ἀπὸ τριγώνου βάσεως εὔτακτοι αὗται α, δ, ι, κ, λε, νς, πδ [102] καὶ ἐφεξῆς, ὧν ἡ γένεσις αὐτοὶ οἱ τρίγωνοι ἀλλήλοις ἐπισωρευόμενοι, πρῶτος μὲν ὁ α, εἶτα ὁ αγ, εἶτα ὁ αγς, εἶτα πρὸς τούτοις ὁ ι καὶ ἐφεξῆς σὺν τοῖς πρόσθεν ὁ ιε καὶ ἐπὶ τούτοις ὁ κα καὶ ἑξῆς ὁ κη καὶ ἐπ' ἄπειρον.

(9) δῆλον δέ, ὅτι καὶ ὁ μείζων τῶν ἀριθμῶν κατώτατος νοεῖται, αὐτὸς γὰρ βάσις εὑρίσκεται, ὁ δὲ εὐθύς μετ' αὐτὸν ὑπὲρ αὐτὸν καὶ ὁ μετ' ἐκεῖνον ὑπὲρ τοῦτον, ἕως ἂν ἡ μονὰς ἐπὶ τῇ κορυφῇ φανῇ καὶ ὡσανεὶ εἰς σημεῖον ἀπομειουρίσῃ τὴν τελείωσιν τῆς πυραμίδος.

ιδ.

(1) αἱ δὲ ἑξῆς πυραμίδες εἰσὶν αἱ ἀπὸ τετραγώνου βάσεως ὁμοιοσχημόνως ἀνιστάμεναι ἐφ' ἓν καὶ τὸ αὐτὸ σημεῖον· αὗται δὲ τῷ αὐτῷ τρόπῳ πλάσσονται ταῖς προλεχθείσαις τριγωνικαῖς· τοὺς γὰρ ἀπὸ μονάδος εὐτάκτους τετραγώνους στοιχηδὸν ἐκθέμενος α, δ, θ, ις, κε, λς, μθ, ξδ, πα, ρ καὶ τοὺς ἑξῆς πάλιν σωρηδὸν ἐπιτίθημι ἀλλήλοις κατὰ βάθος αὐτούς, τὸν α ἐπάνω τοῦ δ, καὶ

eine Richtung erstrecken, und nicht beliebig, werden die Vieleck- und Flächenzahlen herausgearbeitet – die Dreiecke durch Addition der Stammzahlen, keine auslassend, die Vierecke jeweils eine auslassend, die Fünfecke jeweils zwei auslassend und so weiter.
(7) Auf dieselbe Weise entstehen, wenn die Flächen-Vieleckzahlen dazu angehäuft und sozusagen aufgebaut werden, die jeweils gleichartigen Pyramiden – die mit dreieckiger Basis aus den Dreiecken, die mit viereckiger Basis aus den Vierecken, die mit fünfeckiger Basis aus den Fünfecken, die mit sechseckiger Basis aus den Sechsecken und so weiter durchgehend.

(8) Die Pyramiden mit dreieckiger Basis sind also geordnet folgende: 1, 4, 10, 20, 35, 56, 84 und so weiter; ihr Ursprung ist die Anhäufung der Dreieckzahlen übereinander, zuerst 1, dann 1, 3, dann 1, 3, 6, dann zusätzlich zu diesen 10, und als nächstes zusammen mit den vorigen 15, dann zusätzlich zu diesen 21, als nächstes 28 und unendlich weiter.
(9) Es ist klar, dass man sich die größte Zahl als die unterste vorstellt, denn sie wird als Basis gefunden; die nächstfolgende steht auf ihr, und die nächste auf dieser, bis die Monade an der Spitze erscheint und sich die fertige Pyramide sozusagen zu einem Punkt verjüngt.

14. Pyramiden mit viereckiger Basis und Pyramidenstümpfe

(1) Die nächsten Pyramiden sind die mit viereckiger Basis, die sich gleichförmig zu ein und demselben Punkt erheben. Diese sind auf dieselbe Weise herausgearbeitet wie die dreieckigen, von denen wir gerade gesprochen haben, denn wenn ich die geordneten Viereckzahlen, von 1 beginnend, elementar aufstelle, also 1, 4, 9, 16, 25, 36, 49, 64, 81, 100, und die aufeinanderfolgenden haufenweise zusammenfüge und entlang der Tiefe setze, die 1 auf

γίνεται πυραμὶς ἡ ε ἐνεργείᾳ πρώτη ἀπὸ τετραγώνου βάσεως, δυνάμει γὰρ πρώτη καὶ ἐνταῦθα ἡ μονάς.

(2) πάλιν δ' αὐτὴν ταύτην, ὡς ἔχει, τὴν πυραμίδα τὴν ἐκ πέντε μονάδων ἐπιτίθημι ὅλην τῷ θ τετραγώνῳ [103] καὶ συνίσταταί μοι ἡ ιδ πυραμὶς ἀπὸ τετραγώνου βάσεως πλευρὰν ἔχουσα πάντοθι τριάδα, τῆς προτέρας δυάδα ἐχούσης τῆς ε, τῆς δὲ δυνάμει πρωτίστης μονάδα· δεῖ γὰρ καὶ ἐνθάδε τοσούτων ἑκάστην πλευρὰν ἡστινοσοῦν πυραμίδος μονάδων εἶναι, ὅσοιπέρ εἰσι τὸν ἀριθμὸν οἱ εἰς σύστασιν αὐτῆς συσσωρευθέντες πολύγωνοι.

(3) πάλιν γὰρ τὴν ιδ πυραμίδα συνόλην βάσιν ἔχουσαν τὸν θ τετράγωνον ἐπιτίθημι τῷ ις τετραγώνῳ καὶ ἀποτελεῖταί μοι ἡ λ πυραμὶς τρίτη κατ' ἐνέργειαν τῶν ἀπὸ τετραγώνου βάσεως οὖσα· τῇ δ' αὐτῇ τάξει καὶ ἀγωγῇ καὶ ἀπὸ πενταγώνου βάσεως καὶ ἀπὸ ἑξαγώνου καὶ ἑπταγώνου βάσεως καὶ ἐπὶ πλεῖον ἀεὶ προχωροῦντες πυραμίδας συστησόμεθα τοὺς ἀναλογοῦντας ἑκάστῃ πολυγώνους ἐπισωρεύοντες ἀλλήλοις ἀπὸ μονάδος ἀρχόμενοι ὡς ἀπὸ ἐλαχίστου καὶ προχωροῦντες μέχρις ἀπείρου καθ' ἑκάστην.

(4) καὶ ἐκ τούτου δῆλον γίνεται, ὅτι στοιχειωδέστερα τὰ τρίγωνα· πᾶσαι γὰρ ἁπλῶς αἱ δεικνύμεναι καὶ φαινόμεναι πυραμίδες ἀπὸ τῶν καθ' ἑκάστην πολυγώνων βάσεων τριγώνοις μέχρι κορυφῆς περιέχονται.

[104] (5) ἵνα δὲ μὴ ἀνήκοοι ὦμεν κολούρων καὶ δικολούρων καὶ τρικολούρων πυραμίδων, ὧν τοῖς ὀνόμασιν ἐντευξόμεθα ἐν συγγράμμασι μάλιστα τοῖς θεωρηματικοῖς, ἰστέον, ὅτι, ἐὰν πυραμὶς ἀφ' ἡστινοσοῦν βάσεως, τουτέστιν ὁντιναοῦν πολύγωνον ἔχουσα βάσιν εἴτε τρίγωνον εἴτε τετράγωνον εἴτε πεντάγωνον εἴτε τῶν ἑξῆς τινα τῶν ὁμογενῶν πολυγώνων, κατὰ σωρείαν αὐξηθεῖσα μὴ ἐπὶ μονάδα μειουρισθῇ, κόλουρος ἁπλῶς λέγεται ἐστερημένη τῆς φυσικῆς καὶ πᾶσιν ἐπιβαλλούσης κορυφώσεως· οὐ γὰρ εἰς τὸν δυνάμει πολύγωνον τὴν μονάδα τελευτᾷ αὕτη ὡς εἰς ἕν τι σημεῖον, ἀλλ' εἰς ἕτερον ἐνεργείᾳ, καὶ οὐκέτι μονὰς κο-

die 4, dann entsteht 5, die erste tatsächliche Pyramide mit viereckiger Basis, denn auch hier ist die Monade die potentiell erste.

(2) Wiederum diese Pyramide, so wie sie ist aus 5 Monaden, setze ich als Ganzes auf das Viereck 9, und es entspringt für mich die Pyramide 14 mit viereckiger Basis, die überall die Seite 3 hat; die frühere, 5, hatte ja die Seite 2, und die potentiell allererste 1; denn auch hier muss jede Seite der Pyramide so viele Monaden haben, wie die Zahl der Vielecke ist, die zu ihrer Bildung zusammen angehäuft sind.

(3) Wiederum die ganze Pyramide 14, die als Basis das Viereck 9 hat, setze ich auf das Viereck 16, und es ergibt sich für mich 30, die dritte tatsächliche Pyramide von denen mit viereckiger Basis. Und in der gleichen Ordnung und Prozedur mit einer fünfeckigen Basis und einer sechseckigen und siebeneckigen Basis und immer fortschreitend werden wir Pyramiden kombinieren, indem wir die analogen Vieleckzahlen jeweils dazu anhäufen, von 1 beginnend als der kleinsten und fortschreitend bis ins Unendliche in jedem Fall.

(4) Auch hieraus wird klar, dass die Dreiecke am elementarsten sind, denn schlicht alle der gezeigten und vorgestellten Pyramiden mit den jeweils vieleckigen Basen sind bis zur Spitze von Dreiecken begrenzt.

(5) Aber damit wir nicht unachtsam sind gegenüber den Stümpfen und Zwei- und Drei-Stümpfen der Pyramiden, deren Namen wir sicher in den theoretischen Schriften finden werden, muss man wissen, dass, wenn eine Pyramide mit irgendeiner Basis – das heißt sie hat irgendein Vieleck als Basis, ein Dreieck, Viereck, Fünfeck oder eines der folgenden gleichartigen Vielecke – sich durch Anhäufung vermehrt nicht zur Monade verjüngt, sie dann schlicht Stumpf genannt wird, weil sie ohne die natürliche Spitze, die zu allen Pyramiden gehört, zurückbleibt; sie endet nämlich nicht in dem potentiellen Vieleck der Monade wie in einem Punkt, sondern in einem anderen tatsächlichen, und nicht die Monade ist

ρυφή, ἀλλ᾿ ἐπίπεδον αὐτῇ τὸ πέρας γίνεται ἰσογώνιον τῇ βάσει· ἐὰν δὲ πρὸς τῷ μὴ εἰς μονάδα τελευτᾶν ἔτι καὶ μὴ εἰς τὸν παρὰ τὴν μονάδα ἐνεργείᾳ πρῶτον τελευτήσῃ, δικόλουρος λέγεται ἡ τοιαύτη· ἐὰν δὲ καὶ ἔτι μὴ ἔχῃ τὸν ἐνεργείᾳ δεύτερον πολύγωνον ἐπὶ τῷ συμπεράσματι, ἀλλὰ μόνον τὸν ὑπ᾿ αὐτόν, τρικόλουρος κεκλήσεται καὶ τετρακόλουρός γε, ἂν καὶ τὸν μετ᾿ ἐκεῖνον μὴ ἔχῃ, καὶ πεντακόλουρος κατὰ τὸ ἑξῆς καὶ ἀεὶ μέχρι βούλει παρεκτείνειν τὸ ὄνομα.

[105] ιε.

(1) καὶ ἡ μὲν τῶν ἰσοπλεύρων στερεῶν ἀριθμῶν πυραμοειδῶν γένεσις καὶ προκοπὴ καὶ ἐπαύξησις καὶ φύσις τοιαύτη σπέρμα καὶ ῥίζαν ἔχουσα τοὺς πολυγώνους αὐτοὺς καὶ τὴν ἐκείνων εὔτακτον ἐπισωρείαν, ἑτέρα δέ τις στερεῶν ἑτερογενῶν εὐταξία ἐστὶ τῶν λεγομένων κύβων, δοκίδων, πλινθίδων, σφηνίσκων, σφαιρικῶν, παραλληλεπιπέδων, τήν τῆς προβάσεως τάξιν ἔχουσα τοιαύτην τινά.

(2) οἱ προφρασθέντες τετράγωνοι α, δ, θ, ις, κε, λς μθ, ξδ καὶ οἱ ἑξῆς διχῇ ὄντες διαστατοὶ καὶ ἐν τῇ ἐπιπέδῳ σχηματογραφίᾳ μῆκος καὶ πλάτος μόνον ἔχοντες ἔτι καὶ τρίτον προσλήψονται διάστημα καὶ ἔσονται στερεοὶ καὶ τριχῇ διαστατοί, ἐὰν τῇ ἰδίᾳ πλευρᾷ ἕκαστος πολλαπλασιασθῇ, ὁ μὲν δ δὶς β ὢν πάλιν δὶς γενόμενος, ἵνα ὀγδοὰς ἀποτελεσθῇ, ὁ δὲ θ τρὶς γ ὢν πάλιν τριάδι ἐπ᾿ ἄλλο διάστημα αὐξηθῇ καὶ γένηται ὁ κζ, ὁ δὲ ις τετράκις δ ὑπάρχων πάλιν τετράδι τῇ αὐτοῦ πλευρᾷ μεγεθυνθῇ καὶ γένηται ὁ ξδ, καὶ οἱ ἑξῆς παραπλησίως μέχρι παντός.

ihre Spitze, sondern ihre obere Fläche erhält gleich viele Ecken wie die Basis. Wenn sie jedoch nicht nur nicht in der Monade endet, sondern nicht einmal in dem Vieleck neben der Monade, dem ersten tatsächlichen, dann wird eine solche Pyramide Zwei-Stumpf genannt; und wenn, noch weiter, sie nicht das zweite tatsächliche Vieleck an ihrer Obergrenze hat, sondern nur das nächstniedrigere, wird sie als Drei-Stumpf bezeichnet, und als Vier-Stumpf, wenn sie nicht das nächstniedrigere hat, und als Fünf-Stumpf beim nächsten und so weiter, soweit man die Nomenklatur tragen will.

15. Quader: Würfelzahlen

(1) Während der Ursprung, der Fortschritt, die Vermehrung und die Natur der gleichseitigen Körperzahlen pyramidalen Aussehens Samen und Pflanzenwurzel (s. o. I 2,5) in den Vieleckzahlen und ihrer geordneten Anhäufung haben, gibt es eine andere Sortierung von andersartigen Körperzahlen (Quader), bestehend aus den sogenannten Würfeln (s. u.), Balken (s. u. II 17,6), Ziegelsteinen (s. u. II 17,6), Keilen (s. u. II 16,2), Kugeln (s. u. II 17,7) und *parallel-epipedoi* (s. u. II 16,3), welche die folgende Ordnung ihres Fortschreitens hat.

(2) Die vorstehenden Quadrate 1, 4, 9, 16, 25, 36, 49, 64 und so weiter, die in zwei Richtungen ausgedehnt sind und in ihrer graphischen Darstellung in der Fläche nur Länge und Breite haben, werden noch eine dritte Dimension annehmen und Körper sein und sich in drei Richtungen ausdehnen, wenn jedes mit seiner eigenen Seite multipliziert wird; 4, das ist zweimal 2, wird wiederum mit 2 multipliziert, um 8 zu ergeben; 9, das ist dreimal 3, wird in der anderen Dimension wiederum mit 3 vermehrt und ergibt 27; 16, das ist viermal 4, wird – wiederum mit 4 anfangend – mit seiner eigenen Seite multipliziert und ergibt 64 und so weiter entsprechend durchgehend.

(3) τοσούτων [106] δὲ καὶ ἐνθάδε μονάδων αἱ πλευραὶ ἔσονται, ὅσωνπερ ἦσαν καὶ αἱ τῶν τετραγώνων, ἀφ' ὧν ἐγένοντο, ἕκαστος ἀφ' ἑκάστου, αἱ μὲν τοῦ η δυάδων, ὅσων καὶ αἱ τοῦ δ, αἱ δὲ τοῦ κζ τριάδων, ὅσων καὶ αἱ τοῦ θ, αἱ δὲ τοῦ ξδ τετράδων, ὅσων καὶ αἱ τοῦ ις, καὶ τοῦτο ἐφεξῆς, ὥστε καὶ ἡ τῆς δυνάμει κύβου μονάδος πλευρὰ μονὰς ἔσται πανταχόθι, ὅσηπερ καὶ ἡ τῆς δυνάμει τετραγώνου μονάδος.
(4) καθόλου δὲ ἕκαστος τετράγωνος ἓν μὲν ἐπίπεδόν ἐστι, γωνίας δὲ ἔχει τέσσαρας καὶ πλευρὰς τέσσαρας, ἕκαστος δὲ κύβος ηὐξημένος ὢν ἐξ ἑκάστου τετραγώνου τῇ ἰδίᾳ πλευρᾷ πολυπλασιασθέντος ἐπίπεδα μὲν ἕξει πάντως ἕξ, ὧν ἕκαστον ἶσον τῷ προγόνῳ αὐτοῦ τετραγώνῳ, πλευρὰς δὲ δώδεκα, ὧν ἑκάστη ἴση καὶ μονάδων γε τῶν αὐτῶν τῇ τοῦ προγόνου τετραγώνου πλευρᾷ, γωνίας δὲ ὀκτώ στερεάς, ὧν ἑκάστη περιέχεται ὑπὸ τριῶν πλευρῶν, οἵα ἐστὶν ἑκάστη τῶν ἐν τῷ προγόνῳ τετραγώνῳ.

ις.

(1) ἐπειδὴ οὖν πάντη ἰσόπλευρον ἐπὶ μῆκος καὶ [107] βάθος καὶ πλάτος σχῆμα στερεὸν ὑπάρχει ὁ κύβος καὶ ἐπὶ τὰς λεγομένας ἓξ περιστάσεις ἰσοδιάστατον, ἀκόλουθον ἄρα ἐστίν, ἀντικεῖσθαι αὐτῷ τὸ μηδαμῇ ἴσας ἔχον τὰς διαστάσεις ἀλλήλαις, ἀλλ' ἄνισον τὴν τοῦ βάθους τῇ τοῦ πλάτους καὶ ἑκατέρᾳ τούτων τὴν τοῦ μήκους, οἷον δὶς τρὶς τετράκις ἢ δὶς τετράκις ὀκτάκις ἢ τρὶς πεντάκις δωδεκάκις ἢ κατά τινα ἄλλην ἀνισότητα τοιαύτην.

(2) τὰ δὲ τοιαῦτα στερεὰ σχήματα λέγεται σκαληνὰ ἁπλῶς, ὧν πάντη τὰ διαστήματα ἄνισα ἀλλήλοις ἐστι· τινὲς δὲ αὐτὰ πολυωνύμως σφηνίσκους καλοῦσι, καὶ γὰρ καὶ οἱ σφῆνες ἀνισόπλευροι πανταχῆ τεκτονικοί τε καὶ οἰκοδομικοὶ καὶ χαλκευτικοὶ καὶ οἱ

(3) Auch hier werden die Seiten aus jeweils so vielen Monaden bestehen wie auch die Seiten der Quadrate, aus denen sie entstanden sind, jedes für sich; die Seiten von 8 werden 2 sein, wie die von 4; die von 27, 3, wie die von 9; die von 64, 4, wie die von 16; und so weiter, so dass auch die Seite des potentiellen Würfels 1 überall die Monade sein wird, wie auch die Seite des potentiellen Quadrats 1.
(4) Im Allgemeinen ist jedes Quadrat eine einzige Fläche und hat vier Ecken und vier Seiten, während jeder Würfel, nachdem er aus irgendeinem Quadrat, multipliziert mit seiner eigenen Seite, gewachsen ist, stets sechs Flächen haben wird, von denen jede gleich der im ursprünglichen Quadrat ist, und zwölf Kanten, von denen jede gleich ist und genau die gleiche Anzahl von Monaden enthält wie die Seite des ursprünglichen Quadrats, und acht Ecken, von denen jede von drei Kanten begrenzt wird, jede wie die Seiten des ursprünglichen Quadrats.

16. *skalenos* und *parallel-epipedos*

(1) Da nun der Würfel eine Körperform ist, die ganz gleichseitig in Länge, Tiefe und Breite ist und sich in den sechs sogenannten Richtungen gleichmäßig ausdehnt, ist es nun folgerichtig, dass ihm etwas entgegengesetzt ist, dessen Dimensionen keinesfalls einander gleich sind, sondern die Dimension der Tiefe ist ungleich der Dimension der Breite und jede davon ungleich der Dimension der Länge, etwa zweimal dreimal viermal, oder zweimal viermal achtmal, oder dreimal fünfmal zwölfmal, oder nach einem anderen Schema der Ungleichheit.
(2) Solche Körperformen, bei denen alle Dimensionen untereinander ungleich sind, werden schlicht *skalenos* genannt. Manche nennen sie mit weiteren Namen »Keilchen«, da auch die in allen Richtungen ungleichseitigen Keile für Zimmerleute, Hausbauer,

τῶν ἄλλων τεχνῶν πλάσσονται ἀπὸ ὀξυτέρου ἄκρου διαδύνειν ἀρχόμενοι καὶ αἰεὶ μᾶλλον πλατυνόμενοι ἀνομοίως κατὰ πάντα τὰ διαστήματα· τινὲς δὲ τοὺς αὐτοὺς σφηκίσκους καλοῦσι, τοιοῦτος γὰρ καὶ ὁ τῶν σφηκῶν μάλιστα ἄγκος ἀποσφιγγόμενος κατὰ μέσον καὶ τὴν λεχθεῖσαν ὁμοιότητα ἐμφαίνων· παρὰ τοῦτο εἰκὸς καὶ τὸ σφήκωμα ὠνομάσθαι, ἔνθα γὰρ ἂν ἀποσφίγξῃ, τὴν τοῦ σφηκὸς ἐντομὴν μιμεῖται· ἕτεροι δὲ τοὺς αὐτοὺς βωμίσκους προσαγορεύουσιν ἀπὸ οἰκείας εἰκόνος, οἱ γὰρ παλαιότροποι βωμοί, μάλιστα δὲ Ἰωνικοί, οὔτε τὸ πλάτος τῷ βάθει οὔτε συναμφότερα τῷ μήκει ἶσα ἔχουσιν οὔτε τὴν βάσιν τῇ κορυφῇ, ἀλλὰ πάντη εἰσὶν ἐξηλλαγμένοι [108] ταῖς διαστάσεσιν.

(3) ὡς οὖν ἀκροτήτων δύο κύβου τε καὶ σκαληνοῦ, τοῦ μὲν κατ' ἰσότητα διεστῶτος, τοῦ δὲ κατ' ἀνισότητα πάντη, μέσοι εἰσὶ στερεοὶ ἀριθμοὶ οἱ λεγόμενοι παραλληλεπίπεδοι, ὧν καὶ τὰ ἐπίπεδα ἑτερομήκεις ὑπάρχουσιν ἀριθμοί, ὥσπερ καὶ τῶν κύβων αὐτῶν τετράγωνοι ἀριθμοὶ ἦσαν τὰ ἐπίπεδα, ὡς ἐδείχθη.

Schmiede und die anderen Fachleute so herausgearbeitet sind, dass sie von einem scharfen Rand beginnend sich in alle Richtungen immer mehr ungleichmäßig ausweiten. Manche nennen diese Körper auch »Wespchen«, denn auch die Wespentaille ist in der Mitte zusammengedrückt und zeigt die erwähnte Vergleichbarkeit; nach der Ähnlichkeit ist auch die Helmspitze benannt, denn wo sie zusammengedrückt ist, ahmt sie die Taille der Wespe nach. Andere nennen die gleichen Körper Altäre, wobei sie ihre eigene Metapher verwenden, denn die Altäre im antiken Stil – besonders die ionischen – haben weder die Breite gleich der Tiefe, noch beide gleich der Länge, noch die Basis gleich der Spitze, sondern sind überall von abweichender Ausdehnung.

(3) So bilden zwischen den zwei Randwerten, dem des Würfels und dem des *skalenos*, von denen sich der eine gemäß der Gleichheit ausdehnt, der andere ganz gemäß der Ungleichheit, die Mitte die sogenannten *parallel-epipedoi*, bei denen die Flächen *hetero-mekes*-Zahlen sind (s. o. I 19,19), so wie bei den Würfeln die Flächen Quadratzahlen waren, wie gezeigt wurde.*

---

* Beim Würfel sind die drei Seitenlängen gleich (etwa 4, 4, 4) und alle sechs Flächen Quadrate (4 · 4). Beim *skalenos* sind die drei Seitenlängen ungleich (etwa 4, 7, 10) und die jeweils paarweise vorkommenden drei Flächen ungleich (4 · 7, 4 · 10, 7 · 10). Bei den »Balken« und »Ziegelsteinen« (s. u. II 17,6) sind von den drei Seitenlängen zwei gleich, die dritte abweichend (etwa 4, 4, 7 oder 4, 4, 2); von den sechs Flächen sind zwei Quadrate (4 · 4) und die vier anderen untereinander gleiche Rechtecke (4 · 7 bzw. 4 · 2). Die *parallel-epipedoi* (Becker 1938 vermutet hier und schon II 15,1 eine Verschreibung für das sonst freilich nicht belegte Wort *paramek-epipedoi*) sind ein Spezialfall davon: Die abweichende Seitenlänge ist hier um genau 1 größer oder kleiner ist als die andere (etwa 4, 4, 5 oder 4, 4, 3), so dass die vier Rechteckflächen *hetero-mekes* (4 · 5 bzw. 4 · 3) sind.

ιζ.

(1) πάλιν οὖν ἄνωθεν ἑτερομήκης ἀριθμὸς λέγεται, οὗ ἐπιπέδως σχηματογραφηθέντος τετράπλευρος μὲν καὶ τετραγώνιος γίνεται ἡ καταγραφή, οὐ μὴν ἴσαι ἀλλήλαις αἱ πλευραὶ οὐδὲ τὸ μῆκος τῷ πλάτει ἶσον, ἀλλὰ παρὰ μονάδα, οἷον ὁ β, ὁ ς, ὁ ιβ, ὁ κ, ὁ λ, ὁ μβ καὶ οἱ ἑξῆς· ἂν γὰρ αὐτοὺς ἐπιπέδως διαγράφῃ τις, πάντως οὕτω ποιήσει· ἅπαξ β β, δὶς γ ς, τρὶς δ ιβ καὶ τοὺς ἑξῆς ἀναλόγως· τετράκις ε, πεντάκις ς, ἑξάκις ζ, ἑπτάκις η καὶ ἐπ' ἄπειρον, μόνον ἵνα μονάδι μείζων ἡ ἑτέρα πλευρὰ τῆς λοιπῆς ᾖ, ἄλλῳ δὲ μηδενὶ ἀριθμῷ·

ἐὰν δὲ ἄλλως παρὰ τὴν μονάδα διαφέρωσιν ἀλλήλων αἱ πλευραί, οἷον δυάδι, τριάδι, τετράδι ἢ ἐφεξῆς, ὡς τὰ δὶς δ ἢ τρὶς ς ἢ τετράκις η [109] ἢ ὅπως ποτὲ οὖν ἑτέρως, οὐκέτι κυρίως ὁ τοιοῦτος ἑτερομήκης κληθήσεται, ἀλλὰ προμήκης· ἕτερον γὰρ καὶ ἑτερότητα οἱ παλαιοὶ οἱ περί τε Πυθαγόραν καὶ τοὺς ἐκείνου διαδόχους πυθμενικῶς ἐν τῇ δυάδι ἐθεώρουν, ταὐτὸν δὲ καὶ ταυτότητα ἐν τῇ μονάδι, ὡς ἐν δυσὶν ἀρχαῖς τῶν ὅλων· εὑρίσκονται δὲ αὗται μονάδι μόνον ἀλλήλων διαφέρουσαι, ὥστε καὶ τὸ ἕτερον σπερματικῶς μονάδι ἕτερόν ἐστι καὶ οὐκ ἄλλῳ ἀριθμῷ· διόπερ καὶ συνήθως ἐπὶ δυοῖν, ἀλλ' οὐκ ἐπὶ πλειόνων τὸ ἕτερον λέγεται παρὰ τοῖς ὀρθῶς διαλεγομένοις.

(2) ἀλλὰ μὴν καὶ μονάδι μὲν εἰδοποιεῖσθαι ἀπεδείχθη ὁ περισσὸς πᾶς ἀριθμός, δυάδι δὲ ὁ ἄρτιος πᾶς· ὅθεν εἰκότως τὸν μὲν περισσὸν τῆς ταυτοῦ φύσεως ἐροῦμεν μετέχειν, τὸν δὲ ἄρτιον τῆς θατέρου, καὶ γὰρ δὴ καὶ κατὰ σωρείαν ἑκατέρου ἀποτελοῦνται φύσει, ἀλλ' οὐχ ἡμῶν θεμένων, τῇ μὲν τοῦ ἀπὸ μονάδος περισ-

17. Weitere Körperzahlen

(1) Wiederum nochmals (s. o. I 19,19): Eine Zahl wird als *heteromekes* bezeichnet, wenn ihre Darstellung, wenn sie in einer Fläche graphisch beschrieben wird, zwar vierseitig und viereckig ist, die Seiten aber einander nicht gleich sind und die Länge nicht gleich der Breite ist, sondern sie sich um 1 unterscheiden, wie etwa 2, 6, 12, 20, 30, 42 und so weiter. Wenn man diese nämlich graphisch in einer Fläche darstellt, wird man sie stets so konstruieren: einmal 2 ist 2, zweimal 3 ist 6, dreimal 4 ist 12, und die folgenden analog, viermal 5, fünfmal 6, sechsmal 7, siebenmal 8 und so unendlich weiter, vorausgesetzt, dass eine Seite nur um 1 größer ist als die andere und um keine andere Zahl.
Falls sich aber die Seiten um etwas anderes als um 1 unterscheiden, etwa um 2, 3, 4 oder aufeinanderfolgende Zahlen, wie bei zweimal 4, dreimal 6, viermal 8 oder sich wie auch immer sonst unterscheiden, dann wird eine solche Zahl nicht mehr als eigentlich *heteromekes* bezeichnet, sondern als Rechteckzahl (*pro-mekes*). Die Alten der Schule des PYTHAGORAS und seine Nachfolger sahen nämlich »Anderes« und »Anderssein« grundlegend in der Dyade (2) und »Gleiches« und »Gleichheit« in der Monade (1), also in den beiden Anfänge aller Dinge; man findet, dass diese beiden Anfänge sich nur durch eine Monade unterscheiden. So ist »das Andere« grundsätzlich »anders« durch die Monade und durch keine andere Zahl, und deshalb wird »anders« gewöhnlich unter denen, die richtig sprechen, nur von zwei Dingen und nicht von mehr als zwei verwendet.
(2) Außerdem wurde gezeigt, dass jede ungerade Zahl ihre spezifische Form durch die 1 erhält, jede gerade Zahl durch die 2. Daher werden wir folgerichtig sagen, dass die ungerade an der Natur des »Gleichen« und die gerade an der des »Anderen« teilhat, denn in der Tat gibt es durch die Anhäufungen jeder dieser Zahlen – von Natur aus, nicht durch unsere Bestimmungen – durch die Addition der ungeraden Zahlen von 1 beginnend bis unendlich die Natur

σοῦ ἐπ’ ἄπειρον ἡ τετραγώνων φύσις, τῇ δὲ τοῦ ἀπὸ δυάδος ἀρτίου ἐπ’ ἄπειρον ἡ τῶν ἑτερομηκῶν.

(3) πᾶσα ἄρα ἀνάγκη, τὸν μὲν τετράγωνον οἴεσθαι πάλιν τῆς ταυτοῦ φύσεως μετέχειν· τὸν γὰρ αὐτὸν λόγον καὶ ὅμοιον καὶ ἀπαράλλακτον καὶ ἐν ἰσότητι κείμενον αἱ πλευραὶ αὐτοῦ ἀποδεικνύουσι πρὸς ἑαυτάς, τὸν δὲ ἑτερομήκη τῆς θατέρου· ὃν γὰρ μονὰς πρὸς δυάδα τρόπον παρήλλακται μονάδι μόνῃ διαφέρουσα, τοῦτον καὶ παντὸς ἑτερομήκους αἱ πλευραὶ πρὸς ἀλλήλας διαλλάσσουσιν, [110] ἡ ἑτέρα τῆς ἑτέρας μονάδι μόνον διαφέρουσα· οἷον ἐκκειμένου μοι τοῦ ἀπὸ μονάδος συνεχοῦς ἑξῆς ἀριθμοῦ ἐκλεξάμενος ἰδίᾳ μὲν τοὺς περισσοὺς τάσσω ἐν ἑνὶ στίχῳ, ἰδίᾳ δὲ τοὺς ἀρτίους ἐν ἑτέρῳ, καὶ γίνονταί μοι δύο στίχοι τοιοῦτοι·

α, γ, ε, ζ, θ, ια, ιγ, ιε, ιζ, ιθ, κα, κγ, κε, κζ·
β, δ, ς, η, ι, ιβ, ιδ, ις, ιη, κ, κβ, κδ, κς, κη.

(4) ἀρχὴ μὲν οὖν τοῦ τῶν περισσῶν στίχου ἡ μονὰς ὁμογενής τε οὖσα καὶ τὴν τοῦ ταυτοῦ φύσιν ἔχουσα· διὸ οὔτε ἐὰν τε ἑαυτὴν πολυπλασιάσῃ ἐπιπέδως ἢ στερεῶς, ἑτεροιοῦται οὔτε ἄλλον ὁντιναοῦν ἐξίστησι τοῦ ἐξ ἀρχῆς, ἀλλὰ τηρεῖ αὐτὸν ἐν ταὐτῷ· τὸ δὲ τοιοῦτον περὶ ἄλλον ἀριθμὸν εὑρεῖν ἀδύνατον.

(5) τοῦ δ’ ἄλλου στίχου ἄρχει ἡ δυὰς ὁμογενὴς αὐτῷ οὖσα καὶ ἑτερότητος καταρκτική· εἴτε γὰρ ἑαυτὴν εἴτε ἄλλον πολυπλασιάσειεν, ἔκστασιν ποιεῖ, οἷον δὶς β, δὶς γ.

(6) ὅταν δὲ ᾖ ὀκτάκις η δὶς ἢ τρίς, τὰ τοιαῦτα στερεὰ σχήματα πλινθίδες λέγονται ἰσάκις ἴσοι ἐλαττονάκις· ἐὰν δὲ καὶ μείζονα τὰ ὕψη τῷ τετραγώνῳ προσγένηται, δοκίδες οἱ τοιοῦτοι ἀριθμοὶ

der Quadrate, und durch die Addition der geraden Zahlen, von 2 beginnend unendlich weit, die der *hetero-mekes*-Zahlen.

(3) Dementsprechend gibt es allen Grund dafür zu denken, dass auch das Quadrat die Natur des Gleichen teilt, denn seine Seiten zeigen das gleiche Verhältnis – gleich, unveränderlich und fest in der Gleichheit fixiert – zu sich selbst. Die *hetero-mekes*-Zahl dagegen hat an der Natur des Anderen teil, denn so, wie 1 von 2 auf die Weise abweicht, dass sie sich nur um 1 unterscheidet, weichen auch die Seiten jeder *hetero-mekes*-Zahl so voneinander ab, dass die eine von der anderen sich nur um 1 unterscheidet. Zur Veranschaulichung: Wenn man vor mir die benachbarten Zahlen in einer Reihe von 1 beginnend aufgeführt hat und die ungeraden Zahlen für sich in einer Reihe und die geraden für sich in einer anderen auswählt und anordnet, so erhalte ich diese beiden Reihen:

1, 3, 5, 7, 9, 11, 13, 15, 17, 19, 21, 23, 25, 27;
2, 4, 6, 8, 10, 12, 14, 16, 18, 20, 22, 24, 26, 28.

(4) Nun denn, der Anfang der ungeraden Reihe ist die Monade, welche gleichartig damit ist und die Natur des Gleichen besitzt, und so wird weder, wenn sie als Fläche oder als Körper mit sich multipliziert wird, sie verändert, noch wird irgendeine andere Zahl von dem abweichen, was sie ursprünglich war, sondern sie bleibt so, wie sie war. Eine solche Eigenschaft kann man in keiner anderen Zahl finden.

(5) Von der anderen Reihe ist der Anfang die 2, welche gleichartig mit dieser ist und das Anderssein begründet, denn ob sie sich selbst oder eine andere Zahl multipliziert, sie bewirkt eine Veränderung, zum Beispiel zweimal 2, zweimal 3.

(6) Wenn man achtmal 8 zweimal oder dreimal hat, werden solche Körperformen »Ziegelsteine« genannt, das Produkt von zwei gleichen und einer kleineren Zahl; wenn jedoch eine größere Höhe mit dem Quadrat verbunden wird, werden derartige Zahlen »Balken«

λέγονται, οἷον τρὶς γ ἑπτάκις ἢ ὀκτάκις ἢ ἐνάκις [111] ἢ ὁσακισοῦν μόνον ὑπερβαλλόντως· ἔστι δὲ δοκὶς ἀριθμὸς ἰσάκις ἴσος μειζονάκις· οἱ δέ γε σφηνίσκοι ἦσαν ἀνισάκις ἄνισοι ἀνισάκις καὶ οἱ κύβοι ἰσάκις ἴσοι ἰσάκις.

(7) αὐτῶν δὲ τῶν κύβων ὅσοι πρὸς τῷ ἰσάκις ἴσοι ἰσάκις εἶναι ἔτι ἔχουσι καὶ τὸ αἰεὶ καταλήγειν κατὰ πᾶσαν πολυπλασίασιν εἰς τὸ αὐτό, ἀφ' οὗπερ ἤρξαντο, σφαιρικοὶ καλοῦνται, οἱ δ' αὐτοὶ καὶ ἀποκαταστατικοί, ὥσπερ ἀμέλει ὁ ἀπὸ τῆς ε πλευρᾶς καὶ ὁ ἀπὸ τῆς ϛ· ὅσαις γὰρ ἂν αὐξήσεσιν αὐξήσω τούτων ἑκάτερον, εἰς τὸ αὐτὸ συμπέρασμα ἀεὶ τελευτήσει πάντως, ὁ μὲν ἀπὸ τοὺ ϛ εἰς αὐτὸ τὸ ϛ, ὁ δὲ ἀπὸ τοῦ ε εἰς αὐτὸ τὸ ε· οἷον πεντάκις ε εἰς τὸ ε τελευτήσει καὶ τοῦτο πεντάκις καὶ εἰ δέοι πάλιν πεντάκις τοῦτο καὶ μέχρις ἀπείρου ἑτέρα τις τελευτὴ οὐχ εὑρεθήσεται, πλὴν εἰ μὴ ἡ ε, καὶ ἀπὸ τοῦ ϛ τὸν αὐτὸν τρόπον ἡ ϛ καὶ ἄλλη οὐδεμία· ὥστε καὶ ἡ μονὰς δυνάμει σφαιρική ἐστι καὶ ἀποκαταστατική, τὸ γὰρ αὐτὸ πάσχει τοῦτο, ὡς εἰκός, πάθος τὸ περὶ τὰς σφαίρας καὶ τοὺς κύκλους· ἐκείνων γὰρ ἑκάτερον, ὅθεν ἄρχεται, ἐκεῖ καὶ τελευτὰ περικυκλούμενον καὶ περιστρεφόμενον. ὡς καὶ οἱ λεχθέντες οὗτοι ἀριθμοὶ μονώτατοι τῶν ἄλλων τῶν ἰσάκις ἴσων καταστρέφουσιν εἰς τὴν αὐτὴν ἀρχήν, [112] ὅθεν ἤρξαντο, κατὰ πάσας τὰς αὐξήσεις· ἀλλ' ἂν μὲν ἐπιπέδως δυσὶ διαστήμασι προκόψωσι, κυκλικοὶ λέγονται, ὡς ὁ α, κε, λϛ ἐκ τοῦ ἅπαξ α καὶ τοῦ πεντάκις ε καὶ τοῦ ἑξάκις ϛ· ἐὰν δὲ τρία διαστήματα ἔχωσιν ἢ ἐπὶ πλέον τούτων πολλαπλασιασθῶσι, σφαιρικοὶ στερεοὶ λέγονται, ὡς ὁ α, ρκε, σιϛ ἢ ἄλλως ,αχκε ,ασϛ.

genannt, wie dreimal 3 siebenmal oder achtmal oder neunmal oder wie oft man das Quadrat auch immer malnehmen will; es ist ein »Balken« das Produkt von zwei gleichen und einer größeren Zahl. Die »Keilchen« waren das Produkt von drei ungleichen Zahlen, die »Würfel« das von drei gleichen Zahlen (s. o. II 15–16).

(7) Unter diesen Würfeln haben einige außer der Eigenschaft, das Produkt von drei gleichen Zahlen zu sein, auch die, dass sie bei jeder Multiplikation immer mit der gleichen Zahl enden, mit der sie begonnen haben; diese nennt man dann »kugelförmig« und auch »wiederkehrend«. Solche sind etwa die mit der Seite 5 oder 6, denn wie oft auch immer ich jede dieser Seiten vermehre, es wird stets mit demselben Schluss enden, von 6 mit 6 und von 5 mit 5. Zum Beispiel wird fünfmal 5 in 5 enden, und auch fünfmal dieses, und falls nötig wiederum fünfmal dieses, und bis ins Unendliche wird kein anderes Ende gefunden werden außer 5. Auch aus 6 wird in gleicher Weise 6 und nichts anderes. So ist 1 ebenfalls potentiell kugelförmig und wiederkehrend, denn es hat die gleiche Eigenschaft wie die Kugeln und Kreise: Für jede von ihnen endet das Kreisen und Umdrehen dort, wo es beginnt. Und so sind die oben genannten Zahlen die einzigen der Produkte von gleichen Zahlen, die im Laufe all ihrer Vermehrungen zum gleichen Anfang zurückkehren, von dem sie begonnen haben. Wenn sie in der Art von Flächen, in zwei Dimensionen, zunehmen, werden sie kreisförmig genannt, wie 1, 25 und 36, abgeleitet von einmal 1, fünfmal 5 und sechsmal 6; wenn sie aber drei Dimensionen haben oder noch weiter als diese multipliziert werden, so werden sie kugelförmige Körperzahlen genannt, zum Beispiel 1, 125, 216 oder wiederum 1625, 1296.

ιη.

(1) καὶ περὶ μὲν στερεῶν ἀριθμῶν ἱκανὰ ἐν τῷ παρόντι καὶ ταῦτα· ἐπεὶ δὲ ἀρχὰς τῶν ὅλων οἵ τε φυσικοὶ καὶ οἱ ἐκ τῶν μαθημάτων ὁρμώμενοι τὸ ταὐτὸν καὶ τὸ ἕτερον λέγουσιν, ἀπεδείχθη δὲ τὸ ταὐτὸν τὸν μὲν ὑπάρχουσα ἡ μονὰς καὶ οἱ κατὰ εἰδοποίησιν αὐτῆς περισσοί, πολὺ δὲ μᾶλλον οἱ ἐκ τούτων συσσωρευομένων συνιστάμενοι τετράγωνοι ὡς ἂν δὴ ἰσότητος ἐν ταῖς πλευραῖς μετέχοντες, ἕτερον δὲ δυάς τε καὶ ὁ ὑπὸ ταύτης εἰδοποιούμενος πᾶς ἄρτιος, μάλιστα δὲ οἱ ὑπὸ τούτων συσσωρευομένων συνιστάμενοι ἑτερομήκεις διὰ τὸ πρώτης ἀνισότητος [113] καὶ ἑτερότητος ἐν τῇ τῶν πλευρῶν διαφορᾷ μετέχειν, ἔτι τοῦτο ἀποδεικτέον ἀναγκαιότατα, πῶς ἐν ἀμφοτέροις τούτοις ὡς ἐν ἀρχαῖς καὶ σπέρμασι δυνάμει πάντα τὰ τοῦ ἀριθμοῦ ἰδιώματα προυπόκειται εἰδῶν τε αὐτοῦ καὶ ὑποδιαιρέσεων σχέσεών τε πασῶν καὶ πολυγώνων καὶ τῶν παραπλησίων.

(2) πρότερον δὲ διασταλτέον ἡμῖν, ᾗ διαφέρει προμήκης ἀριθμὸς ἑτερομήκους· ἑτερομήκης μὲν γάρ ἐστιν, ὡς προελέχθη, ὁ γινόμενος ὑπὸ ἀριθμοῦ τὸν μονάδι ἑαυτοῦ μείζονα πολυπλασιάσαντος, οἷον ὁ ϛ ὑπὸ τοῦ δὶς γ, ὁ ιβ ὑπὸ τοῦ τρὶς δ, προμήκης δέ ἐστιν ὁ ὑπὸ δύο μὲν ἀριθμῶν διαφερόντων ὁμοίως καὶ αὐτὸς γινόμενος, οὐ μὴν μονάδι γε, ἀλλὰ μείζονί τινι ἀριθμῷ, οἷον δὶς δ, τρὶς ϛ, τετράκις η, καὶ οἱ παραπλήσιοι τῷ μήκει προπεπτωκότες τρόπον τινὰ καὶ ὑπερβεβηκότες τὴν τῆς μονάδος διαφοράν.

18. Das Gleiche und das Andere

(1) Für die Körperzahlen ist dies für jetzt ausreichend. Die Naturphilosophen und diejenigen, die mit der Mathematik anfangen, nennen »das Gleiche« und »das Andere« die Prinzipien des Kosmos, und es hat sich gezeigt, dass »das Gleiche« in der Monade und den ungeraden Zahlen liegt, denen die Monade eine spezifische Erscheinungsform verleiht, und noch mehr in den Quadraten, die durch die Anhäufung der ungeraden Zahlen entstehen, weil sie in ihren Seiten gleichberechtigt sind; während »das Andere« die 2 und die ganze gerade Reihe erbt, die durch die 2 eine spezifische Erscheinungsform erhält, und besonders in den *hetero-mekes*-Zahlen, die durch die Anhäufung der geraden Zahlen entstehen, wegen des Anteils der ursprünglichen Ungleichheit und Andersartigkeit, den sie in der Differenz zwischen ihren Seiten haben. Deshalb ist es am notwendigsten, weiter zu zeigen, wie in diesen beiden, wie in den Ursprüngen und Samen, potentiell alle eigentümlichen Eigenschaften der Zahl, ihrer Erscheinungsformen und Unterteilungen, aller ihrer Beziehungen, der Vielecke und dergleichen vorhanden sind.
(2) Zuerst müssen wir jedoch die Unterscheidung treffen, wodurch sich die Rechteckzahl (*pro-mekes*) von der *hetero-mekes*-Zahl unterscheidet. Die *hetero-mekes*-Zahl ist, wie bereits erwähnt (s. o. I 19,19), entstanden als Produkt von einer Zahl mit einer anderen, die um 1 größer ist, zum Beispiel 6 als zweimal 3 oder 12 als dreimal 4. Die Rechteckzahl dagegen ist ebenfalls entstanden aus zwei verschiedenen Zahlen, die sich aber nicht um 1, sondern um eine größere Zahl unterscheiden, wie etwa zweimal 4, dreimal 6, viermal 8 und weitere Zahlen, die in gewisser Weise die Differenz von 1 in der Länge überschreiten und darüber hinausgehen.

(3) οὐκοῦν ὅτι μὲν οἱ τετράγωνοι ὑπό τινων ἀριθμῶν ἰδίῳ μήκει μηκυνθέντων γίνονται, ταὐτὸν ἔχοντες τὸ μῆκος τῷ πλάτει, ἰδιομήκεις ἄν κυρίως καὶ ταυτομήκεις λέγοιντο, οἷον δὶς β, τρὶς γ, τετράκις δ καὶ οἱ ἐφεξῆς· εἰ δὲ τοῦτο, ἐπιδεκτικοὶ πάντως ταυτότητος καὶ ἰσότητος, διόπερ ὡρισμένοι τε καὶ περαίνοντες· τὸ γὰρ ἴσον καὶ τὸ ταὐτὸν ἑνὶ τρόπῳ [114] καὶ ὡρισμένῳ τοιοῦτον· ὅτι δὲ καὶ οἱ ἑτερομήκεις ἀριθμοὶ οὐκ ἰδίῳ μήκει, ἀλλ' ἑτέρου μηκυνθέντος ἀποτελοῦνται, ἑτερομήκεις τε διὰ τοῦτο καὶ ἑτερότητος ἐπιδεκτικοὶ ἀπειρίας τε καὶ ἀοριστίας.

(4) τῇ δὲ ἄρα διχοστατεῖ καὶ διανενέμηται καὶ ἐναντία ἀλλήλοις φαίνεται τά τε τοῦ ἀριθμοῦ πάντα καὶ τὰ ἐν κόσμῳ πρὸς ταῦτα ἀποτελεσθέντα καὶ καλῶς οἱ παλαιοὶ φυσιολογεῖν ἀρχόμενοι τὴν πρώτην διαίρεσιν τῆς κοσμοποιίας ταύτῃ ποιοῦνται· Πλάτων μὲν τῆς ταυτοῦ. φύσεως καὶ τῆς θατέρου ὀνομάζων καὶ πάλιν τῆς ἀμερίστου καὶ ἀεὶ κατὰ τὰ αὐτὰ ἐχούσης οὐσίας τῆς τε οὗ μεριστῆς γινομένης, Φιλόλαος δὲ ἀναγκαῖον τὰ ἐόντα πάντα εἶμεν ἤτοι ἄπειρα ἢ περαίνοντα ἢ περαίνοντα ἅμα καὶ ἄπειρα, ὅπερ μᾶλλον συγκατατίθεται εἶναι, ἐκ περαινόντων ἅμα καὶ ἀπείρων συνεστάναι τὸν κόσμον, κατ' εἰκόνα δηλονότι τοῦ ἀριθμοῦ· καὶ γὰρ οὗτος σύμπας ἐκ μονάδος καὶ δυάδος σύγκειται ἀρτίου τε καὶ περιττοῦ, ἃ δὴ ἰσότητός τε καὶ ἀνισότητος ἐμφαντικὰ ταυτότητός τε καὶ ἑτερότητος περαίνοντός τε καὶ ἀπείρου ὡρισμένου τε καὶ ἀορίστου.

(3) Da also die Quadrate aus der Multiplikation von Zahlen mit ihrer eigenen Länge entstehen und dieselbe Länge wie Breite haben, würde man sie eigentlich »eigenlängig« und »gleichlängig« nennen, etwa zweimal 2, dreimal 3, viermal 4 und so weiter. Und wenn das so ist, bergen sie stets die Identität und die Gleichheit, und deshalb sind sie begrenzt und endlich, denn Gleiches und Identisches sind dies auf eine einzige und begrenzte Weise. Da hingegen die *hetero-mekes*-Zahlen sich nicht aus der Multiplikation mit ihrer eigenen Länge, sondern mit der einer anderen (*heteros*) Zahl ergeben, sind sie deshalb »anderslängig« (*hetero-mekes*) und bergen Unendlichkeit und Grenzenlosigkeit.

(4) Auf diese Weise werden also alle Zahlen und die Gegenstände im Kosmos, die mit Bezug auf sie erschaffen wurden, geteilt und klassifiziert, und es wird sichtbar, dass sie einander entgegengesetzt sind, und gut tun die Alten daran, ganz am Anfang ihrer Naturphilosophie die erste Unterteilung in ihrer Kosmogonie nach diesem Prinzip zu unternehmen. So erwähnt PLATON (*Timaios* 35a) die Unterscheidung zwischen den Naturen des »Gleichen« und des »Anderen«, und noch einmal, die zwischen dem Wesen, das unteilbar und immer gleich ist, und dem, das geteilt ist; und PHILOLAOS (*Frg.* 2) sagt, dass alle existierenden Dinge entweder unendlich oder endlich oder zugleich endlich und unendlich sein müssen, womit er vielmehr meint, dass der Kosmos gleichzeitig aus endlichen und unendlichen Dingen besteht, offensichtlich nach dem Bild der Zahl, denn alle Zahl besteht aus Monade und Dyade, gerade und ungerade, und diese zeigen in Wahrheit Gleichheit und Ungleichheit, Identität und Andersartigkeit, Endlichkeit und Unendlichkeit, Begrenzung und Grenzenlosigkeit.

ιθ.

(1) ἵνα δὲ καὶ ἐναργῶς πεισθῶμεν περὶ τῶν λεγομένων, ὅτι ἄρα ἐκ μαχομένων καὶ ἐναντίων [115] συνέστη τὰ ὄντα καὶ εἰκότως ἁρμονίαν ὑπεδέξατο – ἁρμονία δὲ πάντως ἐξ ἐναντίων γίνεται· ἔστι γὰρ ἁρμονία πολυμιγέων ἕνωσις καὶ δίχα φρονεόντων συμφρόνησις –, ἐκθώμεθα ἐν δυσὶ παραλλήλοις ἐπὶ μῆκος στίχοις μηκέτι ἰδίᾳ ἀρτίους ἀπὸ δυάδος καὶ περισσοὺς ἀπὸ μονάδος, ὡς πρὸ μικροῦ, ἀλλὰ τοὺς ἐξ αὐτῶν τούτων συσσωρευθέντων αὐτοῖς ἀποτελεσθέντας, τετραγώνους μὲν ἀπὸ περισσῶν, ἑτερομήκεις δὲ ἀπὸ ἀρτίων· ἐνατενίζοντες γὰρ τῇ ἐκθέσει αὐτῶν θαυμάσομεν τὴν φιλαλληλίαν καὶ τὸ συλληπτικὸν ἀλλήλοις εἰς τὸ ἀπογεννᾶν τὰ λοιπὰ καὶ ἐκτελεῖν, ἵνα εἰκότως ἐπινοῶμεν καὶ ἐν τῇ τῶν ὅλων φύσει ἐντεῦθέν ποθεν τὸ τοιοῦτον ὑπὸ τῆς κοσμικῆς προνοίας συντελεῖσθαι.

(2) ἔστωσαν οὖν οἱ δύο στίχοι τοιοῦτοι· ὁ μὲν τῶν τετραγώνων ἀπὸ μονάδος

α, δ, θ, ις, κε, λς μθ, ξδ, πα, ρ, ρκα, ρμδ, ρξθ, ρϛ, σκε·

ὁ δὲ τῶν ἑτερομηκῶν ἀπὸ δυάδος ἀρχόμενος καὶ αὐτὸς οὕτως·

β, ς, ιβ, κ, λ, μβ, νς, οβ, ϙ, ρι, ρλβ, ρνς, ρπβ, σι, σμ.

(3) πρῶτον μὲν οὖν πρῶτος πρώτου πυθμὴν πολλαπλάσιος, δεύτερος δὲ δευτέρου ἡμιόλιος, τρίτος δὲ τρίτου ἐπίτριτος, τέταρτος δὲ τετάρτου ἐπιτέταρτος, [116] εἶτα ἐπίπεμπτος καὶ ἔφεκτος καὶ τοῦτο ἐπ᾽ ἄπειρον ἀναλόγως·

διαφοραὶ δὲ αὐτῶν προκόψουσι κατὰ τὸν συνεχῆ ἀπὸ μονάδος ἀριθμόν, μονὰς μὲν τῶν πρώτων, δυὰς δὲ τῶν δευτέρων, τριὰς δὲ τῶν τρίτων καὶ ἀεὶ οὕτως·

19. *hetero-mekes-* und Quadratzahlen

(1) Damit wir uns von dem, was gesagt wird, klar überzeugen lassen, nämlich dass die Dinge aus widerstreitenden und gegensätzlichen Sachen bestehen und folgerichtig Harmonie angenommen haben – und Harmonie entsteht stets aus Gegensätzen, denn Harmonie ist die Vereinigung der Verschiedenen und die Versöhnung der Gegensätzlichen –, lasst uns in zwei parallelen Reihen nicht mehr, wie gerade eben noch, die geraden Zahlen von 2 beginnend und die ungeraden Zahlen von 1 beginnend betrachten, sondern die Zahlen, die sich durch die Anhäufung aus diesen ergeben, die Quadrate aus den ungeraden Zahlen und die *hetero-mekes*-Zahlen (s. o. I 19,19) aus den geraden. Wenn wir nämlich ihre Reihe aufmerksam verfolgen, werden wir ihre gegenseitige Freundschaft und ihre Zusammenarbeit bei der Hervorbringung und Vervollkommnung der übrigen Formen bewundern, so dass wir folgerichtig annehmen können, dass auch in der Natur des Kosmos aus einer solchen Quelle wie dieser eine ähnliche Sache durch die universelle Vorsehung herbeigeführt wurde.
(2) Die beiden Reihen seien nun wie folgt: Die der Quadrate von 1 beginnend,

1, 4, 9, 16, 25, 36, 49, 64, 81, 100, 121, 144, 169, 196, 225,

die der *hetero-mekes*-Zahlen, von 2 beginnend und so fortfahrend,

2, 6, 12, 20, 30, 42, 56, 72, 90, 110, 132, 156, 182, 210, 240.

(3) Zuerst ist nun die erste *hetero-mekes*-Zahl das Grund-Vielfache (das Doppelte) des ersten Quadrates, die zweite der *hemi-olios* (1½) des zweiten, die dritte der *epi-tritos* (1⅓) des dritten, die vierte der *epi-tetartos* (1¼) des vierten, dann *epi-pemptos* (1⅙), *ep-hektos* (1⅐) und analog unendlich weit.
Ihre Differenzen werden gemäß der benachbarten Zahl vorrücken, von 1 beginnend; 1 bei den ersten, 2 bei den zweiten, 3 bei den dritten und immer so weiter.

εἶτα δὲ ἐὰν ἀρξάμενος ὁ τῶν τετραγώνων δεύτερος συγκρίνηται κατὰ δυασμὸν τῷ πρώτῳ τῶν ἑτερομηκῶν καὶ ὁ τρίτος δευτέρῳ καὶ ὁ τέταρτος τρίτῳ καὶ ἀκολούθως οἱ λοιποί, τοὺς αὐτοὺς ἀπαραλλάκτους λόγους διατηρήσουσι τοῖς πρόσθεν, αἱ δὲ διαφοραὶ οὐκέτι ἀπὸ μονάδος, ἀλλ' ἀπὸ δυάδος ἄρξονται προχωρεῖν αἱ αὐταί,

καὶ κατὰ πρόβασιν δὲ ἐν τῇ προτέρᾳ συγκρίσει πρῶτος μὲν πρώτου πρῶτον πυθμένα πολλαπλάσιον ἕξει, δεύτερος δὲ δευτέρου δεύτερον ἀπὸ πυθμένος ἡμιόλιον, τρίτος δὲ τρίτου τρίτον ἀπὸ πυθμένος ἐπίτριτον, καὶ παραπλησίως προκόψουσιν οἱ ἑξῆς.

(4) ἔτι δὲ οἱ μὲν τετράγωνοι πρὸς ἑαυτοὺς διαφορὰς τοὺς περισσοὺς μόνον ἔχουσιν, οἱ δὲ ἑτερομήκεις τοὺς ἀρτίους· ἂν δὲ καὶ τὸν πρῶτον ἑτερομήκη μέσον ἀμφοτέρων τῶν πρώτων τετραγώνων θῶμεν, τὸν δὲ δεύτερον τῶν ἑξῆς, τὸν δὲ τρίτον τῶν μετ' αὐτούς, τὸν τέταρτον δὲ τῶν ἐφεξῆς, τούτοις ὀφθήσονται εὐτακτότεραι αἱ σχέσεις ἐν τρισὶν ὅροις· ἣν γὰρ ὁ δ πρὸς τὸν β σχέσιν ἔχει, οὕτως ὁ β πρὸς μονάδα, καὶ ἣν ὁ θ [117] πρὸς τὸν ς ἡμιολίως, οὕτως ὁ ς πρὸς τὸν δ, καὶ ἣν ὁ ις πρὸς τὸν ιβ, οὕτως ὁ ιβ πρὸς τὸν θ, καὶ τοῦτο ἐφεξῆς τῶν ἀριθμῶν καὶ τῶν λόγων προκοπτόντων εὐτάκτως· ὡς γὰρ ὁ μείζων πρὸς τὸν μέσον, οὕτως ὁ μέσος πρὸς τὸν ἐλάχιστον ἔσται, καὶ οὐ τῷ αὐτῷ λόγῳ, ἀλλὰ ποικίλῳ ἀεὶ κατὰ προκοπήν· καὶ ἐπὶ πασῶν τῶν συζυγιῶν τὸ ὑπὸ ἶσον τῷ ἀπὸ καὶ ἅπαξ τὰ ἄκρα σὺν δὶς τῷ μέσῳ ἐναλλὰξ τετράγωνον πάντως ποιήσει

καὶ τό πάντων τούτων γλαφυρώτατον, ἐξ ἀμφοτέρων συντιθεμένων τριγώνων γένεσις εὔτακτος γίνεται σημαίνουσα, ὡς τῆς τῶν πάντων ἀρχῆς ἀρχικωτέρα ἡ τούτων φύσις, α καὶ β, καὶ β καὶ δ, καὶ δ καὶ ς, καὶ ς καὶ θ, καὶ θ καὶ ιβ, καὶ ιβ καὶ ις, καὶ ις καὶ κ, καὶ ἀεὶ οὕτως οἱ τῶν πολυγώνων γεννητικοὶ τρίγωνοι εὔτακτοι γίνονται.

Dann, wenn man das zweite der Quadrate paarweise mit der ersten der *hetero-mekes*-Zahlen vergleicht, das dritte mit der zweiten, das vierten mit der dritten und den Rest in Folge, so werden sie die gleichen Verhältnisse wie vorher beibehalten, aber die Differenzen werden nicht mehr von 1 beginnend, sondern von 2 beginnend als dieselben fortschreiten.

Gemäß dem Fortschreiten im vorherigen Vergleich wird das erste (Quadrat, jetzt also 4) von der ersten (*hetero-mekes*-Zahl) das erste Grund-Vielfache haben, das zweite von der zweiten das zweite nach dem Grundverhältnis, das *hemi-olios* (1½), das dritte von der dritten das dritte nach dem Grundverhältnis, den *epi-tritos* (1⅓); und entsprechend werden die folgenden vorrücken.

(4) Außerdem werden die Quadrate untereinander nur die ungeraden Zahlen als Differenzen haben, die *hetero-mekes*-Zahlen die geraden. Und wenn wir die erste *hetero-mekes*-Zahl in die Mitte zwischen die ersten beiden Quadrate setzen, die zweite zwischen die nächsten, die dritte zwischen die danach, die vierte zwischen die folgenden, dann sieht man darin noch regelmäßiger die Beziehungen unter drei Werten; denn welche Beziehung 4 zu 2 hat, so 2 zu 1; und wie 9 *hemi-olios* zu 6 ist, so 6 zu 4; und wie 16 zu 12, so ist 12 zu 9 (nämlich *epi-tritos*) und so weiter, wobei sowohl die Zahlen als auch die Verhältnisse geordnet vorrücken. So wie das Größere zum Mittelwert, so wird auch der Mittelwert zum Kleineren sein, und zwar nicht im gleichen Verhältnis, sondern immer mannigfaltig gemäß dem Vorrücken. Auch ist in allen Gruppierungen das Produkt (*to hypo*) der Randwerte gleich dem Quadrat (*to apo*) des Mittelwerts; umgekehrt ergeben einmal die Randwerte plus zweimal der Mittelwert stets ein Quadrat.

Das Raffinierteste von allem ist, dass aus der Addition beider die Dreiecke in geordneter Reihenfolge entstehen, was zeigt, dass die Natur dieser Dreiecke ursprünglicher ist als der Anfang aller Dinge, also 1 plus 2, 2 plus 4, 4 plus 6, 6 plus 9, 9 plus 12, 12 plus 16, 16 plus 20 und so weiter, es entstehen die geordneten Dreiecke, aus denen die Vielecke entstehen.

κ.

(1) ἔτι δὲ καὶ πᾶς τετράγωνος προσλαβὼν τὴν ἑαυτοῦ πλευρὰν ἑτερομήκης γίνεται ἢ νὴ Δί' ἀφαιρεθεὶς τὴν ἑαυτοῦ πλευράν· οὕτως καὶ τὸ ἕτερον καὶ ἐπὶ τὸ πλεῖον καὶ ἐπὶ τὸ ἔλαττον νοεῖται τοῦ ταυτοῦ, εἴπερ κατὰ πρόσθεσιν καὶ ἀφαίρεσιν συντελεῖται, καθὰ καὶ τοῦ ἀνίσου τὰ δύο εἴδη τό τε μεῖζον καὶ τὸ ἔλαττον κατὰ πρόσθεσιν ἢ ἀφαίρεσιν προσγινομένην τῷ ἴσῳ τὴν γένεσιν λαμβάνει.

(2) ἱκανὸν [118] καὶ τοῦτο τεκμήριον τοῦ ταυτότητος καὶ ἑτερότητος μετέχειν τὰ εἴδη ἀμφότερα, ἑτερότητος μὲν ἀορίστως, ταυτότητος δὲ ὡρισμένως, γενικῶς μὲν μονάδα καὶ δυάδα, ὑποβεβηκότως δὲ περισσόν μὲν ταυτότητος διὰ τὸ μονάδι ὁμογενὲς εἶναι, ἄρτιον δὲ ἑτερότητος διὰ τὸ δυάδι.

(3) καὶ ἔτι ἐκδηλότερον, τετράγωνον μὲν διὰ τὸ σύνθεσιν περισσοῦ εἶναι ταυτότητι συγγενῆ ὑπάρχειν, ἑτερομήκη δὲ διὰ τὸ ἀρτίου ἑτερότητι· καὶ γὰρ καὶ ὡς φιλάλληλα ἐν τοῖς δυσὶ στίχοις μεταδιδόασιν ἀλλήλοις τὰ δύο εἴδη ταῦτα παρὰ μέρος τῶν αὐτῶν διαφορῶν, εἰ μὴ καὶ τῶν αὐτῶν λόγων, καὶ ἀνάπαλιν τῶν αὐτῶν λόγων, εἰ μὴ καὶ τῶν αὐτῶν διαφορῶν· ὃ γὰρ μεταξὺ τοῦ δ καὶ τοῦ β διπλασίως, τοῦτο ἐπιμορίως μεταξὺ τοῦ ς καὶ τοῦ δ, καὶ πάλιν ὃ μεταξὺ τοῦ θ καὶ ς ἡμιολίως, τοῦτο μεταξὺ τοῦ ιβ καὶ θ ἐπιτρίτως, καὶ ἀεὶ οὕτως· καὶ ὃ ποιότητι ταὐτόν, ποσότητι ἕτερον, καὶ τοὐναντίον ὃ ποσότητι ταὐτόν, ποιότητι ἕτερον.

20. Weitere Zusammenhänge von *hetero-mekes-* und Quadratzahlen

(1) Noch weiter: Jede Quadratzahl wird *hetero-mekes*, wenn (zu ihr) ihre eigene Seite addiert oder – bei Zeus – (von ihr) ihre eigene Seite subtrahiert wird. So wird ja auch das »Andere« als »Mehr« oder »Weniger« des »Gleichen« aufgefasst, da es sowohl durch Addition als auch durch Subtraktion erzeugt wird, wie auch die beiden Erscheinungsformen von Ungleichheit (s. o. I 17,6), das »Mehr« und das »Weniger«, ihren Ursprung in der Anwendung von Addition oder Subtraktion auf die Gleichheit haben.
(2) Dies ist auch ein hinreichender Beweis dafür, dass die beiden Erscheinungsformen an Gleichheit und Andersartigkeit teilhaben, an Andersartigkeit auf unbestimmte Weise, an Gleichheit aber definitiv: die Monade (1) und die Dyade (2) generell, das Ungerade der Gleichheit aber in einer untergeordneten Art, da es der Monade gleichartig ist, das Gerade der Andersartigkeit, da es der Dyade gleichartig ist.
(3) Es gibt auch einen noch klareren Grund, warum das Quadrat durch die Addition ungerader Zahlen der Gleichheit ähnelt, aber die *hetero-mekes*-Zahl durch die Addition gerader Zahlen der Andersartigkeit, denn als ob sie befreundet wären, teilen diese beiden Erscheinungsformen in ihren beiden Reihen die gleichen Differenzen, wenn sie nicht die gleichen Verhältnisse haben, und umgekehrt die gleichen Verhältnisse, wenn sie nicht die gleichen Differenzen haben. Zwischen 4 und 2 ist das Verhältnis doppelt, *epi-morios* ist es zwischen 6 und 4; und wiederum zwischen 9 und 6 ist das Verhältnis *hemi-olios* (1½), das zwischen 12 und 9 ist *epi-tritos* (1⅓) und so weiter. Was im »Wie beschaffen?« gleich ist, unterscheidet sich im »Wie viel?«, und genau umgekehrt, was im »Wie viel?« gleich ist, unterscheidet sich im »Wie beschaffen?«.

(4) καὶ πάλιν, ὅτι ἀναγκαίως κατὰ πάσας τὰς σχέσεις ἡ αὐτὴ διαφορὰ τῶν δύο ὅρων μονάδι ἐξηλλαγμένως μέρος λεχθήσεται, τοῦ μὲν ἥμισυ, τοῦ δὲ τρίτον ὑπάρχουσα, ἢ τοῦ μὲν τρίτον, τοῦ δὲ τέταρτον, ἢ ἄλλως τοῦ μὲν τέταρτον, τοῦ δὲ πέμπτον, καὶ ἐφεξῆς οὕτως.

(5) ὃ δὲ μάλιστα βεβαιώσει, ταυτότητος αἰτιώτατον εἶναι τὸ περισσόν, οὐδέποτε δὲ τὸ ἄρτιον, ἐκεῖνο παραδεικτέον ἐν πάσῃ ἀπὸ μονάδος ἀναλόγῳ ἐκθέσει, οἷον διπλασίῳ μὲν α, β, δ, η, ις, λβ, ξδ, ρκη, σνς, [119] τριπλασίῳ δὲ α, γ, θ, κζ, πα, σμγ, ψκθ, ͵βρπζ καὶ μέχρι οὗ βούλει, πάντας εὑρήσεις ἐξ ἀνάγκης τοὺς ἐν περισσαῖς χώραις τετραγώνους, ἄλλους δὲ οὐκέτι οὐδεμιᾷ μηχανῇ, οὐδένα δὲ ἐν ἀρτίᾳ τετράγωνον,

ἀλλὰ καὶ οἱ ἰσάκις ἴσοι ἰσάκις ἅπαντες, τουτέστι κύβοι τριχῆ διαστατοὶ ὄντες καὶ ταυτότητος ἐπὶ πλεῖον δοκοῦντες μετέχειν ἔργον εἰσὶ περισσῶν, ἀλλ᾽ οὐκ ἀρτίων, ὁ α καὶ η καὶ κζ καὶ ξδ καὶ ρκε καὶ σις καὶ οἱ ἀνάλογον προχωροῦντες καὶ ἁπλῇ γε καὶ ἀποικίλῳ ἐφόδῳ· ἐκτεθέντων γὰρ τῶν ἀπὸ μονάδος ἐπ᾽ ἄπειρον συνεχῶν περισσῶν ἐπισκόπει οὕτως, ὁ πρῶτος τὸν δυνάμει κύβον ποιεῖ, οἱ δὲ δύο μετ᾽ ἐκεῖνον συντεθέντες τὸν δεύτερον, οἱ δὲ ἐπὶ τούτοις τρεῖς τὸν τρίτον, οἱ δὲ συνεχεῖς τούτοις τέσσαρες τὸν τέταρτον, οἱ δὲ ἐφεξῆς τούτοις πέντε τὸν πέμπτον καὶ οἱ ἑξῆς ἓξ τὸν ἕκτον καὶ τοῦτο μέχρις αἰεί.

(4) Wiederum ist es klar, dass notwendigerweise bei allen Beziehungen die Differenz der zwei Werte (des Quadrates und der *heteromekes*-Zahl) im Bruchteil um 1 abweichend benannt wird: Was vom einen die Hälfte ist, das ist vom anderen ein Drittel, oder was vom einen ein Drittel ist, das ist vom anderen ein Viertel, oder was vom einen ein Viertel ist, das ist vom anderen ein Fünftel und so weiter.
(5) Was aber vor allem die Tatsache bestätigen wird, dass das Ungerade und nie das Gerade die Ursache der Gleichheit ist, das soll gezeigt werden bei jeder Reihe in irgendeinem Verhältnis, von 1 beginnend, zum Beispiel beim Doppelten, 1, 2, 4, 8, 16, 32, 64, 128, 256, oder beim Dreifachen, 1, 3, 9, 27, 81, 243, 729, 2187 und so weit ihr wollt. Du wirst bei jeder feststellen, dass notwendigerweise die Werte an den ungeraden Plätzen Quadrate sind, nichts anderes, auch nicht durch irgendeinen Kunstgriff, und dass kein Wert an einem geraden Platz ein Quadrat ist.
Aber auch alle Produkte von drei gleichen Zahlen, also die Würfelzahlen, die dreidimensional ausgedehnt sind und in noch größerem Maße an der Gleichheit teilhaben, sind das Werk der ungeraden Zahlen, nicht der geraden: 1, 8, 27, 64, 125, 216 und analog fortschreitend, in einer einfachen, nicht mannigfaltigen Progression; denn wenn die benachbarten ungeraden Zahlen von 1 beginnend unendlich weit aufgezählt werden, beachte dies: Die erste ergibt den potentiellen Würfel; die nächsten zwei addiert den zweiten (Würfel); die nächsten drei den dritten; die benachbarten vier den vierten; die folgenden fünf den fünften, die nächsten sechs den sechsten und so weiter.

κα.

(1) ἐπὶ δὲ τούτοις καιρὸς ἂν εἴη τὸν περὶ ἀναλογιῶν τρόπον προσθέντας ἀναγκαιότατον ὄντα εἰς τὰς φυσιολογίας καὶ εἰς τὰ μουσικά τε καὶ σφαιρικὰ καὶ γραμμικὰ θεωρήματα, οὐχ ἥκιστα δὲ καὶ εἰς τὰς τῶν παλαιῶν συναναγνώσεις, τέλος ἐπιθεῖναι τῇ ἀριθμητικῇ [120] εἰσαγωγῇ τὸ ἁρμόζον ἅμα καὶ συμμετρότατον.

(2) ἔστιν οὖν ἀναλογία κυρίως δυεῖν ἢ πλειόνων λόγων σύλληψις ἐς τὸ αὐτό, κοινότερον δὲ δυεῖν ἢ πλεόνων σχέσεων, κἂν μὴ λόγῳ τῷ αὐτῷ ὑποτάσσωνται, διαφορᾷ δὲ ἤ τινι ἑτέρῳ.

(3) λόγος μὲν οὖν ἐστι δύο ὅρων πρὸς ἀλλήλους σχέσις, σύνθεσις δὲ τῶν τοιούτων ἡ ἀναλογία, ὥστε ἐν ἐλαχίστοις ὅροις τρισὶν αὕτη συμμέμικται, δύναταί γε μὴν καὶ ἐν πλείοσι κατὰ τὸ αὐτὸ διάστημα ἢ κατὰ τὸν αὐτὸν λόγον προχωρεῖν· οἷον τοῦ α πρὸς τὸν β λόγος ἐστὶ δύο ὅρων ὑπαρχόντων, εἷς ὁ διπλάσιος, ἀλλὰ καὶ τοῦ β πρὸς τὸν δ ἕτερος λόγος ὅμοιος· ἀναλογία ἄρα ἡ α, β, δ, λόγων γὰρ σύλληψις ἢ ὅρων τριῶν κατὰ τὸν αὐτὸν λόγον θεωρουμένων πρὸς ἀλλήλους.

(4) καὶ ἐν πλείοσι δὲ καὶ ἐπιμηκεστέραις ἐκθέσεσι τὸ αὐτὸ δύναται θεωρεῖσθαι· προσαπτέσθω γὰρ τέταρτος ὅρος ὁ η μετὰ τὸν δ πάλιν ἐν ὁμοία σχέσει, διπλασίων γάρ, καὶ πάλιν μετὰ τὸν η ὁ ις καὶ ἀεὶ οὕτως.

(5) ἐὰν μὲν οὖν ὁ αὐτὸς ὅρος ἀεὶ εἷς καὶ ἀπαράλλακτος πρὸς τοὺς παρ᾽ ἑκάτερα αὐτοῦ ἀποκρίνηται, πρὸς μὲν τὸν μείζονα ὡς ὑπόλογος, πρὸς δὲ τὸν ἐλάσσονα ὡς [121] πρόλογος, συνημμένη λέγεται ἡ τοιαύτη ἀναλογία, οἷον α, β, δ κατὰ ποιότητα· οἷος γὰρ ὁ δ πρὸς τὸν β, τοιοῦτος ὁ αὐτὸς β πρὸς τὸν α, καὶ ἀνάπαλιν οἷος ὁ α πρὸς τὸν β, τοιοῦτος ὁ αὐτὸς β πρὸς τὸν δ· κατὰ ποσότητα

21. Proportionen

(1) Danach wäre es wohl an der Zeit, die Art der Proportionen einzubeziehen, was für die Naturphilosophie und für die Betrachtungen der Musik, der Astronomie und der Geometrie und nicht zuletzt für das Studium der Werke der Alten am wichtigsten ist, und so die Einführung in die Arithmetik zu einem zugleich passenden und angemessenen Ende zu bringen.
(2) Eine Proportion ist eigentlich die Kombination von zwei oder mehr Verhältnissen zu Demselben, aber nach der allgemeineren Definition die Kombination von zwei oder mehr Beziehungen, auch wenn sie nicht dem gleichen Verhältnis untergeordnet werden, sondern einer Differenz oder etwas anderem.
(3) Nun ist ein Verhältnis die Beziehung von zwei Werten zueinander, und die Zusammensetzung von solchen ist eine Proportion, so dass sie sich aus mindestens drei Werten zusammensetzt, obwohl es auch mehrere sein können, die nach demselben Abstand oder nach demselben Verhältnis fortschreiten. Zum Beispiel ist 1 zu 2 ein Verhältnis, wo es zwei Werte gibt, 1 und das Doppelte, aber auch 2 zu 4 ist ein anderes gleiches Verhältnis; die Proportion ist also 1, 2, 4, denn es ist eine Kombination von Verhältnissen oder von drei Werten, die im gleichen Verhältnis zueinander betrachtet werden.
(4) Dasselbe kann auch bei größeren Zahlen und längeren Reihen betrachtet werden, denn man lasse einen vierten Wert, 8, nach der 4 verbunden werden, wieder in der gleichen Beziehung, der doppelten, und dann nach der 8 die 16 und so weiter.
(5) Falls nun derselbe Wert, immer einer und unveränderlich, mit den Werten auf beiden Seiten verglichen wird, mit dem größeren als der im Verhältnis unten (*hypologos*) und mit dem kleineren als der im Verhältnis oben (*prologos*), dann nennt man eine solche Proportion kontinuierlich; etwa 1, 2, 4 mit »Wie beschaffen?«, denn 4 durch 2 ist gleich 2 durch 1, und umgekehrt 1 durch 2 ist

δὲ οἷον α, β, γ· ὅσον γὰρ ὁ γ τοῦ β ὑπερέχει, τοσοῦτον καὶ αὐτὸς ὁ β τοῦ α, καὶ ἐξ ἐναντίου, ὅσον ὁ α τοῦ β ἐλαττοῦται, τοσοῦτον καὶ αὐτὸς ὁ β τοῦ γ.

(6) ἐὰν δὲ ἕτερος μὲν ὅρος ὑπακούῃ πρὸς τὸν ἐλάττονα πρόλογος γινόμενος καὶ μείζων, ἕτερος δὲ καὶ μὴ ὁ αὐτὸς πρὸς τὸν μείζονα ὑπόλογός τε γινόμενος καὶ ἐλάττων, οὐκέτι συνημμένη, ἀλλὰ διεζευγμένη λέγεται ἡ τοιαύτη μεσότης τε καὶ ἀναλογία· οἷον κατὰ μὲν τὸ ποιὸν α, β, δ, η ὡς γὰρ τὰ β πρὸς τὸ α, οὕτω τὰ η πρὸς τὰ δ, καὶ ἀνάπαλιν ὡς τὸ α πρὸς τὰ β, οὕτως τὰ δ πρὸς τὰ η, ἐναλλάξ τε ὡς τὸ α πρὸς τὰ δ, οὕτω τὰ β πρὸς τὰ η, ἢ ὡς τὰ δ πρὸς τὸ α, οὕτως τὰ η πρὸς τὰ β· κατὰ δὲ τὸ ποσὸν οὕτως [122] α, β, γ, δ· ὅσῳ γὰρ τὸ α τοῦ β λείπεται, τοσούτῳ καὶ τὰ γ τοῦ δ, ἢ ὅσῳ τὰ δ τοῦ γ περισσεύει, τοσούτῳ καὶ τὰ β τοῦ α, ἢ καὶ ἀναμὶξ ὅσῳ τὰ γ τοῦ α, τοσούτῳ τὰ δ τοῦ β, ἢ ὅσῳ λείπεται τὸ α τῶν γ, τοσούτῳ τὰ β τῶν δ.

κβ.

(1) εἰσὶν οὖν ἀναλογίαι αἱ μὲν πρῶται καὶ παρὰ πᾶσι τοῖς παλαιοῖς ὁμολογούμεναι, Πυθαγόρᾳ τε καὶ Πλάτωνι καὶ Ἀριστοτέλει, τρεῖς πρώτισται ἀριθμητική, γεωμετρική, ἁρμονική, αἱ δὲ ταύταις ὑπεναντίαι ἄλλαι τρεῖς, ἰδίων μὴ τετευχυῖαι ὀνομάτων, κοινότερον δὲ λεγόμεναι μεσότητες τετάρτη, πέμπτη, ἕκτη· μεθ᾽ ἃς καὶ ἄλλας τέσσαρας οἱ νεώτεροι εὑρίσκουσι, συμπληροῦντες τὸν δέκατον ἀριθμὸν κατὰ τὸ τοῖς Πυθαγορικοῖς δοκοῦν ὡς τελειότατον, καθ᾽ ὃν καὶ αἱ δέκα σχέσεις ὤφθησαν ἡμῖν πρὸ βραχέος ποσότητα λαμβάνουσαι καὶ αἱ δέκα λεγόμεναι κατηγορίαι καὶ τῶν ἡμετέρων χειρῶν καὶ [123] ποδῶν αἱ τῶν ἀκρωτηρίων διαιρέσεις καὶ σχέσεις καὶ ἕτερα μυρία, ἃ κατ᾽ οἰκεῖον τόπον ἐν ἑτέροις ὀψόμεθα.

gleich 2 durch 4; mit »Wie viel?« etwa 1, 2, 3, denn 3 minus 2 ist gleich 2 minus 1, und umgekehrt 1 minus 2 ist gleich 2 minus 3.

(6) Falls jedoch ein anderer Wert auf den kleineren Wert antwortet, im Verhältnis oben (*prologos*) entsteht und größer ist, und ein anderer – nicht derselbe – auf den größeren antwortet, im Verhältnis unten (*hypologos*) entsteht und kleiner ist, dann werden ein solcher Mittelwert und eine solche Proportion nicht mehr kontinuierlich, sondern disjunkt genannt; etwa mit »Wie beschaffen?« 1, 2, 4, 8, denn 2 durch 1 ist gleich 8 durch 4, und umgekehrt 1 durch 2 ist gleich 4 zu 8, und alternierend 1 durch 4 ist gleich 2 durch 8, oder 4 durch 1 ist gleich 8 durch 2; mit »Wie viel?« 1, 2, 3, 4, denn 1 minus 2 ist gleich 3 minus 4, oder 4 minus 3 ist gleich 2 minus 1, und alternierend 3 minus 1 ist gleich 4 minus 2, oder 1 minus 3 ist gleich 2 minus 4.

22. Abfolge der Proportionen

(1) Die ersten Proportionen, die von allen Alten – von Pythagoras, Platon und Aristoteles – anerkannt werden, sind die drei allerersten: arithmetische (s. u. II 23), geometrische (s. u. II 24) und harmonische (s. u. II 25). Es gibt drei weitere – ihnen gegensätzliche –, die keine eigenen Namen haben, sondern allgemeiner als vierte, fünfte und sechste bezeichnet werden; danach fanden die Neueren noch vier weitere, welche die Gesamtzahl Zehn bilden, die nach der pythagoreischen Ansicht die vollkommenste mögliche Zahl ist (s. u. II 28). In Übereinstimmung mit dieser Zahl wurde vor nicht allzu langer Zeit beobachtet, dass die zehn Beziehungen das richtige »Wie viel?« haben, auch die so genannten zehn Kategorien, die Unterteilungen und Beziehungen der Extremitäten unserer Hände und Füße und unzählige andere Dinge, die wir an der richtigen Stelle bemerken werden.

(2) νῦν δὲ περὶ τῶν ἀναλογιῶν ἄνωθεν τεχνολογητέον καὶ πρῶτόν γε περὶ τῆς κατὰ τὸ ποσὸν τὴν τῶν ὅρων σύγκρισιν οἰκειούσης ἀλλήλοις καὶ συνδεούσης, ἥ ἐστι κατὰ τὴν τῶν ὅρων πρὸς ἀλλήλους διαφορὰν ἴση κατὰ τὸ ποσὸν οὖσα· αὕτη δ' ἂν εἴη ἡ ἀριθμητική, ταύτης γὰρ ἴδιον προαπεδόθη τὸ ποσόν.

(3) τίς οὖν ἡ αἰτία, ὅτι περὶ ταύτης πρώτης καὶ οὐ περὶ ἄλλης; ἢ δῆλον, ὅτι καὶ ἡ φύσις αὐτὴν πρὸ τῶν ἄλλων ἐμφαίνει· ἐν γὰρ τῇ τοῦ ἁπλοῦ ἀριθμοῦ φυσικῇ ἀπὸ μονάδος ἐκθέσει μηδενὸς παραλειπομένου μηδ' ὑπεξαιρουμένου σώζεται ὁ ταύτης μόνης λόγος, ἀλλὰ καὶ ἐν τοῖς ἔμπροσθεν ἀπεδείξαμεν συλλογισάμενοι καὶ αὐτὴν τὴν ἀριθμητικὴν εἰσαγωγὴν πρὸ πασῶν τῶν ἄλλων ὑπάρχειν συναναιροῦσαν μὲν ἑαυτῇ ἐκείνας, οὐ συναναιρουμένην δέ, καὶ συνεπιφερομένην μὲν ἐκείναις, οὐ συνεπιφέρουσαν δέ, ὥστε εἰκότως καὶ ἡ ὁμώνυμος τῇ ἀριθμητικῇ μεσότης οὐκ ἀλόγως προηγήσεται τῶν ἐν ἐκείναις ὁμωνύμων μεσοτήτων, γεωμετρικῆς τε καὶ ἁρμονικῆς· τῶν γὰρ ὑπεναντίων ἐκδηλότατον ὅτι πολὺ μᾶλλον ἡγήσεται, ὧνπερ αὗται ἡγεμόνες.

(4) πρωτίστη ἄρα καὶ ἔξαρχος δικαιοτάτη ἡ ἀριθμητικὴ οὖσα φυσικῶς καὶ παρ' ἡμῶν τυγχανέτω διαρθρώσεως πρό γε τῶν ἄλλων.

(2) Nun aber müssen wir nochmals zunächst jene Form der Proportionen fachlich erörtern, die den Vergleich der Werte nach dem »Wie viel?« versöhnt und zusammenhält oder hinsichtlich der Differenz der Werte zueinander und hinsichtlich des »Wie viel?« gleich ist. Dies ist die arithmetische Proportion, denn es wurde bereits berichtet, dass das »Wie viel?« ihre Eigenheit ist.

(3) Was ist nun der Grund dafür, dass wir diese zuerst behandeln und nicht eine andere? Ist es nicht klar, dass die Natur sie vor den anderen zeigt? In der natürlichen Reihe der einfachen Zahlen, von 1 beginnend, ohne dass ein Wert übergangen oder weggelassen wird, bleibt ja allein die Definition dieses Verhältnisses bewahrt; außerdem haben wir in unseren früheren Aussagen gezeigt, dass die arithmetische Einführung selbst allen anderen vorausgeht, weil sie sie mit sich selbst aufhebt, aber nicht mit ihnen aufgehoben wird, und weil sie von ihnen impliziert wird, aber sie nicht impliziert. So wird folgerichtig der Mittelwert, der den Namen der Arithmetik trägt, nicht unvernünftigerweise an der Spitze der Mittelwerte stehen, welche die Namen der anderen Wissenschaften tragen, dem geometrischen und dem harmonischen, denn es ist klar, dass er um so mehr an der Spitze stehen wird von den Gegensätzen, über welche die ersten drei die Führung haben.

(4) Die allererste und ursprüngliche ist mit größtem Recht von Natur aus die arithmetische Proportion, und von uns soll sie vor den anderen die gegliederte Behandlung erfahren.

[124] κγ.

(1) ἔστιν οὖν ἀριθμητικὴ μεσότης, ὅταν τριῶν ἢ πλειόνων ὅρων ἐφεξῆς ἀλλήλοις κειμένων ἢ ἐπινοουμένων ἡ αὐτὴ κατὰ ποσότητα διαφορὰ εὑρίσκηται μεταξὺ τῶν ἐφεξῆς ὑπάρχουσα, μὴ μέντοι λόγος ὁ αὐτὸς ἐν τοῖς ὅροις πρὸς ἀλλήλους γίνηται, οἷον α, β, γ, δ, ε, ς, ζ, η, θ, ι, ια, ιβ, ιγ· ἐν γὰρ τῇ φυσικῇ ταύτῃ ἐκθέσει τοῦ ἀριθμοῦ συνεχῶς καὶ ἀνυπερβάτως ἐξεταζομένῃ εὑρίσκεται πᾶς ὁστισοῦν ὅρος δυεῖν ἀνὰ μέσον τεταγμένος τὴν ἀριθμητικὴν πρὸς αὐτοὺς διασῴζων μεσότητα· ἶσαι γὰρ αἱ διαφοραὶ αὐτοῦ εἰσι πρὸς τοὺς ἑκατέρωθεν τεταγμένους, οὐ μὴν ἔτι καὶ λόγος ὁ αὐτὸς σώζεται ἐν αὐτοῖς.

(2) ἐπιστάμεθα δέ, ὡς ἐν τῇ τοιαύτῃ ἐκθέσει συνημμένη τε καὶ διεζευγμένη γίνεται μεσότης· εἰ μὲν γὰρ ὁ αὐτὸς μέσος ὅρος πρόλογός τε καὶ ὑπόλογος πρὸς τοὺς ἑκατέρωθεν ὑπακούοι, συνημμένη ἂν εἴη, εἰ δὲ σὺν αὐτῷ ἕτερος, διεζευγμένη γίνεται μεσότης.

(3) ἐὰν μὲν οὖν ἐκ τῆς ἐκθέσεως ταύτης τρεῖς ἀποτεμόμενοι οὑστινασοῦν παραλλήλους κατὰ τὴν συνημμένην σκοπῶμεν ἢ τέσσαρας ἢ πλείους κατὰ τὴν διεζευγμένην, μονὰς ἂν εἴη πάντων ἡ διαφορά, λόγοι δὲ ἕτεροι ἐκ παντός· ἐὰν δὲ μὴ παραλλήλους, ἀλλὰ διεχεῖς, κατὰ ἴσην μέντοι παράλειψιν, πάλιν δὲ ἤτοι τρεῖς ἢ πλέονας, εἰ μὲν εἷς ὁ παραλειπόμενος [125] εἴη καθ᾽ ἑκάστην θέσιν ὅρου, δυὰς ἔσται ἡ διαφορὰ πάντων, καὶ πάλιν ἐν τρισὶ μὲν συνημμένη, ἐν πλείοσι δὲ διῃρημένη· εἰ δὲ δύο οἱ παραλειπόμενοι, τριὰς πάντως ἡ διαφορὰ ἐν ἅπασι συνημμένοις τε καὶ διεζευγμένοις, εἰ δὲ τρεῖς, τετράς, εἰ δὲ τέσσαρας, πεντάς, καὶ τοῦτο ἐφ᾽ ὁποσονοῦν.

23. Arithmetischer Mittelwert

(1) Es liegt also ein arithmetischer Mittelwert vor, wenn drei oder mehr Werte hintereinander stehen oder gedacht sind und die gleiche Differenz mit »Wie viel?« zwischen den aufeinander folgenden Zahlen gefunden wird, allerdings nicht das gleiche Verhältnis zwischen den Werten, einer zum anderen. Etwa 1, 2, 3, 4, 5, 6, 7, 8, 9, 10, 11, 12, 13, denn in dieser natürlichen Zahlenreihe, benachbart und ohne Auslassungen untersucht, findet man, dass jeder beliebige Wert zwischen zweien in der Mitte platziert ist und den arithmetischen Mittelwert zu ihnen bewahrt, denn seine Differenzen zu denen, die auf beiden Seiten davon platziert sind, sind gleich; das gleiche Verhältnis wird jedoch nicht unter ihnen bewahrt.
(2) Und wir haben verstanden, dass in einer solchen Reihe sowohl ein kontinuierlicher als auch ein disjunkter Mittelwert entsteht, denn wenn derselbe Mittelwert auf die auf beiden Seiten im Verhältnis sowohl oben (*prologos*) als auch unten (*hypologos*) antwortet, so wäre es ein kontinuierlicher, wenn aber ein anderer Wert hinzukommt, so entsteht ein disjunkter Mittelwert.
(3) Falls wir nun aus dieser Reihe drei beliebige aufeinander folgende Werte nach dem kontinuierlichen oder vier oder mehr Werte nach dem disjunkten Mittelwert heraustrennen und sie betrachten, wäre die Differenz von ihnen allen 1, aber ihre Verhältnisse wären durchweg unterschiedlich. Falls wir aber nicht nebeneinander, sondern getrennt – allerdings jeweils das gleiche auslassend – wieder drei oder mehr Werte wählen, dann wird, falls genau eins ausgelassen wurde bei der Festlegung jedes Werts, die Differenz in jedem Fall 2 sein, und wiederum bei drei Werten kontinuierlich, bei mehr diskontinuierlich; falls zwei ausgelassen wurden, die Differenz stets 3 sein, bei allen kontinuierlichen und disjunkten; falls drei, 4; falls vier, 5; und so weiter.

(4) μετέχει ἄρα ἡ τοιαύτη ποσοῦ μὲν ἴσου ἐν ταῖς διαφοραῖς, ποιοῦ δὲ οὐκέτι ἴσου· διὰ τοῦτο ἀριθμητική· εἰ δ' ἔμπαλιν ποιοῦ μὲν ὁμοίου μετεῖχε, ποσοῦ δὲ οὔ, ἦν ἂν γεωμετρικὴ ἀντὶ ἀριθμητικῆς.

(5) ἴδιον δὲ ὑπάρχει τῇσδε τῆς μεσότητος, ὃ μηδεμιᾷ ἄλλῃ συμβέβηκε, τὸ κατὰ σύνθεσιν τῶν ἄκρων ὑποδιπλάσιον ἢ ἶσον τὸ μέσον εἶναι, ἄν τε συνημμένως ἄν τε διεζευγμένως σκοπῆται ἄν τε ἐναλλάξ· ἢ γὰρ τὸ μέσον σὺν ἑαυτῷ ἢ τὰ μέσα σὺν ἀλλήλοις ἶσα τῇ τῶν ἄκρων συνθέσει.

(6) ἔτι καὶ ἄλλο ἔχει ἴδιον· ὃν γὰρ ἔχει λόγον ἕκαστος ὅρος πρὸς ἑαυτόν, τοῦτον αἱ διαφοραὶ πρὸς τὰς διαφοράς, τουτέστιν ἐν ἰσότητί εἰσιν·
ἔτι τὸ γλαφυρώτατον καὶ τοὺς πολλοὺς λεληθός, τὸ ὑπὸ τῶν ἄκρων γινόμενον συγκρινόμενον τῷ ἀπὸ τοῦ μέσου ἔλαττον αὐτοῦ εὑρίσκεται τῷ ὑπὸ τῶν διαφορῶν, ἐάν τε μονάδες ὦσιν ἐάν τε δυάδες ἐάν τε τριάδες ἐάν τε τετράδες ἐάν τε ὁστισοῦν ἀριθμός·
τέταρτον δέ, ὃ [126] καὶ οἱ πρόσθεν πάντες ἐσημειώσαντο, οἱ ἐν τοῖς ἐλάττοσιν ὅροις λόγοι συγκρινόμενοι πρὸς τοὺς ἐν τοῖς μείζοσι μείζονές εἰσι·
δειχθήσονται δὲ ἐν τῇ ἁρμονικῇ ἐναντίως οἱ ἐν τοῖς μείζοσι μείζονες καὶ οἱ ἐν τοῖς ἐλάττοσιν ἐλάττονες· διὰ τοῦτο ὑπεναντία ἡ ἁρμονικὴ μεσότης τῇ ἀριθμητικῇ, μεταίχμιον δὲ αὐτῶν ὥσπερ ἀκροτήτων ἐστὶν ἡ γεωμετρικὴ ἔχουσα τοὺς ἐν τοῖς μείζοσιν ὅροις λόγους καὶ τοὺς ἐν τοῖς ἐλάττοσιν ἀλλήλοις ἴσους· ἐν μεσότητι δὲ ἡμῖν ὤφθη τὸ ἴσον τοῦ μείζονος καὶ τοῦ ἐλάττονος.
τοσάδε ἡμῖν περὶ τῆς ἀριθμητικῆς μεσότητος.

(4) Eine solche Proportion hat also in ihren Differenzen mit gleichem »Wie viel?« teil, aber mit ungleichem »Wie beschaffen?«; deshalb ist sie arithmetisch. Hätte sie umgekehrt mit gleichem »Wie beschaffen?«, aber ungleichem »Wie viel?« teil, so wäre sie geometrisch und nicht arithmetisch.
(5) Dieser Mittelwert hat eine Eigenheit, die sich bei keinem anderen trifft, nämlich, dass er von der Summe der Randwerte das Kehr-Doppelte oder gleich der Mitte ist, unabhängig davon, ob er als kontinuierlich oder disjunkt oder alternierend betrachtet wird, denn entweder der Mittelwert mit sich selbst oder die beiden Mitten (s. o. I 9,6) miteinander sind gleich der Summe der Randwerte.
(6) Er hat noch eine weitere Eigenheit; welches Verhältnis jeder Wert zu sich selbst hat, das haben die Differenzen zu den Differenzen – das heißt, sie sind gleich.
Noch etwas, was am raffiniertesten ist und was der Mehrheit entgangen ist: das Produkt (*to hypo*) der Randwerte verglichen mit dem Quadrat (*to apo*) des Mittelwerts – wobei es kleiner ist – wird als das Produkt der Differenzen gefunden, sei es 1, 2, 3, 4 oder irgendeine Zahl.
Viertens, was auch alle früheren Autoren bemerkt haben, sind die Verhältnisse zwischen den kleineren Werten verglichen mir denen zwischen den größeren größer.
Es wird sich zeigen, dass beim harmonischen im Gegenteil die Verhältnisse zwischen den größeren Werten größer und die zwischen den kleineren kleiner sind; deshalb ist der harmonische Mittelwert gegensätzlich zum arithmetischen; und sozusagen ein Mittelding zwischen ihnen, wie als Randwerten, ist der geometrische, bei dem die Verhältnisse zwischen den größeren Werten und die zwischen den kleineren einander gleich sind – und wir haben gesehen, dass das Gleiche in der Mitte zwischen dem »Mehr« und dem »Weniger« liegt. So viel also zum arithmetischen Mittelwert.

κδ.

(1) ἡ δὲ ἐπὶ ταύτῃ συνεχὴς γεωμετρικὴ μεσότης κυρίως ἀναλογία μόνη καλουμένη διὰ τὸ ἀνὰ τὸν αὐτὸν λόγον θεωρεῖσθαι πρὸς ἀλλήλους τοὺς ἐν αὐτῇ ὅρους· ἔστι δέ, ὅταν τριῶν ὅρων ἢ πλειόνων ὡς ἔχει ὁ μέγιστος πρὸς τὸν ὑπ᾽ αὐτόν, οὕτως αὐτὸς πρὸς τὸν ὑποβεβηκότα ἔχῃ, ἐὰν δὲ πλείονες ὅροι εἶεν, καὶ αὐτὸς πάλιν πρὸς τὸν ὑπ᾽ αὐτόν, ποσότητι μέντοι μὴ τῇ αὐτῇ διαφέρωσιν ἀλλήλων, ἀλλὰ λόγου ποιότητι τῇ αὐτῇ, ἐναντίως ἢ ἐπὶ τῆς ἀριθμητικῆς ὤφθη.

(2) οἷον ὑποδείγματος χάριν ἐκκείσθωσαν οἱ ἀπὸ μονάδος κατὰ διπλάσιον λόγον προχωροῦντες [127] α, β, δ, η, ις, λβ, ξδ καὶ ἐπ᾽ ἄπειρον, ἢ κατὰ τριπλασίονα α, γ, θ, κζ, πα, σμγ καὶ ἐφεξῆς ἢ κατὰ τετραπλάσιον ἢ παραπλησίως τοῖς ἐκτεθεῖσιν· ἐν ἑκάστῳ γὰρ τούτων τῶν στίχων τρεῖς παράλληλοι ἢ τέσσαρες ἢ ὁσοιοῦν ληφθέντες τὴν γεωμετρικὴν πρὸς ἀλλήλους ἀποδώσουσιν ἀναλογίαν· ὡς ὁ πρῶτος πρὸς τὸν ὑπ᾽ αὐτόν, οὕτως κἀκεῖνος πρὸς τὸν ὑπ᾽ αὐτὸν καὶ πάλιν ἐκεῖνος πρὸς τὸν ἔτι ὑπ᾽ αὐτὸν καὶ τοῦτο μέχρι θέλει τις, καὶ ἀναμίξ· οἷον β, δ, η· ὃν γὰρ λόγον ἔχει ὁ η πρὸς τὸν δ, τοῦτον καὶ ὁ δ πρὸς τὸν β καὶ ἀνάπαλιν, οὐ μὴν ἴσην ποσότητα μεταξὺ ἀλλήλων ἔχουσιν· ἢ πάλιν β, δ, η, ις· οὐ γὰρ μόνον ὁ ις πρὸς τὸν η τὸν αὐτὸν τοῖς πρόσθεν λόγον ἔχει, εἰ καὶ μὴ διαφοράν, ἀλλὰ καὶ ἀναμὶξ διασώζει τὴν ὁμοίαν σχέσιν, ὡς ὁ ις πρὸς τὸν δ, οὕτως καὶ ὁ η πρὸς τὸν β, καὶ ἔμπαλιν ὡς ὁ β πρὸς τὸν η, οὕτως καὶ ὁ δ πρὸς τὸν ις, καὶ διεζευγμένως ὡς ὁ β πρὸς τὸν δ, οὕτως ὁ η πρὸς τὸν ις, ἀναστρόφως τε καὶ κατὰ τὸ διεζευγμένον ὡς ὁ ις πρὸς τὸν η, οὕτως καὶ ὁ δ πρὸς τὸν β· ἔχει γὰρ τὸν διπλασίονα λόγον.

24. Geometrischer Mittelwert

(1) Der nach diesem benachbarte geometrische Mittelwert ist eigentlich der einzige, der als Proportion bezeichnet wird, weil seine Werte im gleichen Verhältnis zueinander betrachtet werden. Es liegt ein solcher vor, wenn bei drei oder mehr Werten so wie sich der größte zu dem unter ihm verhält, sich dieser zum darunter liegenden verhält, und falls es mehr Werte gibt, auch dieser wiederum zu dem unter ihm. Allerdings unterscheiden sie sich voneinander nicht durch das gleiche »Wie viel?«, sondern durch das gleiche »Wie beschaffen?« des Verhältnisses – entgegengesetzt zu dem, was man beim arithmetischen gesehen hat.
(2) Als Beispiel gegeben seien die Zahlen, die von 1 beginnend um das doppelte Verhältnis fortschreiten, 1, 2, 4, 8, 16, 32, 64 unendlich weit, oder um das dreifache, 1, 3, 9, 27, 81, 243 und so weiter, oder um das Vierfache oder entsprechend mit den folgenden. In jeder dieser Reihen werden drei benachbarte Werte, oder vier oder eine beliebige Zahl, was auch immer genommen werden kann, die geometrische Proportion zueinander ergeben; so wie der erste zu dem unter ihm, so ist dieser zu dem unter ihm, und wiederum dieser noch zu dem unter ihm und so weiter, so weit du willst, auch alternierend. Zum Beispiel 2, 4, 8; das Verhältnis, das 8 zu 4 hat, das hat auch 4 zu 2 und umgekehrt; sie haben aber nicht das gleiche »Wie viel?« untereinander. Oder wiederum 2, 4, 8, 16, denn 16 hat nicht nur das gleiche Verhältnis zu 8 wie vorher, wenn auch nicht die gleiche Differenz, sondern bewahrt auch alternierend die gleiche Beziehung – wie 16 zu 4 ist, so ist 8 zu 2, und umgekehrt wie 2 zu 8 ist, so ist 4 zu 16; und disjunkt, wie 2 zu 4 ist, so ist 8 zu 16; und umgedreht und in disjunkter Form, wie 16 zu 8 ist, so ist 4 zu 2, denn es hat das doppelte Verhältnis.

(3) ἴδιον δὲ ἔχει ἡ γεωμετρικὴ μεσότης, ὃ μηδεμία [128] τῶν λοιπῶν, τὸ τὰς τῶν ὅρων διαφορὰς ἐν λόγῳ πρὸς ἀλλήλας τῷ αὐτῷ εἶναι, ἐν ᾧ καὶ οἱ ὅροι πρὸς τοὺς συνεχεῖς οἱ μείζονες πρὸς τοὺς ἐλάττονας, καὶ τὰς ἀνάπαλιν ὡς οἱ ἀνάπαλιν· ἔτι καὶ ἕτερον ἰδίωμα τὸ τοὺς μείζονας ὅρους διαφορὰν ἔχειν πρὸς τοὺς ἐλάττονας αὐτοὺς τοὺς ἐλάττονας καὶ κατὰ τὰ αὐτὰ διαφορὰν πρὸς διαφορὰν αὐτῇ τῇ ἐλάττονι διαφέρειν ἐν διπλασίῳ λόγῳ ἐκτιθεμένων τῶν ὅρων, ἐν δὲ τριπλασίῳ διαφορὰν ἕξουσι δὶς τὸν ὑπ᾽ αὐτὸν οἱ ὅροι καὶ αἱ διαφοραί, ἐν δὲ τετραπλασίῳ τρὶς καὶ ἐν πενταπλασίῳ τετράκις καὶ τοῦτο μέχρι παντός.

(4) οὐ μόνον δὲ ἐν πολλαπλασίοις ἀναλογίαι γίνονται γεωμετρικαί, ἀλλὰ καὶ ἐν ἐπιμορίοις εἴδεσιν ἅπασι καὶ ἐπιμερέσι καὶ μικτοῖς, καὶ τὸ ἐξαίρετον ἰδίωμα τῆς μεσότητος ταύτης ἐπὶ πασῶν σώζεται, τῶν μὲν συνημμένων τὸ ὑπὸ τῶν ἄκρων ἶσον τῷ ἀπὸ τοῦ μέσου, τῶν δὲ ἐν διαζεύξει ἢ καὶ ἐν πλείοσιν ὅροις, κἂν μὴ συνημμένοι ὦσιν, ἀρτιοταγεῖς δέ, τὸ ὑπὸ τῶν ἄκρων ἶσον τῷ ὑπὸ τῶν μέσων.

(5) παράδειγμα δὲ τοῦ ἐν πάσαις ταῖς σχέσεσι πολυπλασίαις τε παντοίαις καὶ ἐπιμορίοις παντοίαις καὶ ἐπιμερέσι παντοίαις καὶ μικταῖς παντοίαις τὸ τῆς ἀναλογίας ταύτης ἰδίωμα σώζεσθαι ἔστω ἱκανὸν καὶ αὔταρκες ἡμῖν ἐκεῖνο, ἐν ᾧ ἀπὸ ἰσότητος ἐπλάσσομεν [129] κατὰ τὰ τρία προστάγματα πάντα τὰ τοῦ ἀνίσου εἴδη ἐξ ἀλλήλων ὀρθῶς τε τιθεμένων καὶ ἀναστρεφομένων· ἑκάστη γὰρ πλάσις καὶ ἔκθεσις ἀναλογία ἐστὶ γεωμετρικὴ πάντα τὰ λεχθέντα ἰδιώματα περιέχουσα καὶ τέταρτον τὸ ἔν τε μείζοσιν ὅροις ἔν τε ἐλάττοσι τὸν αὐτὸν διαφυλάττειν λόγον·

ἀλλὰ καὶ ἐὰν τὸν κοινὸν στίχον ἑτερομηκῶν τε καὶ τετραγώνων ἐκθώμεθα ἕνα παρ᾽ ἕνα περιέχοντα τοὺς ἐν ἀμφοτέροις αὐτοῖς,

(3) Der geometrische Mittelwert hat eine besondere Eigenheit, die keiner der anderen hat, nämlich die, dass die Differenzen der Werte im gleichen Verhältnis zueinander stehen wie die Werte zu den benachbarten, die größeren zu den kleineren und umgekehrt. Noch eine weitere Eigenheit ist, dass die größeren Werte als Differenz zu den kleineren eben diese kleineren haben, und dass gemäß derselben Regel die Differenz von der Differenz sich unterscheidet um eben diese kleinere, wenn die Werte im doppelten Verhältnis aufgestellt sind; im dreifachen Verhältnis haben sowohl die Werte als auch die Differenzen als Differenz zweimal die untere Zahl, im vierfachen dreimal, im fünffachen viermal und so weiter durchgehend.
(4) Geometrische Proportionen entstehen nicht nur mit den Vielfachen, sondern auch mit allen *epi-morios*, *epi-meres* und gemischten Erscheinungsformen, und die besondere Eigenheit dieser Mittelwerte bleibt bei allen bewahrt; in den kontinuierlichen Proportionen, dass das Produkt (*to hypo*) der Randwerte gleich dem Quadrat (*to apo*) des Mittelwerts ist; in den disjunkten Proportionen oder solchen mit mehreren Werten, auch wenn sie nicht kontinuierlich werden, aber eine gerade Anzahl haben, dass das Produkt der Randwerte gleich dem der Mittelwerte ist.
(5) Zur Veranschaulichung der Tatsache, dass in allen Beziehungen, sämtlichen Vielfachen, sämtlichen *epi-morios*, sämtlichen *epi-meres* und sämtlichen gemischten, die Eigenheit dieser Proportion bewahrt bleibt, möge das genügen und für uns ausreichend sein, worin wir, beginnend mit der Gleichheit, durch die drei Regeln (s. o. I 23,8) alle Erscheinungsformen von Ungleichheit aus einander herausgearbeitet haben, sowohl in direkter als auch in umgedrehter Reihenfolge, denn jede Gestalt und jede Reihe ist eine geometrische Proportion, die alle oben genannten Eigenheiten umfasst sowie eine vierte, nämlich, dass sie sowohl in den größeren Werten als auch in den kleineren das gleiche Verhältnis beibehält.
Wenn wir darüber hinaus die gemeinsame Reihe der *hetero-mekes-* und Quadratzahlen aufstellen, die eine nach der anderen die Zah-

εἶτα κατὰ τρεῖς ἀπὸ μονάδος ἀποτεμνόμενοι σκοπῶμεν αἰεὶ τὸν τῶν προτέρων ὕστερον ἀρχὴν τῶν ὑστέρων τιθέμενοι, εὑρήσομεν ἀπὸ πολλαπλασίου σχέσεως, τουτέστι διπλασίου, πάσας τὰς ἐπιμορίους ἑξῆς ἐπιφαινομένας, ἡμιόλιον, εἶτα ἐπίτριτον, εἶτα ἐπιτέταρτον καὶ ἐφεξῆς.

(6) εὐκαιρότατον δ' ἂν εἴη ἐνταῦθα γενομένους ἐπιμνησθῆναι παρακολουθήματος χρησιμεύοντος ἡμῖν εἰς Πλατωνικόν τι θεώρημα· οἱ μὲν γὰρ ἐπίπεδοι μιᾷ μεσότητι συνέχονται πάντως, οἱ δὲ στερεοὶ δυσὶν ἀνάλογον κειμέναις·

δύο γὰρ τετραγώνων συνεχῶν εἷς μόνος εὑρίσκεται μέσος ἀναλογίαν σῴζων γεωμετρικήν, πρόλογος μὲν πρὸς τὸν ἐλάττονα, ὑπόλογος δὲ πρὸς τὸν μείζονα, οὐδέποτε δὲ πλείονες· δύο ἄρα διαστήματα θεωροῦμεν πρὸς ἑκάτερον τῶν ἄκρων αὐτοῦ τοῦ μέσου ἐν σχέσει λόγων ὁμοίων.

(7) πάλιν δὲ δύο κύβων συνεχῶν δύο μόνοι εὑρίσκονται ἀνάλογον μέσοι ὅροι κατὰ τὴν γεωμετρικὴν ἀναλογίαν, [130] πλείονες δὲ οὐδέποτε· τρία ἄρα διαστήματα, ἓν μὲν τὸ μεταξὺ τῶν μέσων πρὸς ἀλλήλους, δύο δὲ τὰ μεταξὺ τῶν ἄκρων πρὸς τοὺς μέσους ἑκατέρωθεν.
(8) οὕτω τὰ μὲν στερεὰ σχήματα λέγεται τριχῇ διαστατά, τὰ δὲ ἐπίπεδα διχῇ, οἷον ὁ α καὶ ὁ δ ἐπίπεδοι, μέσος δὲ ἀνάλογον ὁ β, ἢ οἷον δ, θ, δύο τετράγωνοι, μέσος δὲ αὐτῶν ἀνάλογον ὁ ς ἐν τῷ αὐτῷ λόγῳ ἐχόμενος ὑπὸ τοῦ μείζονος καὶ ἔχων τὸν ἐλάττονα, ἐν ᾧ καὶ ἡ διαφορὰ διαφορὰν ἔχει.
(9) τούτου δ' αἴτιον, ὅτι αἱ τῶν δύο τετραγώνων πλευραί, ἑκατέρα μία ἰδία, αὐτὸν τὸν ς ἅμα ἀμφότεραι ἐγέννησαν·

len aus beiden enthält, und dann Dreiergruppen betrachten, von 1 beginnend, wobei immer die letzte der vorhergehenden Gruppe als Beginn der folgenden Gruppe gesetzt wird, werden wir finden, dass ausgehend von der Vielfach-Beziehung – also dem Doppelten – alle *epi-morioi* nacheinander erscheinen, *hemi-olios* (1½), dann *epi-tritos* (1⅓), dann *epi-tetartos* (1¼) und so weiter.

(6) Es ist wohl sehr angebracht, jetzt, wo wir an diesem Punkt angelangt sind, eine Folgerung zu erwähnen, die uns für einen bestimmten Satz PLATONS von Nutzen ist. Die Flächenzahlen sind ja stets durch einen einzigen Mittelwert miteinander verbunden, die Körperzahlen durch zwei analog gelegene.

Bei zwei benachbarten Quadraten wird nur ein Mittelwert gefunden, der die geometrische Proportion bewahrt, im Verhältnis oben (*prologos*) zum kleineren und im Verhältnis unten (*hypologos*) zum größeren Wert, nie mehr; daher betrachten wir zwei Intervalle, zwischen jedem der Randwerte und dem Mittelwert in Beziehung gleicher Verhältnisse.

(7) Bei zwei benachbarten Würfeln wiederum findet man nur zwei Mittelwerte im richtigen Verhältnis gemäß der geometrischen Proportion, nie mehr; daher gibt es drei Intervalle, eines zwischen den Mittelwerten im Vergleich zueinander, und zwei zwischen den Randwerten und den Mittelwerten auf beiden Seiten.

(8) So werden die Körperformen dreidimensional und die Flächen zweidimensional genannt; etwa die Flächenzahlen 1 und 4, analog der Mittelwert 2; oder etwa 4 und 9, zwei Quadrate, analog ihr Mittelwert 6, der im gleichen Verhältnis zum größeren Wert steht wie der kleinere Wert zu ihm und auch die eine Differenz zur anderen.

(9) Der Grund dafür ist, dass die Seiten der beiden Quadrate, jede einzeln für sich, beide zusammen genau diese Zahl 6 ergeben.

ἐν δὲ κύβοις, οἷον τῷ η καὶ τῷ κζ, μία μὲν οὐκέτι, δύο δὲ μεσότητες εὑρίσκονται ὅ τε ιβ καὶ ιη, ἐν τῷ αὐτῷ λόγῳ ἑαυτάς τε καὶ τοὺς ὅρους ποιοῦσαι, ἐν καὶ αἱ διαφοραὶ αὐτῶν πρὸς ἀλλήλας εἰσί· καὶ τούτου δ' αἴτιον τὸ τῶν κυβικῶν πλευρῶν μίγδην σύστημα εἶναι τὰς δύο μεσότητας, δὶς β τρὶς καὶ τρὶς γ δίς.

(10) ἐὰν μὲν οὖν καθόλου τετράγωνος τετράγωνον λάβῃ, τουτέστι πολυπλασιάσῃ, τετράγωνον πάντως ποιεῖ, ἂν δὲ τετράγωνος ἑτερομήκη [ἢ ἑτερομήκης τετράγωνον], οὐδέποτε τετράγωνος ἀποτελεῖται, κἂν [131] κύβος κύβον, κύβος πάντως γενήσεται, ἐὰν δὲ ἑτερομήκης κύβον [ἢ κύβος ἑτερομήκη], οὐδέποτε κύβος, καθάπερ ἀμέλει ἂν ἄρτιος ἄρτιον πολυπλασιάσῃ, πάντως ἄρτιος γεννᾶται, κἂν περισσὸς περισσόν, πάντως περισσός, ἂν δὲ περισσὸς ἄρτιον ἢ ἄρτιος περισσόν, πάντως ὁ γινόμενος ἔσται ἄρτιος, οὐδέποτε δὲ περισσός.

(11) ταῦτα δὲ τῆς οἰκείας σαφηνείας ἐπιλήψεται ἐν τῇ Πλατωνικῇ συναναγνώσει κατὰ τὸν τοῦ λεγομένου γάμου τόπον ἐν τῇ Πολιτείᾳ ἀπὸ προσώπου τῶν Μουσῶν παρεισαγομένου· ὥστε ἐπὶ τὴν τρίτην ἀναλογίαν τὴν καλουμένην ἁρμονικὴν μεταβάντες διαιρῶμεν.

κε.

(1) ἔστι γὰρ ἡ τῇ τρίτῃ τάξει μεσότης ἁρμονικὴ καλουμένη, ὅταν ἐν τρισὶν ὅροις ὁ μέσος θεωρῆται πρὸς τοὺς ἄκρους μήτε ἐν λόγῳ τῷ αὐτῷ ἐξεταζόμενος, τοῦ μὲν πρόλογος, τοῦ δὲ ὑπόλογος, ὡς ἐπὶ τῆς γεωμετρικῆς, μήτε ἐν διαστήμασι μὲν ἴσοις, λόγων δὲ ἑτερότητι, ὡς ἐπὶ τῆς ἀριθμητικῆς, ἀλλ' ὅταν, ὡς ὁ μέγιστος πρὸς τὸν ἐλάχιστον ὅρον ἔχει, οὕτω καὶ ἡ τοῦ μεγίστου

In Würfeln jedoch, etwa 8 und 27, findet man nicht mehr nur einen, sondern zwei Mittelwerte, 12 und 18, die sich selbst und die Werte in das gleiche Verhältnis setzen, in dem die Differenzen zueinander stehen; der Grund dafür ist, dass die beiden Mittelwerte aus der Kombination der Würfelseiten gemischt sind, zweimal 2 dreimal und dreimal 3 zweimal.

(10) Falls also im Allgemeinen ein Quadrat ein Quadrat nimmt, also es multipliziert, macht es stets ein Quadrat; aber falls ein Quadrat eine *hetero-mekes*-Zahl multipliziert, ergibt es nie ein Quadrat; und wenn ein Würfel einen Würfel multipliziert, entsteht stets ein Würfel, aber falls eine *hetero-mekes*-Zahl einen Würfel multipliziert, nie ein Würfel. Genauso ist das Produkt stets gerade, wenn eine gerade Zahl mit einer geraden Zahl multipliziert wird, und stets ungerade, wenn ungerade mit ungerade multipliziert wird; aber wenn ungerade mit gerade oder gerade mit ungerade multipliziert wird, so wird das Ergebnis stets gerade und nie ungerade sein.

(11) Diese Dinge werden in der gemeinsamen Platon-Lektüre unter Bezugnahme auf den Abschnitt über die sogenannte Hochzeitszahl in der *Politeia* (546a), die in der Person der Musen eingeführt wurde, ihre richtige Erläuterung erhalten. Gehen wir also zur dritten Proportion über, die als harmonisch bezeichnet wird, und teilen sie ein (in einer Dihärese; s. o. Einleitung S. 11).

25. Harmonischer Mittelwert

(1) Der Mittelwert der dritten Ordnung, der als harmonisch bezeichnet wird, liegt vor, wenn unter drei Werten der Mittelwert bei der Betrachtung bezüglich der Randwerte weder im gleichen Verhältnis steht, mit einem im Verhältnis oben (*prologos*) und mit dem anderen unten (*hypologos*), wie beim geometrischen, noch bei gleichen Abständen eine Ungleichheit der Verhältnisse hat, wie beim arithmetischen, sondern wenn so, wie sich der größ-

διαφορὰ παρὰ τὸν μέσον πρὸς τὴν τοῦ μέσου διαφορὰν παρὰ τὸν ἐλάχιστον, οἷον [132] γ, δ, ς ἢ πάλιν β, γ, ς· ὁ γὰρ ς τοῦ δ τῷ αὐτοῦ τρίτῳ ὑπερέχει, τρίτον γὰρ τοῦ ς τὰ β, καὶ ὁ γ τοῦ δ λείπεται τῷ αὐτοῦ τρίτῳ, τοῦ γὰρ γ τρίτον μονάς· ἐπὶ μὲν γὰρ τοῦ προτέρου ὑποδείγματος οἵ τε ἄκροι ἐν διπλασίῳ λόγῳ καὶ αἱ τούτων πρὸς τὸν μέσον διαφοραὶ πάλιν ἐν τῷ αὐτῷ διπλασίονι πρὸς ἀλλήλας, ἐν δὲ τῷ δευτέρῳ ἑκατέρα ἐν τριπλασίῳ.

(2) ἰδίωμα δὲ ἔχει ὑπεναντίον, ὡς προέφαμεν, τῳ κατὰ τὴν ἀριθμητικήν· ἐκεῖ μὲν γὰρ ἐν τοῖς ἐλάττοσιν ὅροις μείζονες ἦσαν οἱ λόγοι, ἐλάττονες δὲ ἐν τοῖς μείζοσιν, ὧδε δὲ ἀνάπαλιν οἱ μὲν ἐν τοῖς μείζοσι μείζονες, οἱ δὲ ἐν τοῖς ἐλάττοσιν ἐλάττονες, ἵνα ὡς ἐν μεσότητι ἀμφοῖν τῇ γεωμετρικῇ εἰκότως ἡ τῶν ἑκατέρωθι λόγων ἰσότης μεταίχμιον οὖσα τοῦ μείζονος καὶ τοῦ ἐλάττονος ἐνθεωρῆται.

(3) ἔτι ἐν μὲν τῇ ἀριθμητικῇ ὁ μέσος ἑαυτοῦ μέρει τῷ αὐτῷ μείζων τε καὶ ἐλάττων τῶν ἑκατέρωθι φαίνεται, αὐτῶν δὲ ἐκείνων ἄλλῳ καὶ ἄλλῳ μείζων ἢ ἐλάττων, ἐν δὲ τῇ ἁρμονικῇ ταύτῃ ὑπεναντίως· ἑαυτοῦ μὲν γὰρ ὁ μέσος ἑτέρῳ τε καὶ ἑτέρῳ μείζων τε καὶ ἐλάττων τῶν ἑκατέρωθί ἐστιν, αὐτῶν δὲ ἐκείνων τῶν ἑκατέρωθι [133] πάντως τῷ αὐτῷ, ἤτοι γὰρ ἑκατέρων ἡμίσει ἢ ἀμφοτέρων τρίτῳ· ἡ δὲ γεωμετρικὴ ὡς ἐν μεταιχμίῳ ἀμφοῖν οὔτε ἐν τῷ μέσῳ μόνον οὔτε ἐν τοῖς ἄκροις μόνον, ἀλλὰ καὶ ἐν ἀμφοτέροις, μέσῳ καὶ ἄκρῳ.

te Wert zum kleinsten verhält, sich auch die Differenz zwischen dem größten Wert und dem Mittelwert zur Differenz zwischen dem Mittelwert und dem kleinsten Wert verhält. Etwa 3, 4, 6, oder wiederum 2, 3, 6, denn 6 übertrifft 4 um ein Drittel von sich selbst, denn 2 ist ein Drittel von 6, und 3 unterschreitet 4 um ein Drittel von sich selbst, denn 1 ist ein Drittel von 3. Im ersten Beispiel sind die Randwerte im doppelten Verhältnis und ihre Differenzen zum Mittelwert sind wiederum im gleichen doppelten Verhältnis zueinander; im zweiten sind sie jeweils im dreifachen Verhältnis.

(2) Er hat eine besondere Eigenheit, die, wie wir gesagt haben, zu der des arithmetischen Mittelwerts gegensätzlich ist, denn dort waren die Verhältnisse unter den kleineren Werten größer und unter den größeren kleiner; hier aber sind umgekehrt die Verhältnisse unter den größeren Werten größer und unter den kleineren kleiner, so dass beim geometrischen, wie bei einem Mittelwert zwischen beiden, folgerichtig die Gleichheit der Verhältnisse auf beiden Seiten als ein Mittelding zwischen »Mehr« und »Weniger« betrachtet werden kann.

(3) Außerdem wird in der arithmetischen Proportion der Mittelwert um den gleichen Bruchteil seiner selbst größer und kleiner als die Werte auf beiden Seiten sichtbar, aber um jeweils verschiedene Bruchteile von jenen Werten größer oder kleiner; in der harmonischen ist es gegensätzlich, denn der Mittelwert ist um jeweils verschiedene Bruchteile seiner selbst größer und kleiner als die Werte auf beiden Seiten, aber von jenen Werten auf beiden Seiten stets um den gleichen, entweder von beiden die Hälfte oder von beiden ein Drittel; in der geometrischen, wie als Mittelding von beiden, (findet man den gleichen Bruchteil) weder nur im Mittelwert noch nur in den Randwerten, sondern in beiden, sowohl im Mittelwert als auch im Randwert.

(4) ἔτι ἡ ἁρμονικὴ ἔχει ἴδιον συμβεβηκὸς τὸ τοὺς ἄκρους συντεθέντας καὶ πολυπλασιασθέντας ὑπὸ τοῦ μέσου διπλάσιον ἀποτελεῖν τοῦ ἐξ ἀλλήλων πολυπλασιασμοῦ.

(5) ἐκλήθη δὲ ἁρμονικὴ ἡ τοιαύτη μεσότης, ὅτι ἡ μὲν ἀριθμητικὴ ποσῷ διεκρίνετο ἰσότητα κατὰ τοῦτο ἐν τῇ τῶν ὅρων διαστάσει πρὸς ἀλλήλους παρεχομένη, ἡ δὲ γεωμετρικὴ ποιότητι τὰς σχέσεις ὁμοίας κατὰ τὸ ποιὸν τῶν ὅρων πρὸς ἀλλήλους ἀποδιδοῦσα, αὕτη δὲ κατὰ τὸ πρὸς ἕτερόν πως ἐν ἑτέροις καὶ ἑτέροις εἴδεσι φανταζομένη· οὔτε γὰρ ἐν ὅροις μόνον οὔτε ἐν διαφοραῖς μόνον, ἀλλ᾽ ἐκ μέρους μὲν ἐν ὅροις, ἐκ μέρους δὲ ἐν διαφοραῖς· ὡς γὰρ ὁ μέγιστος πρὸς τὸν ἐλάχιστον, οὕτω καὶ ἡ τοῦ μεγίστου διαφορὰ πρὸς τὸν παρ᾽ αὐτὸν μέσον πρὸς τὴν τοῦ ἐλαχίστου πρὸς τὸν αὐτὸν μέσον καὶ ἀνάπαλιν.

[134] κς.

(1) τὸ δὲ πρός τι ἐπέγνωμεν ἐν τῇ τοῦ ὄντος ἀνωτέρω φρασθείσῃ διαιρέσει τῆς ἁρμονικῆς ἴδιον θεωρίας, ἀλλὰ καὶ οἱ μουσικοὶ τῶν ἐν ἁρμονίᾳ συμφωνιῶν λόγοι ἐν ταύτῃ μᾶλλον εὑρίσκονται τῇ μεσότητι· στοιχειωδέστατος μὲν ὁ διὰ τεσσάρων ἐν ἐπιτρίτῳ λόγῳ, ὡς δ πρὸς γ, ὅρος πρὸς ὅρον ἐν τῷ κατὰ τὸν διπλάσιον ὑποδείγματι ἢ διαφορὰ πρὸς διαφορὰν ἐν τῷ κατὰ τὸν τριπλάσιον, τοῦ γὰρ ς πρὸς β ἢ πάλιν τοῦ ς πρὸς γ αὗται αἱ διαφοραί· μετὰ δὲ τοῦτον εὐθὺς ὁ διὰ πέντε ὑπάρχων ἡμιόλιος τοῦ γ πρὸς β ἢ πάλιν τοῦ ς πρὸς δ, ὅρου πρὸς ὅρον· εἶτα τούτων ἀμφοτέρων σύστημα τοῦ τε ἡμιολίου καὶ τοῦ ἐπιτρίτου ὁ διὰ πασῶν ἐφεξῆς αὐτοῖς

(4) Noch einmal, es trifft sich, dass die harmonische Proportion als Eigenheit hat, dass aus der Addition der Randwerte und Multiplikation mit dem Mittelwert sich das Doppelte ergibt wie bei der Multiplikation miteinander.
(5) Dieser Mittelwert wurde harmonisch genannt, weil einerseits der arithmetische durch das »Wie viel?« definiert ist und demgemäß eine Gleichheit in dem Intervall der Randwerte zueinander zeigt, andererseits der geometrische durch das »Wie beschaffen?« definiert ist und gleiche Beziehungen gemäß »Wie beschaffen?« der Randwerte zueinander aufweist. Aber dieser erscheint gemäß dem jeweiligen Kriterium bald in dieser, bald in jener Erscheinungsform, weder nur in den Werten noch nur in den Differenzen, sondern teilweise in den Werten und teilweise in den Differenzen, denn so wie sich der größte Wert zum kleinsten verhält, so auch die Differenz zwischen dem größten Wert und dem danach liegenden Mittelwert zur Differenz zwischen dem kleinsten Wert und demselben Mittelwert und umgekehrt.

26. Musikalische Konsonanzen

(1) In der zuvor dargelegten Einteilung (*dihairesis*; s. o. Einleitung S. 11) des Seins erkannten wir das Relative als eine Eigenheit der Harmonielehre; aber auch die musikalischen Verhältnisse der Konsonanzen in der Harmonie sind in diesem Mittelwert zu finden. Am elementarsten ist die Quarte, im *epi-tritos*-Verhältnis ($1\frac{1}{3}$), 4 zu 3, und zwar von Wert zu Wert im Beispiel gemäß des Doppelten (3, 4, 6) oder von Differenz zu Differenz in dem gemäß des Dreifachen (2, 3, 6), denn 6 minus 2 oder wiederum 6 minus 3 sind diese Differenzen. Sogleich darauf folgt die Quinte, das ist der *hemi-olios* ($1\frac{1}{2}$), 3 zu 2 oder wiederum 6 zu 4 von Wert zu Wert. Dann die Kombination von diesen beiden, *hemi-olios* und *epi-tritos*, die Oktave, die als nächstes kommt, ist im doppelten Verhältnis, 6 zu 3 in bei-

κείμενος, ἐν διπλασίῳ ὑπάρχων λόγῳ, ὡς ς πρὸς γ ἐν ἀμφοτέροις ὑποδείγμασιν, ὅρος πρὸς ὅρον· ἢ ὁ ἐπὶ τούτῳ διὰ πασῶν ἅμα καὶ διὰ πέντε, τριπλάσιον σώζων ἀμφοτέρων ἅμα τὸν λόγον, σύστημα ὑπάρχων διπλασίου ἅμα καὶ ἡμιολίου, ὥσπερ τοῦ ς πρὸς β, ὅρου πρὸς ὅρον, ἐν τῷ κατὰ τὸν τριπλάσιον ὑποδείγματι, [135] καὶ πάλιν διαφορὰς πρὸς διαφορὰν ἐν τῷ αὐτῷ, ἐν δὲ τώ κατὰ τὸν διπλάσιον ὅρου μεγίστου πρὸς διαφορὰν αὐτοῦ καὶ τοῦ μέσου ἢ διαφορᾶς τῶν ἄκρων πρὸς διαφορὰν τῶν ἐλαττόνων· τελευταῖον δὲ καὶ μέγιστον σύμφωνον τὸ λεγόμενον δὶς διὰ πασῶν ὡσανεὶ δὶς διπλάσιον, ὑπάρχον δὲ ἐν λόγῳ τετραπλασίῳ, ὡς ὁ μέσος ὅρος τῆς ἐν διπλασίοις πρὸς τὴν τῶν ἐλαττόνων διαφορὰν ἢ ἡ τῶν ἄκρων διαφορὰ τῆς ἐν τριπλασίοις πρὸς τὴν τῶν ἐλαττόνων.

(2) τινὲς δὲ αὐτὴν ἁρμονικὴν καλεῖσθαι νομίζουσιν ἀκολούθως Φιλολάῳ ἀπὸ τοῦ παρέπεσθαι πάσῃ γεωμετρικῇ ἁρμονίᾳ, γεωμετρικὴν δὲ ἁρμονίαν φασὶ τὸν κύβον ἀπὸ τοῦ κατὰ τὰ τρία διαστήματα ἡρμόσθαι ἰσάκις ἴσα ἰσάκις· ἐν γὰρ παντὶ κύβῳ ἥδε ἡ μεσότης ἐνοπτρίζεται, πλευραὶ μὲν γὰρ παντὸς κύβου εἰσὶν ιβ, γωνίαι δὲ η, ἐπίπεδα δὲ ς· μεσότης ἄρα ὁ η τῶν ς καὶ τῶν ιβ κατὰ τὴν ἁρμονικήν· ὡς γὰρ οἱ ἄκροι πρὸς ἀλλήλους, οὕτως ἡ τοῦ μεγίστου παρὰ τὸν μέσον διαφορὰ πρὸς τὴν τοῦ μέσου παρὰ τὸν ἐλάχιστον διαφοράν, καὶ πάλιν ὁ μέσος ἄλλῳ μὲν ἑαυτοῦ μέρει μείζων ἐστὶ τοῦ ἐλάττονος, ἄλλῳ δὲ ἐλάττων τοῦ μείζονος, ἐνὶ μέντοι καὶ τῷ αὐτῷ αὐτῶν τῶν ἄκρων μέρει καὶ μείζων καὶ ἐλάττων ὑπάρχει· καὶ ἑτέρως [136] οἱ ἄκροι συντεθέντες καὶ ὑπὸ τοῦ μέσου πολυπλασιασθέντες διπλάσιον ἀποτελοῦσι τοῦ ὑπὸ τῶν ἄκρων πρὸς ἀλλήλους γινομένου·

den Beispielen von Wert zu Wert. Das folgende Intervall, das von Oktave und Quinte zusammen, bewahrt das dreifache Verhältnis der beiden zusammen, da es die Kombination von Doppeltem und *hemi-olios* ist, wie 6 zu 2 von Wert zu Wert im Beispiel gemäß des Dreifachen, und wiederum von Differenz zu Differenz im gleichen Beispiel, und in dem gemäß des Doppelten ist es der größte Wert zur Differenz zwischen diesem Wert und dem Mittelwert, oder die Differenz der Randwerte zur Differenz der kleineren Werte. Das letzte und größte Intervall, die sogenannte Doppeloktave, sozusagen das Doppelte des Doppelten, das im vierfachen Verhältnis steht, ist wie der Mittelwert des Beispiels im Doppelverhältnis zur Differenz zwischen den kleineren Werten oder wie die Differenz zwischen den Randwerten des Beispiels im Dreifachverhältnis zur Differenz zwischen den kleineren Werten.

(2) Einige, die PHILOLAOS (*Test.* A 24) zustimmen, glauben jedoch, dass dieser Mittelwert harmonisch genannt wird, weil er alle geometrische Harmonie betrifft, und sie sagen, dass die »geometrische Harmonie« der Würfel ist, weil er in allen drei Dimensionen harmonisiert ist als Produkt von drei gleichen Zahlen; denn in jedem Würfel ist dieser Mittelwert gespiegelt – in jedem Würfel gibt es 12 Seiten, 8 Ecken und 6 Flächen; daher ist 8 der Mittelwert zwischen 6 und 12 gemäß der harmonischen Proportion, denn so wie die Randwerte zueinander, so verhält sich auch die Differenz zwischen dem größten und dem Mittelwert zu der zwischen dem Mittel- und dem kleinsten Wert, und wiederum ist der Mittelwert um einen Bruchteil seiner selbst größer als der kleinste und um einen anderen kleiner als der größere Wert, allerdings um ein und denselben Bruchteil der Randwerte größer und kleiner. Und wieder ergibt sich aus der Addition der Randwerte und Multiplikation mit dem Mittelwert das Doppelte des Produktes der Randwerte miteinander.

καὶ ἡ μὲν διὰ τεσσάρων ἐστὶ τοῦ η πρὸς τὸν ς, ἐπίτριτος γάρ, ἡ δὲ διὰ πέντε τοῦ ιβ πρὸς τὸν η, ἡμιόλιος γάρ, ἡ δὲ διὰ πασῶν ἀμφοῖν οὖσα σύστημα ἡ τοῦ ιβ πρὸς τὸν ς, διπλασία γὰρ, ἡ δὲ διὰ πασῶν ἅμα καὶ διὰ πέντε τριπλάσιος οὖσα ἡ τῶν ἄκρων διαφορὰ ὑπάρχει πρὸς τὴν τῶν ἐλαττόνων, ἡ δὲ δὶς διὰ πασῶν ὁ μέσος ὅρος πρὸς τὴν ἑαυτοῦ καὶ τοῦ ἐλάττονος διαφοράν· οἰκειοτάτως ἄρα ἁρμονικὴ προσωνομάσθη.

κζ.

(1) ὥσπερ δὲ ἐν τῇ τοῦ μουσικοῦ κανόνος κατατομῇ χορδῆς μιᾶς τεταμένης ἢ αὐλοῦ μήκους ἑνὸς ἐκκειμένου τῶν ἄκρων ἀμετακινήτων ὑπαρχόντων, μεταλαμβανούσης δὲ τῆς μεσότητος ἐν μὲν τῷ αὐλῷ [137] διὰ τρυπημάτων, ἐν δὲ τῇ χορδῇ δι᾽ ὑπαγωγέως, ἄλλον ἐξ ἄλλου τρόπον ἀποτελεῖσθαι δύνανται αἱ προλεχθεῖσαι μεσότητες, ἀριθμητική τε καὶ γεωμετρική καὶ ἁρμονική, ἵνα εἰκότως καὶ ἐτυμώτατα καλοῖντο διὰ τὴν τοῦ μέσου ὅρου μετάστασίν τε καὶ μεταγωγὴν διαφόρως συντελούμεναι, οὕτως καὶ ἐν ἀριθμητικοῖς δυσὶν ὅροις, εἴτε περισσοῖς ἀμφοτέροις εἴτε καὶ ἀρτίοις, εὔλογόν ἐστι καὶ ἅμα δυνατὸν μένουσιν ἐν τῷ αὐτῷ καὶ μὴ μεταβιβαζομένοις μεσότητα καθ᾽ ἑκάστην τῶν τριῶν ἐφαρμόζουσαν ἐντάσσεσθαι· κατὰ μὲν ἀριθμητικὴν ἴσῳ ὑπερέχουσαν καὶ ὑπερεχομένην, κατὰ δὲ γεωμετρικὴν ὁμοίῳ λόγῳ διαφορουμένην, κατὰ δὲ ἁρμονικὴν τῷ αὐτῷ μέρει τῶν ἄκρων τῶν αὐτῶν μείζονά τε καὶ ἐλάττονα.

Die Quarte ist 8 zu 6, nämlich *epi-tritos* (1⅓); die Quinte 12 zu 8, nämlich *hemi-olios* (1½); die Oktave, die Kombination dieser beiden, 12 zu 6, nämlich doppelt; Oktave und Quinte zusammen, das ist dreifach, ist das Verhältnis der Differenz der Randwerte zu der der kleineren Werte; die Doppeloktave ist das Verhältnis des Mittelwerts zur Differenz zwischen ihm und dem kleineren Wert. Am passendsten ist er also harmonisch genannt worden.

27. Bestimmung der Mittelwerte

(1) Genauso wie bei der Teilung des musikalischen *kanon* (Monochord, Instrument mit einer Saite), wenn eine einzelne Saite gespannt wird, oder eine Länge eines Rohres mit unbeweglichen Enden verwendet wird und sich der Mittelpunkt des Rohres durch die (Abdeckung der) Fingerlöcher verschiebt, in der Saite durch den Steg, und wie auf eine Weise nach der anderen die oben genannten Mittelwerte – arithmetische, geometrische und harmonische – erzeugt werden können, so dass sie folgerichtig und sehr korrekt benannt sind, da sie durch Veränderung und Verschiebung des Mittelwerts auf verschiedene Weise zustande kommen, so ist es auch sinnvoll und möglich, den Mittelwert gemäß jeder der drei Ordnungen zwischen zwei arithmetischen Werten angepasst einzufügen, die fest bleiben und sich nicht verändern, egal ob beide ungerade oder gerade sind. In arithmetischer Proportion wird der Mittelwert (von den Randwerten) um den gleichen Betrag über- und unterschritten, in geometrischer unterscheidet er sich im gleichen Verhältnis; in harmonischer ist er um den gleichen Bruchteil derselben Randwerte größer und kleiner.

(2) προκείσθωσαν δὴ πρῶτον ἄρτιοι ὅροι δύο, ὧν μεταξὺ αἱ τρεῖς μεσότητες ζητητέον πῶς ἂν ταγεῖεν καὶ τίνες, καὶ ἔστωσαν ὅ τε ι καὶ ὁ μ.

(3) πρῶτον οὖν τὴν ἀριθμητικὴν ἐναρμόζω καὶ ἔστιν κε καὶ τὰ παρακολουθήματα αὐτῆς σώζεται πάντα κἀνταῦθα· ὡς γὰρ ἕκαστος ὅρος πρὸς ἑαυτόν, οὕτω καὶ διαφορὰ πρὸς διαφοράν, ἄρα ἐν ἰσότητι, καὶ ὅσῳ ὁ μείζων τοῦ μέσου, τοσούτῳ καὶ οὗτος τοῦ ἐλάττονος ὑπερφέρει, καὶ ἡ τῶν ἄκρων σύνθεσις διπλασία τοῦ μέσου καὶ ὁ τῶν ἐλαττόνων ὅρων λόγος [138] μείζων τοῦ τῶν μειζόνων καὶ τὸ ὑπὸ τῶν ἄκρων ἔλαττον τοῦ ἀπὸ τοῦ μέσου τῷ ἀπὸ τῶν διαφορῶν τετραγώνῳ, καὶ ὁ μέσος τῷ αὐτῷ ἰδίῳ μέρει καὶ μείζων ὑπάρχει καὶ ἐλάττων τῶν ἄκρων, ἐν δὲ τοῖς ἄκροις θεωρουμένῳ ἑτέρῳ καὶ ἑτέρῳ.

(4) ἐὰν δὲ τὴν κ μεσότητα ἐμβάλλω εἰς τοὺς προκειμένους ἀρτίους ὅρους, τὰ τῆς γεωμετρικῆς ἰδιώματα ἀνακύπτει, ἐξαπόλλυνται δὲ τὰ τῆς ἀριθμητικῆς· οἷος γὰρ ὁ μείζων πρὸς τὸν μέσον, τοιοῦτος καὶ ὁ μέσος πρὸς τὸν μικρόν, καὶ τὸ ὑπὸ τῶν ἄκρων ἶσον τῷ ἀπὸ τοῦ μέσου καὶ αἱ διαφοραὶ πρὸς ἀλλήλας ἐν τῷ αὐτῷ λόγῳ θεωροῦνται, ἐν ᾧ καὶ οἱ ὅροι, καὶ οὔτε ἐν τοῖς ἄκροις καθαροῖς ἡ τοῦ μέρους ταυτότης καθ' ὑπεροχὴν καὶ ἔλλειψιν οὔτε ἐν μέσῳ καθαρῷ, ἀλλ' ἐν μέσῳ καὶ θατέρῳ τῶν ἄκρων παρὰ μέρος, ἔν τε μείζοσιν ὅροις καὶ ἐλάττοσιν ἶσος λόγος.

(5) ἐὰν δὲ τὸν ις ἀντιλάβω μέσον ὅρον, πάλιν τὰ μὲν τῶν προτέρων δυοῖν μεσοτήτων ἰδιώματα ἐκποδών γίνεται, τὰ δὲ τῆς ἁρμονικῆς ἀναφαίνεται πρὸς τοὺς αὐτοὺς διαμένοντα δύο ἀρτίους ὅρους· ὥσπερ γὰρ ὁ μείζων πρὸς τὸν ἐλάχιστον, οὕτως ἡ τῶν μειζόνων διαφορὰ πρὸς τὴν τῶν ἐλαττόνων, καὶ ὅσοις

(2) Es seien also zunächst zwei gerade Werte gegeben, von denen gesucht ist, wie die drei Mittelwerte dazwischen eingefügt werden und was sie sind; sie seien 10 und 40.

(3) Erst passe ich den arithmetischen an; er ist 25, und die dazugehörigen Folgerungen bleiben dabei alle bewahrt; denn wie jeder Wert zu sich selbst, so verhält sich Differenz zu Differenz, also in der Gleichheit; so viel wie der größere den Mittelwert übersteigt, so viel übersteigt auch dieser den kleineren Wert; die Summe der Randwerte ist doppelt so groß wie der Mittelwert; das Verhältnis der kleineren Werte ist größer als das der größeren; das Produkt (*to hypo*) der Randwerte ist kleiner als das Quadrat (*to apo*) des Mittelwerts, und zwar um den Betrag des Quadrats der Differenzen; und der Mittelwert ist um den gleichen Bruchteil seiner selbst größer und kleiner als die Randwerte, aber von den Randwerten betrachtet um verschiedene Bruchteile.

(4) Wenn ich aber 20 als Mittelwert zwischen die gegebenen geraden Werte einfüge, so kommen die Eigenheiten des geometrischen in den Blick und die des arithmetischen werden weggelassen; denn wie der größere Wert zum Mittelwert, so verhält sich auch der Mittelwert zum kleineren; das Produkt der Randwerte ist gleich dem Quadrat des Mittelwerts; die Differenzen zueinander werden im gleichen Verhältnis betrachtet, in dem die Werte zu ihnen stehen. Weder in den Randwerten allein noch im Mittelwert allein liegt die Gleichheit des betreffenden Bruchteils im Überschuss und Untermaß, sondern abwechselnd im Mittelwert und in einem der Randwerte; und sowohl zwischen den größeren als auch zwischen den kleineren Werten besteht das gleiche Verhältnis.

(5) Wenn ich aber 16 als Mittelwert wähle, verschwinden wiederum die Eigenheiten der beiden früheren Mittelwerte und die des harmonischen werden unverändert sichtbar in Bezug auf die beiden geraden Werte; denn wie der größte Wert zum kleinsten, so verhält sich auch die Differenz der größeren Werte zur Differenz der kleineren; um welchen Bruchteil, betrachtet als Bruchteil des größeren

μέρεσιν ὁ μέσος ἐλάττων τοῦ μείζονος ἐν αὐτῷ τῷ μείζονι θεωρουμένοις, τοσούτοις ὁ αὐτὸς τοῦ ἐλάττονος μείζων ἐν [139] αὐτῷ τῷ ἐλάττονι θεωρουμένοις, καὶ ὁ μὲν ἐν τοῖς μείζοσιν ὅροις λόγος μείζων, ἐλάττων δ' ὁ ἐν τοῖς ἐλάττοσιν, ὅπερ οὐκ ἐπ' ἄλλης, καὶ συντεθέντα τὰ ἄκρα καὶ ὑπὸ τοῦ μέσου πολυπλασιασθέντα διπλάσιον ἀποτελεῖ τοῦ ὑπὸ τῶν ἄκρων γινομένου.

(6) ἂν δὲ οἱ δύο ἄκροι ὅροι μὴ ἄρτιοι ἐκτεθῶσιν, ἀλλὰ περισσοί, οἷον ε, με, ὁ μὲν αὐτὸς ὅρος ὁ κε ἀριθμητικὴν ποιήσει· αἴτιον δὲ τούτου, ὅτι ἐφ' ἑκάτερα αὐτοῦ ἴσῳ ἀριθμῷ ὑπερέβησάν τε καὶ ὑπέβησαν οἱ ὅροι τὴν αὐτὴν πρὸς αὐτὸν διατηροῦντες διαφορὰς ποσότητα· ὁ δὲ ιε ἀντιτεθεὶς τὴν γεωμετρικὴν ἀποδίδωσι τριπλάσιός τε καὶ ὑποτριπλάσιος ἑκατέρου ἄν· ὁ δὲ θ μεταλαβὼν τὸ μέσος εἶναι τὴν ἁρμονικὴν ἀποδίδωσιν, οἷς γὰρ μέρεσι μείζων τοῦ ἐλάττονός ἐστι, τέσσαρσι πέμπτοις αὐτοῦ τοῦ ἐλάττονος, τούτοις τοῦ μείζονος ἐλάττων ἐστὶν ἐν αὐτῷ τῷ μείζονι θεωρουμένοις, τέσσαρσι γὰρ πέμπτοις, καὶ πάντα τὰ προλεχθέντα ἰδιώματα ἐφαρμόζων σύμφωνα εὑρήσεις.

(7) ἔφοδος δέ, ὡς ἂν ἐντέχνως πλάσσοις τοὺς προδειχθέντας ὅρους κατὰ τὰς τρεῖς ἀναλογίας, τοιαύτη ἔστω σοι· ἐπ' ἀμφοτέρων τῶν προχειρισθέντων ὅρων περισσῶν τε καὶ ἀρτίων ἀριθμητικὴν μὲν [140] εὑρήσεις, συνθεὶς τὰ ἄκρα τούτων τὸ ἥμισυ μέσον τάξον ἢ τὴν τοῦ μείζονος ὑπεροχὴν πρὸς τὸν ἐλάττονα διχῇ τεμὼν καὶ προσθεὶς τῷ ἐλάττονι μέσον ἕξεις· γεωμετρικὴν δέ, τοῦ ὑπὸ τῶν ἄκρων προμήκους τὴν τετραγωνικὴν πλευρὰν εὑρὼν μέσον ὅρον ποιήσεις ἢ ὃν ἔχουσι πρὸς ἀλλήλους οἱ ὅροι λόγον ἰδών, τοῦτον δίχα τεμὼν μέσον ποίησον, οἷον ἐπὶ τετραπλασίου διπλάσιον· ἁρμονικὴν δέ, τῶν ἄκρων τὴν διαφορὰν ποιητέον ἐπὶ

Werts, der Mittelwert kleiner ist als der größere Wert, um diesen ist derselbe Mittelwert größer als der kleinste Wert, betrachtet als Bruchteil des kleinsten Werts; das Verhältnis der größeren Werte ist größer und das der kleineren kleiner, was auf keinen anderen Mittelwert zutrifft; und aus der Addition der Randwerte und Multiplikation mit dem Mittelwert ergibt sich das Doppelte des Produktes der Randwerte.

(6) Wenn aber die beiden angegebenen Randwerte nicht gerade, sondern ungerade sind, etwa 5 und 45, so ergibt der gleiche Wert 25 den arithmetischen Mittelwert; der Grund dafür ist, dass die Werte auf beiden Seiten dieses Werts ihn um die gleiche Zahl über- und untertreffen, wobei sie die gleiche Differenz zu ihm in Bezug auf das »Wie viel?« beibehalten. Wenn stattdessen 15 eingesetzt wird, kommt der geometrische Mittelwert heraus, der das Dreifache und das Drittel der beiden ist. Wenn 9 genommen wird, kommt heraus, dass der Mittelwert der harmonische ist, denn um welchen Bruchteil er größer als der kleinere ist, nämlich vier Fünftel des kleineren, ist er auch kleiner als der größere, betrachtet als Bruchteile des größeren, nämlich vier Fünftel, und wenn man alle zuvor genannten Eigenheiten ausprobiert, wird man sie harmonisch finden.

(7) Die Methode, mit der man fachgerecht die dargestellten Werte gemäß der drei Proportionen herausarbeiten kann, sei folgende: Für die beiden angegebenen Werte, ob ungerade oder gerade, findet man den arithmetischen Mittelwert, indem man die Randwerte addiert und die Hälfte davon als Mittelwert angibt, oder wenn man den Überschuss des größeren über den kleineren durch 2 teilt und dieses zum kleineren addiert, hat man den Mittelwert. Den geometrischen Mittelwert berechnet man als die Quadratseite (Wurzel; s. o. II 9,2) aus dem Produkt der Randwerte, oder man schaut, welches Verhältnis die Werte zueinander haben, teilt dieses durch zwei (Fehler für: zieht die Quadratwurzel) und erhält den Mittelwert (Fehler für: den Faktor, mit dem der kleinere Wert zu multiplizieren ist), etwa das Doppelte im Fall eines vierfachen Verhältnisses.

τὸν ἐλάττονα καὶ τὸν γενόμενον παραβλητέον ἐπὶ τὸν σύνθετον ἐκ τῶν ἄκρων, εἶτα τὸ πλάτος τῆς παραβολῆς προσθετέον τῷ ἐλάττονι, καὶ ἔσται ὁ γινόμενος ἁρμονικὴ μεσότης.

κη.

(1) καὶ τάδε μὲν περὶ τῶν παρὰ τοῖς παλαιοῖς θρυλλουμένων τριῶν ἀναλογιῶν, ἃς καὶ ἐπιτηδὲς σαφέστερον καὶ πλατύτερον διηρθρώσαμεν, ὅτι πολλάκις τε καὶ ποικιλώτερον ἐντυγχάνειν ἦν αὐταῖς ἐν τοῖς ἀναγνώσμασι· τὰς δ' ἑξῆς ἐπιτμητέον οὐ πάνυ φερομένας παρὰ τοῖς ἀρχαίοις, ἀλλὰ εἰς μόνην ἐμπειρίαν ἡμῶν αὐτῶν καὶ τὸ οἱονεὶ πλῆρες τοῦ συλλογισμοῦ παραλαμβανομένας.

(2) εἰσὶ δὲ αὗται τάξει [141] ἐκφερόμεναι ὑφ' ἡμῶν κατὰ ὑπεναντίωσιν τὴν πρὸς τὰς πεφρασμένας ἀρχετύπους τρεῖς, εἴπερ καὶ ἐξ αὐτῶν τούτων ἀναπλάσσονται, τάξεως τυγχάνουσαι ὁμοίας.

(3) τετάρτη μὲν ἡ καὶ ὑπεναντία λεγομένη διὰ τὸ ἀντικεῖσθαι καὶ ἀντιπεπονθέναι τῇ ἁρμονικῇ ὑπάρχει, ὅταν ἐν τρισὶν ὅροις ὡς ὁ μέγιστος πρὸς τὸν ἐλάχιστον, οὕτως ἡ τῶν ἐλαττόνων διαφορὰ πρὸς τὴν τῶν μειζόνων ἔχῃ, οἷον γ, ε, ς, ἐν γὰρ διπλασίῳ τὰ συγκριθέντα ὁρᾶται· φανερὸν δέ, καθ' ἃ ἠναντίωται τῇ ἁρμονικῇ· τῶν γὰρ αὐτῶν ἄκρων ἀμφοτέραις ὑπαρχόντων καὶ ἐν διπλασίῳ γε λόγῳ, ἐν μὲν τῇ πρὸ ταύτης ἡ τῶν μειζόνων ὑπεροχὴ πρὸς τὴν

Den harmonischen Mittelwert findet man, wenn man die Differenz der Randwerte mit dem kleineren Wert multipliziert, das Produkt durch die Summe der Randwerte dividiert und dann das Ergebnis der Division zum kleineren Wert addiert, und das Ergebnis wird der harmonische Mittelwert sein.

28. Weitere Proportionen und Mittelwerte

(1) Soviel also zu den drei Proportionen, die von den Alten besprochen wurden und die wir aus eben diesem Grund umso deutlicher und ausführlicher gegliedert diskutiert haben, dass sie in den Schriften dieser Autoren häufig und mannigfaltig anzutreffen sind. Die nachfolgenden Proportionen müssen wir jedoch zergliedern. Sie kommen zwar in den alten Schriften nicht häufig vor, müssen aber um unserer eigenen Bekanntschaft mit ihnen willen und sozusagen der Vollständigkeit unserer Rechnung wegen aufgenommen werden.
(2) Sie werden von uns in derselben Ordnung dargestellt, die auf ihrem Gegensatz zu den drei bereits beschriebenen Archetypen beruht, da sie aus ihnen herausgearbeitet sind und zur gleichen Ordnung gehören.
(3) Die vierte, die auch gegensätzlich genannt wird, weil sie der harmonischen entgegengesetzt ist und entgegengesetzte Eigenschaften hat, liegt vor, wenn bei drei Werten so wie der größte Wert zum kleinsten, so sich die Differenz der kleineren zur Differenz der größeren Werte verhält, wie bei 3, 5, 6, denn die verglichenen Werte werden im doppelten Verhältnis gesehen. Es ist klar, worin sie der harmonischen Proportion entgegengesetzt ist, denn während sie beide die gleichen Randwerte haben und auch im doppelten Verhältnis, hat in der vorherigen (harmonischen Proportion) der Unterschied der größeren Werte zum Unterschied der kleineren das gleiche (doppelte) Verhältnis bewahrt, aber in dieser Proportion ist

τῶν ἐλαττόνων τὸν αὐτὸν ἔσωζε λόγον, ἐν ταύτῃ δὲ ἀνάπαλιν ἡ τῶν ἐλαττόνων πρὸς τὴν τῶν μειζόνων· ἴδιον δὲ ταύτης ἰστέον ἐκεῖνο, τὸ διπλάσιον ἀποτελεῖσθαι τὸ ὑπὸ τοῦ μείζονος καὶ μέσου πρὸς τὸ ὑπὸ τοῦ μέσου καὶ ἐλαχίστου, τοῦ γὰρ πεντάκις γ διπλάσιον τὸ ἑξάκις ε.
(4) αἱ δὲ δύο μεσότητες πέμπτη καὶ ἕκτη παρὰ τὴν γεωμετρικὴν ἐπλάσθησαν ἀμφότεραι, διαφέρουσι δ᾽ ἀλλήλων οὕτως·

ἡ μὲν πέμπτη ἔστιν, ὅταν ἐν τρισὶν ὅροις ὡς ὁ μέσος πρὸς τὸν ἐλάχιστον, οὕτω καὶ ἡ αὐτῶν τούτων διαφορὰ πρὸς τὴν τοῦ μεγίστου πρὸς τὸν μέσον, οἷον β, δ, ε· [142] διπλάσιος γὰρ ὁ μὲν δ τοῦ β, μέσος ὅρος τοῦ ἐλαχίστου, ὁ δὲ β τοῦ α, ἐλαχίστων διαφορὰ πρὸς διαφορὰν μεγίστων· ὃ δ᾽ ὑπεναντίον αὐτὴν τῇ γεωμετρικῇ ποιεῖ, ἐκεῖνό ἐστιν, ὅτι ἐπὶ μὲν ἐκείνης ὡς ὁ μέσος πρὸς τὸν ἐλάττονα, οὕτως ἡ τοῦ μείζονος πρὸς τὸν μέσον ὑπεροχὴ πρὸς τὴν τοῦ μέσου πρὸς τὸν ἐλάττονα, ἐπὶ δὲ ταύτης ἀνάπαλιν ἡ τοῦ ἐλάττονος πρὸς τὴν τοῦ μείζονος· ἴδιον δ᾽ ὅμως καὶ ταύτης ἐστὶ τὸ διπλάσιον γίνεσθαι τὸ ὑπὸ τοῦ μεγίστου καὶ μέσου τοῦ ὑπὸ τοῦ μεγίστου καὶ ἐλαχίστου, τὸ γὰρ πεντάκις δ διπλάσιον τοῦ πεντάκις β.

(5) ἡ δὲ ἕκτη γίνεται, ὅταν ἐν τρισὶν ὅροις ᾖ ὡς ὁ μέγιστος πρὸς τὸν μέσον, οὕτως ἡ τοῦ μέσου παρὰ τὸν ἐλάχιστον ὑπεροχὴ πρός τὴν τοῦ μεγίστου παρὰ τὸν μέσον, οἷον α, δ, ς, ἐν ἡμιολίῳ γὰρ ἑκάτεροι λόγῳ· ἐοικυῖα δ᾽ αἰτία καὶ ταύτῃ τῆς πρὸς τήν γεωμετρικήν ὑπεναντιότητος, ἀναστρέφει γὰρ κἀνταῦθα ἡ τῶν λόγων ὁμοιότης ὡς ἐπὶ τῆς πέμπτης.

umgekehrt der Unterschied der kleineren Werte zum Unterschied der größeren (doppelt). Man muss ihre Eigenheit wissen, nämlich dass das Produkt des größten Werts mit dem Mittelwert im Vergleich zum Produkt des Mittelwerts mit dem kleinsten Wert das Doppelte ergibt, denn von fünfmal 3 das Doppelte ist sechsmal 5.

(4) Zwei Mittelwerte, der fünfte und der sechste, wurden beide nach dem geometrischen herausgearbeitet, und sie unterscheiden sich voneinander wie folgt:

Der fünfte liegt vor, wenn bei drei Werten so wie der Mittelwert zum kleinsten, so auch deren Differenz zur Differenz des größten Werts und des Mittelwerts ist, etwa 2, 4, 5, denn 4 ist das Doppelte von 2, also der Mittelwert vom kleineren, und 2 ist das Doppelte von 1, also die Differenz der kleineren von der Differenz der größeren Werte. Was dem geometrischen Mittelwert gegensätzlich ist, das ist, dass beim ersteren so wie der Mittelwert zum kleinsten Wert, so der Überschuss des größten Werts über den Mittelwert zum Überschuss des Mittelwerts über den kleinsten ist, dagegen bei diesem Mittelwert umgekehrt der des kleinsten zu dem des größten ist. Es ist eine Eigenheit auch dieses Mittelwerts, dass das Produkt des größten Werts mit dem Mittelwert im Vergleich zum Produkt des größten Werts mit dem kleinsten Wert das Doppelte ergibt, denn fünfmal 4 ist das Doppelte von fünfmal 2.

(5) Der sechste entsteht, wenn bei drei Werten so wie der größte Wert zum Mittelwert, so der Überschuss des Mittelwerts über den kleinsten Wert zum Überschuss des größten Werts über den Mittelwert ist, etwa 1, 4, 6, denn beide sind im *hemi-olios*-Verhältnis. Es gibt auch in diesem Fall einen vernünftigen Grund für seine Gegensätzlichkeit zum geometrischen, denn auch hier dreht sich die Ähnlichkeit der Verhältnisse um, wie beim fünften.

(6) καὶ αἱ μὲν παρὰ τοῖς πρόσθεν θρυλλούμεναι ἓξ μεσότητες αἵδε εἰσί, τρεῖς μὲν αἱ πρωτότυποι μέχρι Ἀριστοτέλους καὶ Πλάτωνος ἄνωθεν ἀπὸ Πυθαγόρου [143] διαμείνασαι, τρεῖς δ' ἕτεραι ἐκείναις ὑπεναντίαι τοῖς μετ' ἐκείνους ὑπομνηματογράφοις τε καὶ αἱρετισταῖς ἐν χρήσει γινόμεναι· τέσσαρας δέ τινας ἑτέρας μετακινοῦντες τοὺς τούτων ὅρους τε καὶ διαφορὰς ἐπεξεῦρόν τινες οὐ πάνυ ἐμφανταζομένας τοῖς τῶν παλαιῶν συγγράμμασιν, ἀλλ' ὡς περιεργότερον λελεπτολογημένας, ἃς ὅμως πρὸς τὸ μὴ δοκεῖν ἀγνοεῖν ἐπιτροχαστέον τῇδέ πη.

(7) πρώτη μὲν γὰρ αὐτῶν, ἑβδόμη δὲ ἐν τῇ πασῶν συντάξει ἔστιν, ὅταν ᾖ ὡς ὁ μέγιστος πρὸς τὸν ἐλάχιστον, οὕτως καὶ ἡ τῶν αὐτῶν διαφορὰ πρὸς τὴν τῶν ἐλαττόνων, οἷον ς, η, θ· ἡμιόλιος γὰρ ὁ λόγος ἑκατέρου συγκρίσει ἐνορᾶται.

(8) ὀγδόη δὲ μεσότης, ἥτις τούτων δευτέρα ἐστί, γίνεται, ὅταν ὡς ὁ μέγιστος πρὸς τὸν ἐλάχιστον, οὕτως ἡ διαφορὰ τῶν ἄκρων πρὸς τὴν τῶν μειζόνων διαφοράν, οἷον ς, ζ, θ· καὶ αὕτη γὰρ ἡμιολίους ἔχει τοὺς δύο λόγους.

(9) ἡ δὲ ἐνάτη μὲν ἐν τῇ τῶν πασῶν συντάξει, τρίτη δὲ ἐν τῷ τῶν ἐφευρημένων ἀριθμῷ ὑπάρχει, ὅταν τριῶν ὅρων ὄντων, ὃν λόγον ἔχει ὁ μέσος πρὸς τὸν ἐλάχιστον, τοῦτον καὶ ἡ τῶν ἄκρων ὑπεροχὴ πρὸς τὴν τῶν ἐλαχίστων ἔχῃ, ὡς δ, ς, ζ.

[144] (10) ἡ δὲ ἐπὶ πάσαις δεκάτη μὲν συλλήβδην, τετάρτη δὲ ἐν τῇ τῶν νεωτερικῶν ἐκθέσει ὁρᾶται, ὅταν ἐν τρισὶν ὅροις ᾖ ὡς ὁ μέσος πρὸς τὸν ἐλάχιστον, οὕτως καὶ ἡ διαφορὰ τῶν ἄκρων πρὸς τὴν διαφορὰν τῶν μειζόνων, οἷον γ, ε, η· ἐπιδιμερὴς γὰρ ὁ ἐν ἑκατέρᾳ συζυγίᾳ λόγος.

(6) Die sechs Mittelwerte, von denen unter den Früheren allgemein gesprochen wurde, sind also diese, wobei die drei Prototypen von der Zeit des PYTHAGORAS bis zu ARISTOTELES und PLATON überdauerten, und die drei anderen, die den ersteren gegensätzlich sind, bei den Kommentar-Verfassern und Schuloberhäuptern in Gebrauch kamen, die diesen Männern folgten. Einige aber haben, indem sie die Werte und Unterschiede der ersteren verschoben haben, zusätzlich vier weitere erfunden, die in den Schriften der Alten nicht viel erschienen, sondern nur wenig als ein schönes Detail behandelt wurden. Diesen müssen wir jedoch auf folgende Art und Weise nachgehen, damit wir nicht ignorant erscheinen.

(7) Der erste von diesen, die siebte in der Auflistung von allen, liegt vor, wenn so wie der größte Wert zum kleinsten, so auch deren Differenz zur Differenz der kleineren Werte ist, etwa 6, 8, 9, denn im Vergleich zueinander wird das Verhältnis jedes einzelnen als *hemiolios* (1½) angesehen.

(8) Der achte Mittelwert, welcher der zweite dieser Gruppe ist, entsteht, wenn so wie der größte Wert zum kleinsten, so die Differenz der Randwerte zur Differenz der größeren Werte ist, etwa 6, 7, 9, denn auch das ist *hemi-olios* für die beiden Verhältnisse.

(9) Der neunte in der Auflistung von allen und der dritte in der Anzahl derer, die später gefunden werden, liegt vor, wenn es drei Werte gibt und das Verhältnis, das der Mittelwert zum kleinsten Wert hat, auch der Unterschied der Randwerte zu dem der kleinsten Werte hat, etwa 4, 6, 7.

(10) Der zehnte in der vollständigen Gruppe, der sie alle abschließt, und der vierte in der Reihe, die von den Neueren präsentiert wird, ist zu sehen, wenn bei drei Werten so wie der Mittelwert zum kleinsten Wert, so auch die Differenz der Randwerte zur Differenz der größeren Werte ist, etwa 3, 5, 8, denn das Verhältnis ist *epi-dimeres* (1⅔) in jeder Gruppierung.

(11) ἐπὶ κεφαλαίου τοίνυν οἱ τῶν δέκα ἀναλογιῶν ὅροι ἐκκείσθωσαν ὑφ᾽ ἓν παράδειγμα πρὸς τὸ εὐσύνοπτον

πρώτης	α, β, γ,
δευτέρας	α, β, δ,
τρίτης	γ, δ, ς,
τετάρτης	γ, ε, ς,
πέμπτης	β, δ, ε,
ἕκτης	α, δ, ς,
ἑβδόμης	ς, η, θ,
ὀγδόης	ς, ζ, θ,
ἐνάτης	δ, ς, ζ,
δεκάτης	γ, ε, η.

κθ.

(1) λοιπὸν καὶ περὶ τῆς τελειοτάτης καὶ τριχῆ διαστατῆς πασῶν τε περιεκτικῆς ἐν βραχεῖ διαρθρώσω μεσότητος χρησιμωτάτης οὔσης εἰς πᾶσαν τὴν ἐν μουσικῇ καὶ φυσιολογίᾳ προκοπήν· κυρίως γὰρ αὕτη καὶ ὡς ἀληθῶς ἁρμονία ἂν λεχθείη μόνη παρὰ [145] τὰς ἄλλας, εἴπερ μὴ ἐπίπεδος μηδὲ μιᾷ μόνῃ μεσότητι συνδεομένη, ἀλλὰ δυσίν, ἵν᾽ οὕτω τριχῆ διιστάνοιτο, ὡς ὁ κύβος ἁρμονία πρὸ βραχέος ἐσαφηνίσθη.

(2) ὅταν τοίνυν δύο ὅρων ἄκρων τριχῆ διαστατῶν ἀμφοτέρων, εἴτε ἰσάκις ἴσων ἰσάκις, ἵνα κύβος ᾖ, ἢ ἰσάκις ἴσων ἀνισάκις, ἵνα ἢ δοκίδες ἢ πλινθίδες ὦσιν, εἴτε ἀνισάκις ἀνίσων ἀνισάκις, ἵνα σκαληνοί, δύο ὅροι εὑρίσκωνται ἀνὰ ἄλλοι ἐναλλὰξ πρὸς τοὺς

(11) Um zusammenzufassen, seien nun die Werte der zehn Proportionen in einer einzigen Tabelle gegeben, damit sie leicht verständlich sind:

erste	1, 2, 3
zweite	1, 2, 4
dritte	3, 4, 6
vierte	3, 5, 6
fünfte	2, 4, 5
sechste	1, 4, 6
siebte	6, 8, 9
achte	6, 7, 9
neunte	4, 6, 7
zehnte	3, 5, 8

29. Vollkommene Proportion

(1) Es bleibt nur noch, kurz auf den vollkommensten Mittelwert einzugehen: auf den, der drei Dimensionen hat und sie alle umfasst und für alle Fortschritte in der Musik und in der Naturphilosophie am nützlichsten ist. Diesen allein würde man eigentlich und wahrhaftig eher Harmonie nennen als die anderen, da er nicht durch eine Fläche und auch nicht durch nur einen einzigen Mittelwert verbunden ist, sondern durch zwei, um so in drei Dimensionen erweitert zu werden, so wie vor kurzem erklärt wurde, dass der Würfel Harmonie ist.

(2) Wenn es also zwei Randwerte gibt, die beide drei Dimensionen haben – entweder das Produkt von drei gleichen Zahlen, um einen Würfel zu bilden, oder das Produkt von zwei gleichen Zahlen und einer ungleichen, um entweder »Balken« (s. o. II 17,6) oder »Ziegelsteine« (s. o. II 17,6) zu bilden, oder das Produkt von drei ungleichen Zahlen, um *skalenos* (s. o. II 16,2) zu werden –, finden sich

ἄκρους τοὺς αὐτοὺς σώζοντες λόγους καὶ ἀναμίξ, ὥστε ὁποτερουοῦν αὐτῶν τὴν ἁρμονικὴν σώζοντος ἀναλογίαν τὸν λοιπὸν ἀποτελεῖν τὴν ἀριθμητικήν· ἀνάγκη γὰρ οὕτως διακειμένων τῶν τεσσάρων ἐπιφαίνεσθαι τὴν γεωμετρικὴν ἐμπλέγδην ἀμφοτέραις ταῖς μεσότησιν ἀντεξεταζομένην, ὡς ὁ μέγιστος πρὸς τὸν τρίτον ἀπ' αὐτοῦ, οὕτως ὁ ὑπ' αὐτὸν δεύτερος πρὸς τὸν τέταρτον· τὸ γὰρ τοιοῦτον τὸ ὑπὸ τῶν μέσων ἶσον ποιεῖ τῷ ὑπὸ τῶν ἄκρων· πάλιν δὲ ἄν ὁ μέγιστος πρὸς τὸν ὑπ' αὐτὸν ἐν τοσαύτῃ δειχθῇ διαφορᾷ, ἐν ὅσῃ καὶ αὐτὸς οὗτος πρὸς τὸν ἐλάχιστον, ἀριθμητικὴ ἡ τοιαύτη ἐξέτασις γίνεται καὶ ἡ τῶν ἄκρων σύνθεσις διπλασία τοῦ μέσου· ἐὰν δ' ὁ τρίτος ἀπὸ τοῦ μεγίστου τῷ αὐτῷ μέρει τῶν ἄκρων αὐτῶν ὑπερέχῃ καὶ ὑπερέχηται, ἁρμονικὴ καὶ τὸ [146] ὑπὸ τοῦ μέσου καὶ τῆς τῶν ἄκρων συνθέσεως διπλάσιον τοῦ ὑπὸ τῶν ἄκρων.

(3) ὑπόδειγμα αὐτῆς ἔστω τοιοῦτον ϛ, η, θ, ιβ· οὐκοῦν ὁ μὲν ϛ σκαληνὸς ἀπὸ τοῦ ἅπαξ β τρίς, ὁ δὲ ιβ ἀπὸ τοῦ δὶς β τρὶς ἐν συνεχείᾳ μηκυνθέντων, τῶν δὲ μέσων ὁ μὲν ἐλάττων ἀπὸ τοῦ ἅπαξ β τετράκις, ὁ δὲ μείζων ἀπὸ τοῦ ἅπαξ γ τρίς, καὶ στερεοί τε οἱ ἄκροι καὶ τριχῇ διαστατοὶ καὶ ὁμογενεῖς αὐτοῖς αἱ μεσότητες, καὶ κατὰ μὲν τὴν γεωμετρικὴν ὡς ὁ ιβ πρὸς τὸν η, οὕτως ὁ θ πρὸς τὸν ϛ, κατὰ δὲ τὴν ἀριθμητικὴν ὅσῳ ὁ ιβ τοῦ θ ὑπερέχει, τοσούτῳ καὶ ὁ θ τοῦ ϛ, κατὰ δὲ τὴν ἁρμονικὴν ᾧ μέρει ὁ η τοῦ ϛ ὑπερέχει, ἐν αὐτῷ τῷ ϛ τοῦ μέρους θεωρουμένου, τούτῳ ὑπὸ τοῦ ιβ ὑπερέχεται ἐν αὐτῷ τῷ ιβ θεωρουμένῳ.

(4) ἀλλὰ μὴν καὶ ὁ μὲν η πρὸς ϛ ἢ ὁ ιβ πρὸς θ διὰ τεσσάρων ἐν ἐπιτρίτῳ λόγῳ, ὁ δὲ θ πρὸς ϛ ἢ ὁ ιβ πρὸς η διὰ πέντε ἐν ἡμιολίῳ, ὁ δὲ ιβ πρὸς ϛ διὰ πασῶν ἐν διπλασίῳ· λοιπὸν δὲ ὁ θ πρὸς τὸν η τονιαῖον ἐν ἐπογδόῳ, ὅπερ μέτρον κοινὸν πάντων τῶν ἐν μουσικῇ

dazwischen zwei andere Werte, die umgekehrt die gleichen Verhältnisse zu den Randwerten bewahren und alternierend, sodass, während der eine von ihnen die harmonische Proportion bewahrt, der andere die arithmetische vervollständigt. Es ist notwendig, dass in einer solchen Anordnung der vier die geometrische Proportion bei der Betrachtung mit den beiden Mittelwerten vermischt erscheint – so wie der größte zum dritten von ihm aus, so ist der zweite von ihm aus zum vierten, denn eine solche Situation macht das Produkt (*to hypo*) der mittleren gleich dem Produkt der Randwerte. Und wiederum, wenn sich der größte Wert von dem nächstniedrigeren um den Betrag unterscheidet, um den sich letzterer vom kleinsten Wert unterscheidet, wird eine solche Anordnung zu einer arithmetischen Proportion, und die Summe der Randwerte ist doppelt so groß wie der Mittelwert. Wenn aber der dritte vom größten Wert aus um den gleichen Bruchteil der Randwerte diese über- und unterschreitet, ist die Proportion harmonisch, und das Produkt des Mittelwerts mit der Summe der Randwerte ist doppelt so groß wie das Produkt der Randwerte.

(3) Ein Beispiel für dieses Verhältnis sei 6, 8, 9, 12. Die 6 ist eine *skalenos*-Zahl aus einmal 2 dreimal, die 12 aus der benachbarten Multiplikation zweimal 2 dreimal (Balken); von den Mittelwerten ist der kleinere aus einmal 2 viermal (*skalenos*), der größere aus einmal 3 dreimal (Ziegelstein). Die Randwerte sind Körperzahlen und dreidimensional, und die Mittelwerte sind ihnen gleichartig. Gemäß der geometrischen Proportion ist so, wie 12 zu 8 ist, 9 zu 6; gemäß der arithmetischen ist so viel, wie 12 größer als 9 ist, 9 größer als 6; gemäß der harmonischen wird um den Bruchteil, um den 8 die 6 überschreitet, betrachtet als Bruchteil von 6, auch 8 von 12 überschritten, betrachtet als Bruchteil von 12.

(4) Außerdem sind 8 zu 6 oder 12 zu 9 eine Quarte im *epi-tritos*-Verhältnis ($1\frac{1}{3}$), 9 zu 6 oder 12 zu 8 eine Quinte im *hemi-olios*-Verhältnis ($1\frac{1}{2}$) und 12 zu 6 eine Oktave im Doppel-Verhältnis. Schließlich ist 9 zu 8 das Intervall eines Ganztons im *ep-ogdoos*-Verhältnis ($1\frac{1}{8}$), wel-

λόγων, ἅτε καὶ γνωριμώτερον ὄν, ὅτι ἄρα καὶ διαφορὰ τῶν πρώτων καὶ στοιχειωδεστάτων συμφώνων πρὸς ἄλληλα ὑπάρχει.

(5) καὶ περὶ μὲν τῶν ἐν ἀριθμοῖς ἐπιφαινομένων [147] καὶ συμβεβηκότων τοσαῦτα ὡς ἐν πρώτῃ εἰσαγωγῇ ἀρκείτω.

ches das gemeinsame Maß aller Verhältnisse in der Musik ist, da es auch das bekanntere ist; es ist ja ebenfalls der Unterschied der ersten und dem elementarsten Konsonanzen zueinander.

(5) Und über das, was bei den Zahlen zu sehen ist und sich trifft, soll dies für eine erste Einführung genug sein.

Für den Zugang zu einem Digitalisat des *Codex Cizensis* 67 danke ich der Bibliothek des Kollegiatstifts Zeitz, namentlich Cordula Strehl, für die Aufnahme dieses Bandes in die *Sammlung Tusculum* Niklas Holzberg und Bernhard Zimmermann, für das Lektorat Anne Hiller, für guten Rat bei der Erstellung der Druckvorlage Florian Ruppenstein, für das Mitlesen der Korrekturen Gerta Rücker und Ansgar Teichgräber sowie für mannigfaltige Hilfe und für das Verstehen der mathematischen Aspekte des Werks meiner lieben Frau Christiane.

Universität Erfurt, im März 2021 Kai Brodersen

ANHANG

Editionen der Werke des Nikomachos

Arithmetik

Nikomachu Gerasinu Arithmetikes Biblia Dyo, Paris: Christian Wechel 1538 (nach einem seither verlorenen *Codex Parisinus*)

Ast, Friedrich: Nicomachi Gerasini Theologumena arithmeticae. Accedit Nicomachi Gerasini Institutio arithmetica ad fidem codicum Monacensium emendata, Leipzig 1817 (nach *Codices Monacenses*)

Müller, Christian Gottfried: Notitia et recensio codicum manuscriptorum qui in bibliotheca episcopatus Numburgo-Cizensis asservantur, particula IX, Progr. Stiftsgymnasium Zeitz 1818 (nennt von Asts Edition abweichende Lesarten im *Codex Cizensis)*

Hoche, Richard: Nicomachi Geraseni Pythagorei introductionis arithmeticae libri II, Leipzig 1866 (maßgebliche kritische Ausgabe)

D'Ooge, Martin Luther / Robbins, Frank Egleston: Nicomachus of Gerasa: Introduction to Arithmetic, New York 1926, Nachdr. New York 1972 (engl. Übersetzung mit Kommentar; wieder in Hutchins 1952, 805–848)

Bertier, Janine: Nicomaque de Gérase: Introduction arithmétique, Paris 1978 (französ. Übersetzung mit Kommentar; s. dazu Caveing 1980)

Spandagos, Euangelos: Hē arithmētikē eisagōgē tu Nikomachu tu Gerasēnu (Aithra 136), Athen 2001 (neugriech. Übersetzung mit Anmerkungen)

Musiktheorie

von Jan, Karl: Musici Scriptores Graeci, Leipzig 1895 (*Encheiridion* 235–265, *Fragmente* 266–282)

Levin, Flora R.: The Manual of Harmonics of Nicomachus the Pythagorean, New York 1975, Nachdr. Grand Rapids 1994 (*Encheiridion,* engl. Übersetzung)

Zanoncelli, Luisa: La manualistica musicale greca, Milano 1990 (*Encheiridion* und *Excerpta* 133–143, mit italien. Übersetzung und Anmerkungen)

Barker, Andrew: Greek Musical Writings, Bd. II: Harmonic and Acoustic Theory, Cambridge 1989 (*Encheiridion* 245–269 Kap. 10, engl. Übersetzung und Anmerkungen)

Biographie des Pythagoras (s. o. Einleitung S. 9)
Radicke, Jan: Imperial and Undated Authors (Fragmente der griechischen Historiker Continued IV A 7), Leiden 1999, 112–131 (Nr. 1063)

Editionen der in der Einleitung genannten und der von Nikomachos zitierten Werke

Anonyme Vorbemerkungen zu Nikomachos' Einführung in die Arithmetik – Tannery, Paul: Diophanti Alexandrini Opera omnia cum graecis commentariis, Bd. II, Leipzig 1895, 73–77

Apuleius – Brodersen, Kai: Aristoteles / Apuleius: Über die Welt (Sammlung Tusculum), Berlin 2019

Archytas – Diels, Hermann / Kranz, Walther: Die Fragmente der Vorsokratiker, Berlin [5]1951 (u. ö.); Huffman, Carl: Archytas of Tarentum. Cambridge 2005

Asklepios von Tralleis – Tarán, Leonardo: Asclepius of Tralles, Commentary to Nicomachus' Introduction to Arithmetic (Transactions of the American Philosophical Society N. S. 59.1), Philadelphia 1969

Boethius – Oosthout, Henri / Schilling, Jean: Anicii Manlii Severini Boethii De Arithmetica (Corpus Christianorum XCIV A), Turnhout 1999; Brodersen, Kai: Boethius, Arithmetik (Edition Antike), Darmstadt 2021 im Druck

Cassiodorus – Bürsgens, Wolfgang: Institutiones divinarum et saecularium litterarum / Einführung in die geistlichen und weltlichen Wissenschaften (Fontes Christiani 2. F. 39), 2 Bde. Freiburg/Br. 2003

Euripides – Buschor, Ernst / Seeck, Gustav Adolf: Euripides. Sämtliche Tragödien und Fragmente (Sammlung Tusculum), 6 Bde. München 1972–1981

Hesiodos – von Schirnding, Albert: Hesiod, Theogonie / Werke und Tage (Sammlung Tusculum), Berlin [5]2012

Homeros – Ebener, Dietrich: Homer, Werke in 2 Bänden (Bibliothek der Antike), Berlin / Weimar [4]1992

Iamblichos – Pistelli, Ermengildo / Klein, Ulrich: Iamblichi in Nicomachi arithmeticam introductionem liber, Stuttgart 1975; Knobloch, Eberhard / Schönberger, Otto: Iamblichos von Chalkis in Koilesyrien: Über die Einführung des Nikomachos in die Arithmetik (Subsidia classica 12), Rahden 2012

Ps.-Iamblichos – de Falco, Vittorio / Klein, Ulrich: [Iamblichi] theologoumena arithmeticae, Stuttgart 1975

Isidorus – Barney, Stephen A. u. a.: The Etymologies of Isidore of Seville, Cambridge 2006

Johannes Philoponos – Giardina, Giovanna R.: Giovanni Filopono matematico tra neopitagorismo e neoplatonismo (Symbolon 20), Catania 1999

Kalonymus (Qalonymos) ben Kalonymus ben Meïr – https://mispar.ethz.ch

Ps.-Lukianos, Philopatris – MacLeod, Matthew Donald: Lucian, Bd. VIII (Loeb Classical Library 432), Cambridge MA 1967, 413–465

Marinos – Masullo, Rita: Marino di Neapoli. Vita di Proclo, Napoli 1985; Männlein-Robert, Irmgard (Hg.): Über das Glück. Marinos, Das Leben des Proklos (Sapere 34), Tübingen 2019

Philolaos – Huffman, Carl: Philolaus of Croton, Cambridge 1993

Photios – Henry, René: Photius. Bibliothèque (Collection … Budé), 9 Bde. Paris 1959–1991

Platon – Loewenthal, Erich: Platon, Sämtliche Werke in 3 Bänden, Berlin 1940, Neuausgabe Heidelberg 1982 (enthält auch die *Epinomis*)

Soterichos – Hoche, Richard: Soterichi ad Nicomachi Geraseni introductionem arithmeticam de Platonis psychogonia scholia, Progr. Elberfeld 1871

Syrianos – Kroll, Wilhelm: Syriani in metaphysica commentaria, Commentaria in Aristotelem Graeca VI 1, Berlin 1902

Ṯābit ibn Qurra (Thabit ibn Qurra) – Kutsch, Wilhelm: Ṯābit b. Qurra's arabische Übersetzung der Ἀριθμητικὴ Εἰσαγωγή des Nikomachos von Gerasa, Beirut 1958

Theon von Smyrna – Brodersen, Kai: Theon von Smyrna, Mathematik für die Platonlektüre (Edition Antike), Darmstadt 2021

Studien zu Nikomachos

Asper, Markus: Griechische Wissenschaftstexte. Formen, Funktionen, Differenzierungsgeschichte (Philosophie der Antike 25), Stuttgart 2007 (282–292: Das eisagogische Programm des Nikomachos)

Baffioni, Carmela: Citazioni di autori antichi nelle Rasā'il degli Ikhwān al-Ṣafā': Il caso di Nicomaco di Gerasa, in: Endress, Gerhard / Kruk, Remke (Hgg.): The Ancient Tradition in Christian and Islamic Hellenism, Leiden 1997, 3–27

Becker, Oskar: Paramekepipedoi arithmoi. Die Zahlen von der Form n·n·(n±1) bei Nikomachos von Gerasa, in: Quellen und Studien zur Geschichte der Mathematik 4, 1938, 181–192

Bower, Calvin: Boethius and Nicomachus: An Essay Concerning the Sources of De institutione musica, in: Vivarium 16, 1978, 1–45

Brentjes, Sonja: Untersuchungen zum Nicomachus Arabus, in: Centaurus 30, 1987, 212–239

Cassio, Albio Cesare: Nicomachus of Gerasa and the Dialect of Archytas, Fr. 1, in: Classical Quarterly N. S. 38, 1988, 135–139

Caveing, Maurice: À propos d'une récente traduction de l'Introduction arithmétique de Nicomaque de Gérase, in: Archives internationales d'histoire des sciences 30, 1980, 52–68

Centrone, Bruno / Freudenthal, Gad: Nicomaque de Gérasa, in: Goulet, Richard (Hg.): Dictionnaire des philosophes antiques, Bd. IV, Paris 2005, 686–694 (Forschungsbericht)

Corti, Lorenzo: Scepticism, Number and Appearances. The arithmetike techne and Sextus' Targets in M I–VI, in: Philosophie Antique. Problèmes, Renaissances, Usages 15, 2015, 121–145

Criddle, Andrew H.: The Chronology of Nicomachus of Gerasa, in: Classical Quarterly N. S. 48, 1998, 324–327

de Gregorio, Giuseppe / Prato, Giancarlo: Scrittura arcaizzante in codici profani e sacri della prima età paleologa, in: Römische Historische Mitteilungen 45, 2003, 59–101

Deitz, Luc: Bibliographie du platonisme impérial antérieur à Plotin: 1926–1986, in: Aufstieg und Niedergang der römischen Welt II 36.1, Berlin 1987, 24–183 (spez. 173–174)

Dillon, John: A Date for the Death of Nicomachus of Gerasa?, in: Classical Review N. S. 19, 1969, 274–275

– The Middle Platonists, London 1977, ²Ithaca NY 1996 (352–361)

Dörrie, Heinrich / Baltes, Matthias: Der Platonismus in der Antike, Bd. 3: Der Platonismus im 2. und 3. Jahrhundert nach Christus, Stuttgart - Bad Cannstatt 1993 (68–72 und 662–791: Nr. 87)

Ferrari, Franco: Nikomachos von Gerasa, in: Riedweg, Christoph u. a. (Hgg.): Philosophie der Kaiserzeit und der Spätantike (Grundriss der Geschichte der Philosophie. Die Philosophie der Antike. Bd. V 1), Basel 2018, 643–648 und 700–701

Freudenthal, Gad / Lévy, Tony: De Gérase à Bagdad, in: Morelon, Régis / Hasnawi, Ahmad (Hgg.): De Zénon d'Élée à Poincaré, Louvain 2004, 479–544

– / Zonta, Mauro: Remnants of Ḫabīb ibn Bahrīz's Arabic Translation of Nicomachus of Gerasa's Introduction to Arithmetic, in: Langermann, Tzvi / Stern, Josef (Hgg.): Adaptations and Innovations. Studies on the Interaction Between Jewish and Islamic Thought and Literature, Paris 2007, 67–82

Guillaumin, Jean-Yves: La transformation d'une phrase de Nicomaque chez Boèce, in: Latomus 48, 1989, 869–874

Haase, Wolfgang: Untersuchungen zu Nikomachos von Gerasa, Diss. Tübingen 1970, publ. 1982

Heath, Thomas L.: A History of Greek Mathematics, Bd. I, Oxford 1921 (97–112)

Heilmann, Anja: Boethius' Musiktheorie und das Quadrivium (Hypomnemata 171), Göttingen 2007 (72–84)

Helmig, Christoph: The Relationship between Forms and Numbers in Nicomachus' Introduction to Arithmetic, in: Bonazzi, Mauro / Lévy, Carlos / Steel, Carlos (Hgg.): A Platonic Pythagoras. Platonism and Pythagoreanism in the Imperial Age (Monothéismes et Philosophie 10), Turnhout 2007, 127–146

Hofstetter, Carole: Un nouveau témoin complet de l'Introduction arithmétique de Nicomaque de Gerasa, in: Nea Rhome 15, 2018, 177–192

Horsley, Samuel: ΚΟΣΚΙΝΟΝ ΕΡΑΤΟΣΘΕΝΟΥΣ, or, The Sieve of Eratosthenes. Being an Account of His Method of Finding All the Prime Numbers, in: Philosophical Transactions 62, 1772, 327–347

Hutchins, Robert Maynard (Hg.): Great Books of the Western World, Bd. 11: Euclid, Archimedes, Apollonius of Perga, Nicomachus (Encyclopedia Britannica), Chicago u. a. 1952 (und Nachdr.)

Kliem, Fritz: Nikomachos 21, in: Realencyclopädie der classischen Altertumswissenschaft XVII 1, Stuttgart 1936, 463–464

Langermann, Tzvi: Studies in Medieval Hebrew Pythagoreanism. Translations and Notes to Nicomachus, Arithmological Texts, in: Micrologus 9, 2001, 219–236

Mathiesen, Thomas J.: Apollo's Lyre. Greek Music and Music Theory in Antiquity and the Middle Ages, Lincoln / London 1999 (390–411)

– Nikomachos von Gerasa, in: Die Musik in Geschichte und Gegenwart, 2. Aufl., Bd. XIV, Kassel u. a. 2004, 1125–1130

McDermott, William C.: Plotina Augusta and Nicomachus of Gerasa, in: Historia 26, 1977, 192–203

O'Meara, Dominic J.: Pythagoras Revived, Oxford 1989 (14–23)

Paolucci, Paola: Boezio traduttore di Nicomaco nel De institutione arithmetica, in: Athenaeum 93, 2005, 227–241

Pizzani, Ubaldo: Una ignorata testimonianza di Ammonio di Ermia sul perduto opus maius di Nicomaco sulla musica, in: Studi in onore di Aristide Colonna, Perugia 1982, 235–245

Radke, Gyburg: Die Theorie der Zahl im Platonismus, Tübingen 2003

Reinach, Salomon: La question du Philopatris, in: Revue Archéologique 3. S. 40, 1902, 79–110

Simon, Max: Die ersten 6 Kapitel der Institutio Arithmetica des Nikomachos, in: Günther, Siegmund / Sudhoff, Karl (Hgg.): Festschrift Moritz Cantor, Leipzig 1909, 163–171

Sojer, Claudia: Un codice dimenticato di Nicomaco di Gerasa, riscritto su testi innografici e sul Commenta a Giovanni di Cirillo di Alessandria, in: Nea Rhome 8, 2011, 199–217

Staab, Gregor: Pythagoras in der Spätantike (Beiträge zur Altertumskunde 165), München / Leipzig 2002 (81–91)

Tarán, Leonardo: Nicomachus of Gerasa, in: Gillispie, Charles Coulston (Hg.): Dictionary of Scientific Biography, Bd. X, New York 1974, 112–114

van der Waerden, Bartel Leendert: Die Pythagoreer, Zürich / München 1979 (294–309)

Zintl, Ludwig: Der Schöne Brunnen in Nürnberg und seine Figuren, Nürnberg 1993

Register der Eigennamen

Gliederung des Werks

Buch II